行銷創新研究

主　編　鄧建、郭美斌
副主編　王嫻、高文香、張仁萍、楊春麗

前　言

　　隨著市場經濟體系的不斷完善，市場行銷學愈亦顯現出其重要性。針對市場實際，探索市場行銷理論及策略，對促進市場主體的成長發育、推動市場體系的規範與活躍，具有不可低估的作用。

　　高等院校教師以理論為基礎，實踐為平臺，創新為驅動，開展市場行銷學理論與實踐研究，對推動社會經濟發展具有引領和促進作用，同時對提升教育教學質量和人才培養質量具有重大的意義。

　　由於時間較為倉促，本書尚有疏漏和不足之處，誠望廣大讀者能夠對本書的瑕疵之處不吝賜教。

編者

目 錄

行銷創新研究

行銷策略專題

3	大數據時代中小企業經營思維研究	楊小川 劉軍榮
10	國有商業銀行之間貸款定價模式效率差異化比較分析	高文香 張同建
17	國有商業銀行貸款產品定價模式實證性研究	任文舉 熊豔 張同建
22	價值共創視角下零售企業產品服務融合創新模式 ——以宜家集團為例	匡敏 曲玲玲
31	警惕企業陷入「教育行銷」誤區	楊小川
36	企業如何運用公益行銷策略	楊小川
41	三精制藥公司廣告行銷模式困局與對策分析	鄧健 李娜
50	水井坊樂山市場行銷策劃	王嫺
56	小米手機行銷策略分析與發展建議	鄧健 鄭傳勇
62	中國建設銀行差異化行銷戰略實證研究	張豔莉 左莉 劉濤 張同建
71	中國農業銀行差異化行銷戰略實證研究	蘇虹 劉濤 張同建
81	中小企業如何運用博客行銷	楊小川
86	中小企業應謹慎實施客戶關係管理	楊小川
91	中國旅遊企業電子商務成長性測度體系研究	鄧健 張同建
99	中小企業外貿電子商務的應用研究	胡亞會 餘麗

品牌行銷專題

107	從旅遊視角看郭沫若文化資源品牌設計與塑造	楊小川
112	打造四川歷史文化名人品牌群 ——以「沫若」品牌為例	任文舉 周彥杉
115	「非遺」老字號餐飲企業經營思維研究	楊小川
120	郭沫若品牌開發現狀及對策研究	任文舉 謝 暉
125	黑竹溝旅遊形象策劃	鄧 健 惹幾爾布
130	基於歷史文化名人的品牌形象識別設計研究 ——以歷史文化名人郭沫若為例	任文舉 張仁萍
136	基於名人文化資源品牌化的旅遊行銷模式研究 ——以郭沫若文化為例	楊小川
141	基於商業企業視角的卷菸品牌形象傳播通路研究	任文舉 周彥杉 於素君
148	沫若文化旅遊品牌發展研究	王 嫻
154	企業領導者人格魅力對企業形象塑造的作用	鄧 健 夏 麗
159	淺析體育明星代言	高文香
164	四川中小白酒企業品牌化路徑研究	楊小川
173	文化行銷對旅遊地品牌的塑造	高文香
179	行銷的社會責任與社會責任行銷的構建	任文舉

旅遊市場行銷專題

189	城市感觀形象與旅遊吸引力研究	郭美斌
195	泛珠合作機制下的四川入境旅遊客源市場促銷研究	郭美斌 鄧 健
202	國際旅遊目的地行銷模式創新研究 ——以樂山市為例	張仁萍
206	基於城鄉統籌的四川城鄉旅遊互動研究	熊 豔 王 嫻
214	樂山入境旅遊發展對策研究	劉 遠
219	樂山市低碳旅遊開發策略研究	楊春麗 馮 採 張同建
224	論中國世界遺產地旅遊消費者教育問題	鄧 健 吳建惠
230	鄉村旅遊餐飲產品創新開發研究	高文香

行銷策略專題

大數據時代中小企業經營思維研究

楊小川　劉軍榮

摘要：大數據時代，中小企業發展面臨機遇和挑戰並存的狀態，進行改革勢在必行。從經營思維角度看，中小企業必須借此機會選定目標市場深耕細作，提升廣告媒介精準度，利用行銷相關性發掘行銷機會，及時應對大數據的時效性，改善客戶體驗，降低人力資源營運成本，拓寬融資渠道。同時還需要政府大力主導大數據平臺建設，中小企業自身建設對接數據處理功能，快速適應決策角色轉換，將定性和定量分析結合方能贏得市場，站穩腳跟。

關鍵詞：大數據；中小企業；經營思維

近兩年來，關於大數據的研究越來越多，對大數據的應用已成為各行各業熱門的話題，從中央到地方政府也將大數據如何應用列為重要工作之一，如何利用大數據為企業發展服務已經成為所有企業的一次機遇和挑戰。和大中型企業相比，中小企業在市場競爭實力、經營思維、數據分析技術等方面因為企業規模、人財物力資源等方面都存在明顯短板而顯得心有餘力不足。如何既抓住大數據時代的機遇，不被時代所淘汰，又揚長避短，利用政府政策和數據平臺，發揮企業「船小好掉頭」及體制和機制等獨特優勢，快速適應新環境、新常態、及時轉換角色，在夾縫中求生存就成為所有中小企業可持續發展的當務之急。中小企業如何利用大數據進行經營思維變革頗值得研究。

一、大數據對中小企業的影響

（一）大數據倒逼中小企業進行改革成為大勢所趨

數十年來，以菲利普・科特勒為代表的行銷理論專家已經將行銷模式從生產者為中心的「4P」轉向以消費者為中心的「4C」，然後轉向以創新和溝通為中心的「CCDVTP」模型，逐步確立消費者目標導向、行銷主體主導的行銷思維。但是就中國而言，長期以來，中小企業人、財、物等實力有限，大多數依然停留在傳

基金項目：本文為國家社會科學基金項目「世界經濟波動下中國對外直接投資的風險管理研究」（編號：14XJL007）階段性成果。

統的「採購—生產—銷售」流程階段。而大數據時代來臨，信息的獲取和使用不再被大中型企業獨占鰲頭，中小企業只需要強化在各種各樣的數據中快速地獲取信息的能力，即可實現以消費者為中心，顛覆原有的管理理念和生產流程，逐步做到「客戶—採購—生產—銷售」的科學流程，與其他企業「同臺競技」。可以說中小企業在大數據背景下進行經營改革成為大勢所趨，從企業文化、公司戰略、行銷策略甚至組織架構都將面臨重構。

（二）中小企業利用大數據尚有明顯局限

大數據時代的四大特徵決定了中小企業在初期利用大數據時具有先天的劣勢。首先，數據量多讓普通中小企業沒有相應的技術去應對。對於企業經營決策而言，收集的信息越充分，決策越精準，失誤越少，但是經驗表明收集完全信息不現實，對於中小企業而言更是難上加難。其次，類型繁雜的數據需要專業的數據處理軟件和專業人士進行操作，這對於原本就人才匱乏的中小企業而言頗有點「巧婦難為無米之炊」的意味。再次，大量信息價值密度低的信息數據屬於無效數據，意味著處理數據過程中耗費的財力和精力大多無效。目前大多數中小企業融資困難，經營步履維艱，更加無法在無用的海量數據前耗費「不可預知」結果的經費。最後，速度快時效高的信息數據在不斷變化，一旦不利用數據進行分析，及時做出決策，就會遭遇「過了這個村就沒有這個店」的遺憾。綜合來說，中小企業因為信息化專業人才、數據處理技術、數據搜集和處理的經費、企業結構和發展階段等局限，還較難直接介入大數據時代的應用浪潮。

（三）大數據給小企業提供了難得的緊跟甚至超越的機會

在傳統競爭中，中小企業在土地資源、原材料供應、融資、市場拓展、廣告投放、渠道建設等方面大大落後於大型企業，明顯處於不利局面。大數據恰恰給小企業提供了難得的超越機會。當大數據風暴刮起之時，所有企業站在同一起跑線，中小企業獲得難得的發展機會。

大數據對所有企業機會均等的論斷主要基於目前中國信息化發展水準的局限，隨著信息化水準逐步提高，小企業的傳統機會將逐漸減少，新的機會將增加。目前中國整體信息化基礎稍顯薄弱，各行業信息化水準參差不齊，計算機技術、網絡通信日漸成熟，但規範化管理、集成式應用不足，尚不具備數據共享環境。大量的數據堆砌但缺乏標準化歸類、管理；缺乏跨行業數據共享基礎；缺乏法律與監管環境，特別是隱私數據的保護；跨行業數據分析和運用尚在探索；數據價值認定和交換尚無參考標準，等等。這些狀況都給先知先覺，敢於創新，利用新技術、新概念、新平臺的中小企業發展提供了一個利用「擦邊球」出彩的機會。

（四）大數據將催生新的創新性中小企業明星群體

IT產業從來不缺乏造富奇跡，每一次IT行業革命都會催生一批知名的中小企業，從硬件生產的聯想、同方，到服務軟件的用友，從服務器、存儲器生產的東華軟件、華勝天成，到信息安全、雲計算的衛士通、神州泰岳等等。近十年來的網遊公司、可穿戴智能軟件的流行等更是造就了眾多知名的明星網絡企業，從小

到大，從默默無聞到眾所周知。大數據作為繼雲計算、物聯網之後IT產業又一次顛覆性的技術變革，必將對現代企業的管理營運理念、組織業務流程、市場行銷決策以及消費者行為模式等產生巨大影響。美國有句諺語「除了上帝，任何人都必須用數據來說話」，說明以後絕大多數企業商務管理、市場決策、企業戰略都會越來越依賴於數據分析而非經驗或直覺。[1]未來的市場將會崛起一批利用大數據進行分析，提供各種細分服務的創新性、服務類、高新技術中小型企業，其主要的任務就是收集、處理龐大而複雜的數據信息，通過探索並發現新的商機、對客戶和市場進行新的洞察，實現業務創新和流程創新。這些企業將目標市場瞄準各類細分行業，經過市場和歲月的洗禮必然會創造IT界的新的造富神話。由於分佈面廣，服務行業齊全，難以出現行業壟斷，所以大數據時代造就的中小企業明星企業群體將呈現百花齊放式而非一枝獨秀。誰先搶占先機，誰就將在新興市場分得一杯羹。

二、大數據時代中小企業的經營思維

（一）中小企業必須具備大數據思維

現代市場行銷觀念強調企業要想獲得最大利潤，其所有行銷活動必須以消費者為中心，滿足消費者需求，贏得消費者滿意。由於實力所限，小企業可以利用成本相對低廉的社交媒體和移動設備這類平臺，為客戶提供差異化的在線服務，在營運中累積獨一無二的數據資產，方有成效。以2014年鬧得沸沸揚揚的打車軟件為例，軟件生產企業沒有走傳統思路與交通部門合作，而是利用打車軟件，共享乘客和司機的雙向數據，借此實現超越，讓大數據思維成為小企業發展的一種衍生盈利模式。

（二）目標市場小眾化深耕細作

在行銷活動中確定目標市場猶如在打靶時確定靶心，「有的放矢」才可能精確瞄準目標客戶，不浪費企業資源，避免「先開槍，再瞄準」的盲目行銷，為企業帶來源源不斷的收益。中小企業在人力和財力上耗不起，因此找準目標客戶群體之後，不妨通過深入瞭解目標客戶群不同數據集之間的交匯點，創建幾個客戶視角聚焦點，重點收集整理客戶的購買力和購買習慣、購買頻率，消費過程中各種意願表達態度，潛在消費方向，品牌、質量、價格等在購買決策中的比重，對消費決策過程中「問題確認—信息搜尋—方案評估—購買決策」各種影響因素進行分析。該思維的重點不在於行銷目標面拓展，而是採用集中聚焦策略，步步為營，先強化重點客戶市場的據點，然後逐步匯聚成為客戶群的線和區域市場拓展的有效覆蓋面。

（三）借助大數據創新價值提升廣告媒介精準度

過去由於廣告預算受制於資金不足的窘況，大多數中小企業在宣傳和促銷中選擇媒體時會放棄受眾廣但是費用高精準度低的電視媒體，從而使網絡廣告成為重要的宣傳備選渠道之一。很多中小企業並沒有選擇知名的策劃企業進行全盤策

劃，而是通過自己的行銷部門確認需求、受眾、投放內容，由網絡營運商提供運行的監測過程和結案報告。數據不充分，將導致無法精準篩選目標受眾，無法根據目標受眾喜好來選擇更精準的視頻內容，無法統一標準進行監測，也無法對數據進行歸納和分析以形成有效價值鏈。[2]

在大數據時代，中小企業可以選擇費用相對低廉，但是數據依然充分的網絡平臺進行廣告投放。投放前，利用網絡公司的大數據中心提供的數據進行詳盡的前期調研，更精準選擇受眾，篩選投放內容，調取投放數據以及市場反饋信息，從而及時調整投放策略與內容，確保投放效果。中小企業可以主動向網絡公司索取 DMP（數據管理平臺）與 CRM（客戶關係管理）數據，以及一些詳盡真實有效的監測報告，將相關數據建立專屬數據庫進行歸檔，為下一輪投放做準備。如果中小企業與該網絡公司進行長期穩定合作，可將數據歸檔、存儲、分析、市場預測等委託網絡公司保存，利用其相關的關聯客戶進行多方數據共享，持續性進行精準的受眾洞察，再向業主提供信息反饋和廣告內容篩選，優化投放方案和投放策略，保證長期精準投放。

（四）利用大數據商品關聯發掘行銷機會

利用大數據價值挖掘的基礎是通過分析，發現各個數據之間的內在關聯關係和外聯延伸關係。中小企業客戶群體有限，數據存在凌亂和獨立碎片形態，不對其加以整理和分析，很難實現數據本身的價值。準確地說，中小企業利用客戶的數據不是大數據，充其量算準大數據，但是可以利用大數據的處理技術、分析工具、研究思維，將有限的原有數據進行分析，建立起各個數據之間的聯繫，把各個方面的數據打通。在諸如手機號碼、微信、微博、郵箱、QQ 空間等方面尋找聯繫，即可對客戶的消費行為、消費心理、消費習慣、消費實力、消費路徑、消費頻率以及使用競爭對手產品的相關信息等深入分析，找出某種規律，發掘進一步的行銷關係，為以後更好、更精準的合作提供服務依據。

（五）利用「船小好調頭」優勢應對大數據「時效性」

大數據時代意味著網絡逐漸發達，利用網絡已經成為消費者不可或缺的生活元素。基於目標消費群體在消費行為和購買方式上存在著易變特性，在消費者兼網民雙重身分的需求點最高的時候及時進行行銷非常重要，「時間行銷策略」成為包括中小企業在內的廣大企業經營者的重要選擇。這需要企業的宣傳、提示、廣告等通過網絡技術手段在消費者決定購買的「黃金時間」內及時送達。大數據時代，消費者的時效性和易變性都要求企業行銷宣傳針對性「影隨動」。習慣規模化產銷並將規模效應作為低成本策略的大中型企業此時不如中小企業回應市場變化快，中小企業不妨借此機會利用「船小好調頭」優勢，小批量生產個性化產品，將過去的生產成本劣勢轉化為個性化行銷優勢，應對大數據「時效性」。

（六）利用大數據「借船出海」改善客戶體驗

要改善用戶體驗，關鍵在於真正瞭解用戶及其所使用產品的狀況，做最適當的提醒。一些大的公司可以利用全國性甚至全球性的產品售後海量大數據搜集來

進行預測性分析，預測產品的質量、壽命、使用狀況，找出產品容易出問題的「質量點」，從而及時提醒用戶採取產品升級、更新或換代等彌補措施。中小企業沒有充分的數據來進行跟蹤和分析，但是可以根據行業內一些公開、可以利用的信息進行分析，重點關注大企業售後產品的信息分析、售後問題的處理對策等，再站在這些信息基礎上「借船出海」，結合本企業產品情況進行分析，尋找「缺陷點」，主動解決潛在的問題。

（七）利用大數據提升資源利用率降低人力資源營運成本

大數據時代中小企業還可以通過雲管理模式，讓涉及網絡的部分業務不同程度地外包給專業的大數據公司，讓若干中小企業的業務系統共用一個大型的資源池並進行合理的分配，企業全員利用社交網絡、移動互聯網等創新管理模式，實現企業內部的自動化管理，從而達到便捷、動態、靈活、高效和自動化的目的，用最少的操作和極短的時間完成資源整合，從而減少企業在人力資源開發過程中的營運成本。[3]

（八）中小企業利用互聯網金融拓寬融資渠道

融資困難一直是中小企業難以言說的心病，儘管國家也出抬了不少政策，但是操作起來卻困難重重。其中的原因在於各商業銀行面對還貸能力參差不齊、數量眾多、單筆信貸金額不大但累積數量不少的中小企業，其信貸營運成本不小，風險也較大。在大數據時代，這種成本與收益難以均衡的僵局正在被打破。諸多中小企業都在利用電商平臺累積和挖掘海量數據，收集比現實中發布的企業數據更具真實性的客戶信息。如此一來，大數據能與信貸業務有機結合，體現重塑信息結構、削減業務成本的核心優勢。以阿里金融為代表的「小貸公司+平臺」模式，通過收集掌握平臺商戶的各種內部和外部海量「大數據」信息，經過雲計算進行動態風險定價和違約率概率分析，計算出信貸風險，確定是否發放貸款。整個過程縮短了信貸業務流程，提升了效率，與小微企業貸款需求「短、頻、快」靈活性特點高度吻合。[4]以宜信為代表提供融資仲介服務的 P2P（Peer to Peer，點對點網絡借款）模式，則讓放貸和貸款雙方通過大數據平臺進行互評，然後自行確定融資信貸相關事宜。大數據時代中小企業利用互聯網進行金融融資渠道大大拓展。

三、大數據時代中小企業健康發展的對策與建議

（一）借力智慧政府建設的東風，共享政府大數據公共平臺建設政策

大數據時代加速智慧政府的轉型升級，將促使政府在履行其職能，如經濟調節、市場監管、社會管理和公共服務等方面實現數字化、網絡化、智能化、精細化，在大數據支撐下政府公共數據管理能力及相關職能得到提升，承擔了公共數據的開發傳播工作，可以從技術及數據管理方面為中小企業的競爭情報提供服務，幫助它們提高競爭力，彌補中小企業在大數據時代存在的「普遍缺乏競爭情報意識；缺乏資金與競爭情報人才；競爭情報獲取手段和渠道比較單一；信息收集與

分析工作有效性不足」等劣勢。[5]目前少數發達國家處於「大數據」時代的早期，為了不至於在全球信息化浪潮中掉隊，中國各級政府已經將建設大數據發展平臺作為扶持各類企業發展的重要事項。

在各級政府加速發展智慧政府東風來臨之際，大數據公共平臺建設力度和寬度將超越過去任何時候。進入專業大數據建設行列的公司將會逐漸增加。雖然中國中小企業在數量上占據大多數，在解決就業方面的作用也不亞於大中型企業，但是在融資、稅收等政策支持方面還是處於無形的劣勢。在享用大數據平臺上，如果完全按照市場規律來操作，恐怕中小企業只能望洋興嘆，因此政府介入成為必然選項。以政府為主導，充分涵蓋不同區域經濟特色、產業集群和產業聚集區特徵的公共數據平臺建設將成為各類企業爭奪的焦點之一。中小企業在共享政府大數據平臺時需要團結一致，向政府提出合理建議：其一，建議政府逐步建設數據服務體系來規範同行業，以資源利用和市場拓展互補為主基調，打造完善產業鏈和產業集群，形成區域性產業規模效應，盡量避免惡性競爭。中小企業必須抓住此機會，和大中型企業一起同線起跑。其二，建議政府出面讓中小企業與大中型企業在同一區域內共享數據平臺，合作共存互惠互利，實現各利益主體的共榮共存。其三，建議政府建設各類企業都能參與共享的公益性大數據平臺，適當收取建設和維護的費用，降低區域性數據平臺建設和營運成本。其四，建議政府對介入平臺建設的企業給予適當的價值補償，降低風險。補償可採用融資、稅收、財政、政府採購等多種方式，使後期的升級換代具有可持續性，減少數據浪費，充分提高數據利用率。

(二) 及時加強本身基本數據處理功能建設

除獲取政府支持的大數據公共平臺建設、專業數據處理公司以及互聯網服務企業提供的服務外，中小企業本身的數據建設和對接工作也很重要。中小企業沒有實力去建設數據搜集整理的大平臺，海量信息分析的功能就交給專業的大數據企業去操作，但是基本的分析功能還是要具備，否則即便有外援可以利用，但是獲取的信息無法消化，也只能錯失良機。中小企業不必去追求初級大數據的處理，但很有必要對經過篩選和加工後的有用信息進行分析和利用，特別是加強對消費市場的結構化以及對消費者的消費心理分析等小數據的研究。從某種意義上講，小數據研究永遠不會被徹底替代，其作用不能被忽視。

(三) 管理層需要快速適應決策角色的轉換

大數據時代將改變管理者的決策方式、決策群體和決策角色。首先，中小企業由於規模小，管理層人數少，結構簡單，經營決策權基本上集中在以業主為中心的少數人手中，按照傳統方式決策，缺乏足夠數據，主要依賴過去的經驗。而大數據時代，決策者的主要任務是發現問題和提出正確的問題以便讓數據來解決。其次，由於組織結構簡單，層級較少，中小企業的基層管理者習慣於依賴高管直接決策，主動成為決策的執行者。大數據時代，企業普通管理者和員工獲取並共享決策信息變得方便快捷，自己決策能力大大增強，不用過於依賴上司，決策重

心明顯下移，整體決策水準明顯提高。再次，普通消費者可以通過媒體和網絡通信媒介獲取企業各項數據，成為編外數據分析師，有意無意參與到決策中，再通過各種媒介將決策建議反饋到企業，決策主體逐步從商業精英轉向社會公眾。中小企業比大中型企業更能體現出大數據環境下的多元決策，越是結構簡單、科技含量高、附加值高、員工素質高的小企業管理者就越需要盡快適應決策角色的變化。

（四）重視大數據定量研究與定性分析並舉

長期以來業界都很重視企業經營決策中的定性分析與定量研究有效結合。當大數據時代來臨時，可能會走入一種誤區：無論企業規模大小，都將研究視角重點放在大數據的定量分析中。在經濟發達的國家，相信科學崇拜科學，企業決策充斥著大量的定量研究。大數據時代，「相信依據」不相信「感覺」會成為主流。過去中小企業經營管理者長期依靠感性決策，將向理性決策轉換。「寧信尺碼而不信自己腳」的「鄭人買履」式決策將屢見不鮮。實際操作中，中小企業本身就不能像大中型企業一樣去機械地強調決策規範化、精準化、標準化、科學化，忽視定性分析將會帶來「馬謖失街亭」的書呆子失誤。定量分析和定性分析有機結合才是王道。

四、結論

無論是否做好準備，大數據時代都如期而至。中小企業對經營過程中的競爭情報及各種數據信息認知水準偏低，制約了企業在未來競爭中信息數據搜集、整理和分析工作的開展。中小企業必須要認識到大數據對自身的正面影響和存在的不足，樹立正確經營思維，利用數據分析機會深入挖掘並把握市場，做好行銷策略、發展戰略、人力資源策略、融資渠道等工作。不僅自身要把握機會，建設自己的小數據分析機構，還要主動介入，建議並配合政府的數字化、智慧化、信息化等建設，充分利用政府提供的競爭情報服務信息，提升科技創新力度，和其他相關企業適度聯動，共享數據信息，定性和定量分析結合，與政府形成一種不可分割的健康生態關係，和其他中小企業一起形成新信息化環境下的互補產業集群，才可能在未來的競爭中立足和發展。

參考文獻：

[1] 李豔玲. 大數據分析驅動企業商業模式的創新研究［J］. 哈爾濱師範大學社會科學學報, 2014（1）: 55-59.

[2] 胡永榮. 2014打造全媒體大數據行銷平臺［J］. 聲屏世界·廣告人, 2013（12）: 146-147.

[3] 孟衛東, 佟林杰. 雲時代背景下小微企業人力資源開發問題研究［J］. 企業經濟, 2014（5）: 83-87.

[4] 佚名. 大數據時代的小微融資創新［J］. 新遠見, 2013（5）: 45-52.

[5] 何軍. 大數據對企業管理決策影響分析［J］. 科技進步與對策, 2014（2）: 65-68.

國有商業銀行之間貸款定價模式效率差異化比較分析

高文香　張同建

摘要：貸款定價模式對於銀行經營績效存在著實質性的影響。國有商業銀行貸款定價模式存在著差異性，從而帶來貸款績效的差異性。貸款績效受到銀行內部多種因素的影響。基於現實性的數據調查，借助於多元迴歸分析方法，經驗性的研究揭示了國有商業銀行之間定價模式效率的微觀差異化路徑，有利於國有銀行之間的學習和借鑑，從而為國有商業銀行完善貸款定價管理戰略提供了策略性的指導。

關鍵詞：國有商業銀行；定價模式；成本加成定價法；客戶盈利分析法；多元迴歸分析

一、引言

商業銀行貸款定價，就是指商業銀行通過全面核算貸款所帶來的收益、貸款所承擔的成本以及貸款所應達到的目標收益等因素，對每一筆貸款所確定的能夠滿足銀行的盈利性、安全性與流動性要求的綜合定價的過程。[1]貸款定價分為狹義定價和廣義定價兩種：狹義定價僅指貸款的利率定價，而廣義定價除了貸款利率外，還包括貸款承諾費、表內淨扣比率、手續費和隱含價格等。

改革開放之前，中國商業銀行處於「大一統」管理體制之下，銀行作為國家職能機關，完全受控於國家宏觀經濟政策的指導，不存在任何的定價需求。改革開放之後，中國利率市場的改革是從貨幣市場開始的。1996年6月，銀行間同業拆借利率放開；1997年6月，銀行間回購利率放開；1998年，貸款利率可以自由浮動；2004年10月，允許人民幣存款利率下浮。同時，為了保證基準利率能夠正確反應市場利率水準，中國人民銀行增加了基準利率調整的頻度，從而顯著地提高了基準利率的靈活性。

目前，中國商業銀行貸款定價方法具有高度的靈活性，各個銀行及分支機構根據銀行的經營環境可以選擇不同的定價方式。西方商業銀行的貸款定價方法主

要有三種：成本加成貸款定價法、價格先導定價法與客戶盈利分析定價法。這三種定價方式在國有商業銀行及分支機構中均得到了不同程度的應用。

成本加成定價法就是根據貸款成本與預期利潤來確定貸款價格，貸款利率=資金成本+非資金性經營成本+風險成本+目標利潤。成本加成貸款定價法認為貸款利率應包括四個部分的內容：銀行籌集可放貸資金的成本、銀行的非資金性經營成本、貸款的風險溢價和銀行預期利潤水準。成本加成貸款定價法實施的基本前提是，銀行既能精確地測算經營成本並細化至每一項業務和每一位客戶，也能充分估計出貸款的違約風險、期限風險及其他相關風險。

價格先導定價方法是在選擇某種基準利率的基礎上針對貸款風險程度的不同而確定風險溢價，再根據基準利率和風險溢價來確定該筆貸款的實際利率。貸款利率=基準利率+風險溢價點數，或者貸款利率=基準利率×風險溢價成數。價格先導定價法實施的基本前提是，銀行既有可供選擇的基準利率，也要能夠準確地測算出銀行貸款的違約風險，以確定在基準利率之上的加點數。

客戶盈利分析定價法認為，商業銀行在每筆貸款定價時應考慮客戶與本行的整體關係，為客戶設定一個目標利潤，然後通過對銀行為該客戶所提供的所有服務的總成本、總收入及銀行的目標利潤來確定利率的定價水準。貸款利率=銀行目標利潤率+（為該客戶提供的所有服務的總成本－為該客戶提供所有服務中除貸款利息以外的其他收入）/貸款額。

成本加成定價法是國有商業銀行的傳統定價方法，價格先導定價法在近年來逐步得到推廣，而客戶盈利分析定價法作為一種國際銀行業流行的定價方法，正為國有商業銀行所青睞。因此，總體而言，在國有商業銀行貸款定價機制中，呈現出多種定價方式並存的狀態，不同的定價方式在銀行營運中將產生不同的定價效率，從而不同程度地促進了銀行營運績效的提升和改進。

二、研究模型的構建

（一）模型構建的理論分析

在國有商業銀行營運體系中，經營績效的80%以上來自存貸款利差收入，而非貸款利差收入不足總收入的20%。[2]其中，貸款利率定價對銀行利潤存在著較大的影響，是銀行營運績效的決定性因素。因此，基於貸款利率管理的視角，貸款利率管理效率與銀行利潤存在著高度的趨同性，銀行經營業績與貸款定價影響要素存在著內在一致性。

對於現代商業銀行而言，財務績效很難反應銀行的營運績效，因為銀行的營運績效是一個綜合性的發展指標，不僅包括現有的經營業績，也包括內部流程的協調和改進，更包括長遠的發展潛力。[3]因此，平衡計分卡理論與銀行績效測評具有天然的擬合性。平衡計分卡既是一種戰略規劃工具，也是一種戰略部署工具，其核心思想是：企業必須不斷地創新和學習，持續改善企業內部運作過程，獲得最大化的客戶滿意，才能獲取持續的財務收益。平衡計分卡認為，企業的財務收

益和外部客戶、內部流程、學習與發展三個方面高度地關聯。企業的整體戰略績效相當於一棵大樹，只有「根深」（學習創新能力強）、「枝壯」（高效的內部流程）、「葉茂」（客戶滿意度高），才能結出豐碩的「果實」（財務績效）。

根據平衡計分卡的內涵，國有商業銀行平衡計分卡可分為四個測度要素：財務要素、顧客要素、內部運作要素、學習與成長要素。其中，財務要素是指商業銀行迄今為止所取得的財物業績，顧客要素是指商業銀行客戶關係管理（CRM）的深入程度，內部運作要素是指商業銀行內部業務流程的完善程度，而學習與成長要素是指商業銀行的潛在發展趨勢和競爭優勢。在現代金融環境下，這四個要素能夠全面地衡量商業銀行的運作績效，具有較強的科學性與合理性。

因此，基於國有商業銀行現有的營運環境，銀行績效的改進在很大程度上受到貸款定價因素的影響，即銀行營運績效與貸款定價因素在理論上存在著高度的相關性。

（二）研究變量的選擇

在國有商業銀行體系中，貸款利率的定價一般要遵循如下原則：第一，成本、效益和風險匹配原則，即貸款利率的確定要考慮到經營貸款所付出的成本、承擔的風險和期望的資本回報，並在有效管理貸款風險的前提下實現貸款利潤的最大化；第二，市場化定價的原則，即貸款利率的確定要考慮到市場利率水準的變化、業務發展和同業競爭策略等因素；第三，差別化原則，即銀行根據客戶對象、貸款品種、貸款方式、貸款期限與風險種類的不同，在精細化核算的基礎上實行差別化定價。

長期以來，古典利率理論、流動偏好利率理論及可貸資金利率理論是商業銀行貸款定價的基本依據，認為貸款利率是由資金供給方與資金需求方共同決定的，因此，貸款價格取決於資金需求曲線與資金供給曲線的均衡點。然而，在金融市場實際營運中，貸款價格並不僅僅取決於資金供求這一因素，而會受到多種因素的影響。在國有商業銀行貸款定價機制中，這些影響因素包括信用風險計量、貸款成本分析、客戶市場定位、貸款模式選擇、貸款定價信息化與定價機制創新等。[4]

第一，信用風險計量在貸款風險定價中具有基礎性的作用，只有進行精確的信用風險定價，才能有針對性地進行貸款利率的定價。中國商業銀行信用風險計量的水準較低，計量方法較為簡單，很難包括信用風險的所有影響因素，從而帶來巨額的不良貸款。在一定時期，由於商業銀行的政策導向性，貸款對象的信用風險計量曾被忽略到若有若無的地位，這必然帶來貸款定價的盲目性。近年來，中國商業銀行先後引入了國際商業銀行的信用風險計量方法，在風險計量領域取得了顯著的成效。

第二，成本分析是貸款定價的一個關鍵性策略，也是貸款定價體系中的一項重要內容。貸款成本是貸款收入的組成部分，其差額構成了貸款利潤，因此，商業銀行不僅需要對現有的客觀成本進行評估，也要對可能發生的成本進行評估，

才能為貸款定價的確立提供準確的參考依據。[5]隨著銀行業的發展及各種業務功能的擴展，成本的構成要素也在不斷變化，因此，貸款成本分析是一個動態的過程。

第三，客戶市場的定位是實施貸款定價的前提，因為每個銀行都有自己的目標市場，都有自己特定服務的對象，而不能全方位地盲目投放貸款資金。商業銀行只有在實施了有效的市場差異化定位戰略之後，才能開始貸款定價。近年來，國有商業銀行的業務規模和業務品種擴張較快，導致市場重合性逐漸增大，市場趨同性逐漸提高，從而為貸款定價帶來一定程度的障礙。商業銀行需要針對同一目標市場深入瞭解更多的客戶信息，才能知己知彼，實現自身的定價優勢。

第四，貸款定價模式的選擇對於貸款績效具有直接的影響，而銀行貸款定價模式的選擇不具有隨意性，需要根據自身的信用管理環境來確定。在國有商業銀行內部，對於每一業務機構、每一部門，甚至每一筆貸款，並未實施統一的貸款定價政策，貸款主體可以根據業務的需要而靈活執行。但是，在貸款模式的選擇上，一些機構或部門不顧自身的現實條件，盲目模仿國際先進銀行，知識貸款頂級模式失去了應用的功能。

第五，信息化定價的實施是現代商業銀行的基本要素，是貸款定價機制發展的必然趨勢。銀行信息化是現代銀行與傳統銀行區別的基本標志，信息化流程已成為銀行業務的主導性流程，因此，貸款定價的信息化運作已基本上取代傳統的手工定價流程。[6]在現代商業銀行定價過程中，涉及大量的數據與信息，同時也需要對這些數據和信息進行高複雜性的處理，必然需要信息技術平臺的支撐，否則將寸步難行。

第六，貸款定價機制創新是貸款定價戰略管理的永恆主題，因為隨著金融市場的發展，貸款定價模式必須處於不斷變革之中。對於現代商業銀行而言，貸款定價機制創新必須遵循一定的原則。首先，銀行應考慮客戶從貸款定價中所得到的利益，即銀行所提供的產品和服務的定價應該讓客戶認為有價值，才能被客戶所接受。其次，銀行所提供的金融產品和服務的價格應該有利於吸引客戶，並能夠有效地提高客戶的忠誠度。最後，銀行所提供的產品和服務的價格應盡可能簡化銀行與客戶之間的關係，增強客戶對銀行的信任程度。[7]

(三) 研究模型的確立

根據以上理論分析，可以建立國有商業銀行貸款定價模式效率的多元迴歸分析模型（如下式所示），這個模型對於四大國有商業銀行而言具有通用性。

$$y = \beta_0 + \gamma_1 D_1 + \gamma_2 D_2 + \beta_1 X_1 + \beta_2 X_2 + \beta_3 X_3 + \beta_4 X_4 + \beta_5 X_5 + \beta_6 X_6 + \mu$$

本迴歸分析模型包含2個虛擬變量、6個定量變量及1個因變量，各變量符號的含義、類型、系數及系數預期符號如表1所示：

表 1　　　　　　　　　　　變量符號說明

變量符號	含義	變量類型	係數	預期符號
y	銀行運作績效	被解釋變量		
D_0	成本加成貸款定價法	基變量		
D_1	價格先導定價法	虛擬變量（$D_1=0, 1$）	γ_1	(+/−)
D_2	客戶盈利分析定價法	虛擬變量（$D_2=0, 1$）	γ_2	(+/−)
X_1	信用風險計量	解釋變量	β_1	(+)
X_2	貸款成本分析	解釋變量	β_2	(+)
X_3	客戶市場定位	解釋變量	β_3	(+)
X_4	貸款模式選擇	解釋變量	β_4	(+)
X_5	貸款定價信息化	解釋變量	β_5	(+)
X_6	定價機制創新	解釋變量	β_6	(+)
μ	樣本殘差			

註：(+) 表示正相關，(−) 表示負相關，(+/−) 表示不確定。

三、模型檢驗

（一）技術方法

本研究擬分別以四大國有商業銀行為對象，對研究模型進行多元迴歸分析，以分別揭示每個國有商業銀行貸款模式效率的差異以及國有商業銀行之間貸款模式效率的差異。多元迴歸分析是研究兩個以上的獨立變量與相依變量之間相關關係的迴歸分析方法，其原理是依據最小二乘法使各散點與迴歸模型之間的離差平方和 Q 值達到最小，從而在因變量與眾多自變量之間建立最合適的迴歸方程。

（二）數據搜集

本研究以李克特 7 點量表分別對 12 個測度題項進行數據搜集，樣本單位確立為國有商業銀行的市級分行（二級分行）。在 12 個測度題項中，自變量對應的題項是 8 個，而因變量對應的子題項是 4 個，因變量的樣本值是 4 個子題項值的加權平均值的取整。根據研究的需要，在四大國有商業銀行中各取有效樣本 80 個，樣本數與指標數之比為 10：1，能夠滿足多元迴歸分析的數據要求。數據調查時間自 2010 年 4 月 8 日至 2010 年 6 月 7 日，歷時 60 天。數據調查的方式是問卷形式，調查對象是銀行機構的信貸部門，因而數據質量具有較高的可信性。

（三）數據檢驗

根據研究需要，本研究利用 Eview 軟件分別對四大國有商業銀行的樣本數據進行檢驗，得四種不同的迴歸分析結果，如表 2 所示：

表 2　　　　　　　　　　　　　迴歸分析結果

	銀行營運績效			
	工商銀行	建設銀行	農業銀行	中國銀行
虛擬變量				
價格先導定價法（D_1）	0.290*	-0.238**	-0.348***	0.313**
客戶盈利分析定價法（D_2）	-0.198*	-0.091	-0.295*	0.216*
定量變量				
信用風險計量（X_1）	0.337*	0.442**	0.413**	0.376*
貸款成本分析（X_2）	0.102	0.109	0.466**	0.091
客戶市場定位（X_3）	0.546***	0.380*	0.114	0.354**
貸款模式選擇（X_4）	0.228*	0.278*	0.318*	0.319**
貸款定價信息化（X_5）	0.153	0.467***	0.113	0.118
定價機制創新（X_6）	0.476**	0.119	0.429*	0.376*
R^2	0.476	0.393	0.588	0.409
ΔR^2	0.031	0.012	0.032	0.031
F 值	37.109	89.157	77.179	101.109
P 值（總體顯著性水準）	**	*	*	***

註：* 表示 $P<0.05$，** 表示 $P<0.01$，*** 表示 $P<0.001$；$N=80$。

四、結論

根據檢驗結果可知，國有商業銀行定價模式效率存在著一定的差異性，各種定價方法對銀行營運績效存在著不同的影響。

在中國工商銀行內部，價格先導定價法取得了較大的成效，成本加成定價法的效率次之，而客戶盈利分析定價法的效率最低。在中國建設銀行內部，成本加成定價法具有較大的成效，客戶盈利分析定價法次之，而價格先導定價法的效率最低。在中國農業銀行內部，成本加成定價法具有較大的成效，價格先導定價法次之，而客戶盈利分析定價法效率最低。在中國銀行內部，價格先導定價法取得了較大的成效，客戶盈利分析定價法次之，而成本加成定價法效率最低。

因此，在由傳統定價模式向先進的定價模式的轉換過程中，中國工商銀行與中國銀行取得了顯著的成績，而中國建設銀行和中國農業銀行有待提高。同時，在國有商業銀行體系中，信用風險計量與貸款模式選擇要素發揮了較大的作用，有效地促進了貸款定價管理功能的增強，而客戶市場定位與定價機制創新要素發揮了一定程度的作用，貸款成本分析與貸款定價信息化要素基本上沒有發揮作用。

本研究揭示了四大國有商業銀行貸款定價機制的內部運作機理，發現了貸款

模式效率差異化的現實路徑，從而為國有商業銀行不斷完善貸款定價機制、相互學習與相互借鑑提供了現實性的理論指導。

參考文獻：

[1] 胡杰. 利率市場化進程中欠發達地區銀行利率定價行為 [J]. 經濟管理，2007（16）：48-53.

[2] 張同建，李迅，孔勝. 國有商業銀行業務流程再造影響因素分析及啟示 [J]. 技術經濟與管理研究，2009（6）：104-107.

[3] 張同建. 中國商業銀行客戶關係管理戰略結構模型實證研究 [J]. 技術經濟與管理研究，2009（6）：106-108，112.

[4] 毛捷，金雪軍. 巴塞爾新資本協議與銀行貸款定價——一個基於信貸市場系統性風險的模型 [J]. 經濟科學，2007（5）：54-65.

[5] 王文星. 貸款定價模式與提高市場競爭力——以工商銀行福建省分行貸款定價實踐為例 [J]. 金融論壇，2009（1）：56-62.

[6] 馬鴻杰，楊玉兵，胡漢輝. 國有銀行的貸款定價研究——基於無錫市中小企業的實證 [J]. 西安電子科技大學學報，2008，18（6）：54-60.

[7] 陳忠. 商業銀行貸款定價理論與實踐 [J]. 金融理論與實踐，2007（11）：28-31.

國有商業銀行貸款產品定價模式實證性研究

任文舉　熊　豔　張同建

摘要： 貸款產品定價模式的選擇對於貸款產品的收益具有差別性的影響。實證性的研究表明，在國有商業銀行貸款定價體系中，客戶盈利分析模式的收益最高，成本加總模式的收益次之，而基準利率加點模式的收益最低。

關鍵詞： 貸款定價；客戶盈利分析模式；客戶關係管理；多元迴歸分析

一、引言

2004年10月29日，中國人民銀行在宣布加息的同時，一項被稱為「貸款上不封頂、存款下不封頂」的政策同時實施，金融機構的貸款利率原則上不再設置上限，由商業銀行根據借款人的信譽與風險等因素自主確定合理的貸款利率。2005年2月1日，中國人民銀行發布了《穩步推進利率市場化報告》，再次強調要強化金融機構的貸款定價能力，同時也提高了國有商業銀行貸款產品定價機制的靈活性。

貸款定價模式的應用與貸款績效存在著內在的相關性，而貸款定價模式的選擇是貸款定價的戰略性決策內容之一。[1] 金融機構在貸款定價模式的選擇與應用上具有高度的自主性，直接影響到貸款產品的收益。貸款定價模式主要有三種方法：成本加總定價模式、基準利率加點定價模式和客戶盈利分析定價模式。目前，這三種貸款產品定價模式在國有商業銀行都得到普及性的應用。

成本加總定價模式是指銀行在分析發放貸款成本的基礎上，對每一筆貸款發放有利可圖的利率。貸款的最低利率由資金成本、貸款管理成本、風險補償水準和目標收益率四個部分加總而成。成本加總定價模式可以保證銀行每筆貸款有利可圖，但可能降低銀行貸款定價的市場競爭力。

基準利率加點定價模式是指銀行將資信最好的客戶發放的短期營運資金貸款的最低利率作為基準利率，每筆貸款根據其違約風險和期限風險的大小，在基準利率的基礎上加點或乘以一個系數來確定。基準利率加點模式雖然表現出更強的市場導向，但由於對資金成本重視不夠，可能導致佔有市場而失去利潤。

客戶盈利分析定價模式是一種綜合有關各個客戶的成本和收取費用的資料，

以確定對客戶提供的全部金融服務的定價是否適當的方法。客戶盈利分析定價模式認為，銀行在為每筆貸款定價時應考慮客戶與本行的整體關係，即考慮客戶與銀行各種業務往來的成本與收益，也稱為「以銀—企整體關係為基礎的貸款定價模式」。因此，客戶盈利分析定價模型是一個比較複雜的貸款定價模型。銀行在考慮中小企業貸款時，不僅考察每一筆貸款是否能安全收回本金，還要考慮貸款客戶的「帳戶收益」情況，使銀行貸款得到合理回報時又保持銀行貸款對高質量客戶的吸引力。

國際金融市場上流行的現代信用風險管理模型主要包括摩根的信用矩陣模型、KMV 公司的信用監控模型、瑞士信貸銀行的信用風險附加模型和麥肯錫的信用組合觀點模型。信用矩陣模型主要根據外部評級機構所提供的對借款公司的信用評價來獲得公司的信用等級和信用轉移概率，是一種基於歷史數據的模型。KMV 模型是基於期權的思想，信用等級轉移隱含在預期違約率中。信用風險附加模型基於保險精算的思想，關注違約，但忽略信用等級的轉移風險。信用組合觀點模型需要考慮多種宏觀經濟變量。隨著行為金融理論的興起，傳統的信用風險管理理論受到了很大的衝擊，使信用風險管理的內容從銀行外部不斷擴展到銀行內部，從而也引發了貸款定價模式理論分析的變革。[2]

二、研究模型的構建

貸款產品定價在實質上等同於信貸風險管理，但是實施過程中，還需要考慮到許多行為因素，不能完全受到信貸風險理論的約束。[3] 國有商業銀行傳統的信用風險管理方法包括信貸決策的 6C 模型和信用評分模型（Z 評分模型和 ZETA 評分模型）。6C 模型是指由有關專家根據借款人的品德（character）、能力（capacity）、資本（capital）、抵押品（collateral）、經營環境（condition）與事業的連續性（continuity）6 個因素來評定客戶的信用程度和綜合還款能力，而信用評分模型主要是通過對企業財務指標進行加權計算，對借款企業實施信用評分，並將總分與臨界值相比較。

傳統的貸款定價理論只考慮到銀行外部的因素，沒有考慮到銀行內部的因素。事實上，貸款產品的收益不僅受到信貸對象等外部因素的影響，也受到銀行內部貸款定價機制的影響。近年來，系統性的貸款產品定價理論的研究已初具成效。中國人民銀行海口中心支行課題組（2005）認為完善中國商業銀行貸款定價機制的主要策略是：設立利率定價管理機構；建立貸款定價授權及運行體系；體現差別化的貸款定價原則；大型企業以優惠利率為主，而中小型企業利率上浮的比重較大。[4] 毛捷、金雪軍（2007）建立了一個考慮信貸市場系統性風險、信用風險和最低資本金要求的貸款定價模型，討論了兩種不同的資本金彈性約束，以及對商業銀行貸款定價所產生的影響。他們發現，由於忽視了信貸市場系統性風險和銀行盈利能力，純粹考慮信用風險的最低資本金要求會誤導銀行貸款的定價決策，從而增加銀行失敗的風險。[5] 王文星（2009）通過對工商銀行福建省分行人民幣貸

款產品定價的實例分析，提出工商銀行應以貸款定價的基本原理為指導，合理進行貸款風險量化，在實踐中不斷改進和修正已有的定價方法，逐步建立「以市場價格為參考、以變動成本為下限、充分考慮客戶風險及銀—企整體關係」的貸款定價機制，以提高工商銀行在貸款市場的競爭能力。[6]

根據既有的研究成果，結合國有商業銀行貸款產品定價的營運實踐，在選擇了既定的貸款產品定價模式的前提下，本研究認為客戶關係管理的實施質量、客戶信用分析、銀行內部監督機制的有效性、信貸業務人員的業務水準與金融政策的靈活性應用這五個要素是影響貸款產品收益的突出性要素。同時，貸款收益率是反應貸款產品質量的一個重要標誌，本研究用貸款收益率來表示貸款產品定價的實施績效。[7]

根據以上理論分析，可以建立國有商業銀行貸款產品定價模式效率的多元迴歸分析模型，如下式所示：

$$y = \beta_0 + \gamma_1 D_1 + \gamma_2 D_2 + \beta_1 X_1 + \beta_2 X_2 + \beta_3 X_3 + \beta_4 X_4 + \beta_5 X_5 + \mu$$

本迴歸分析模型包含 2 個虛擬變量、5 個自變量及 1 個因變量，各變量符號的含義、類型、系數及系數預期符號如表 1 所示：

表 1　　　　　　　　　　變量符號說明

變量符號	含義	變量類型	系數	預期符號
y	貸款產品收益率	被解釋變量		
D_0	成本加總定價模式	基變量		
D_1	基準利率加點模式	虛擬變量（$D_1=0,1$）	γ_1	（+/−）
D_2	客戶盈利分析定價模式	虛擬變量（$D_2=0,1$）	γ_2	（+/−）
X_1	客戶關係管理	解釋變量	β_1	（+）
X_2	客戶信用分析	解釋變量	β_2	（+）
X_3	銀行內部監督	解釋變量	β_3	（+）
X_4	信貸業務水準	解釋變量	β_4	（+）
X_5	金融政策利用	解釋變量	β_5	（+）
μ	樣本殘差			

註：（+）表示正相關，（−）表示負相關，（+/−）表示不確定。

三、模型檢驗

本研究擬採用多元迴歸分析對研究模型進行檢驗。數據搜集方法是李克特 7 點量表，樣本單位為國有商業銀行的市級分行。數據項包括 1 個因變量、5 個自變量與 2 個虛擬變量。貸款產品收益率的取值基於如下的規則：如貸款收益率低於 0，

則取值 0；在 1%~2%，取值 1；在 2%~3%，取值 2；在 3%~4%，取值 3；在 4%~5%，取值 4；在 5%~6%，取值 5；在 6%~7%，取值 6；如貸款收益率高於 7%，則取值 7。數據搜集自 2010 年 10 月 10 日起，至 2010 年 12 月 10 日止，歷時 60 天，共獲取有效樣本數據 40 份，滿足多元迴歸分析的基本要求。其中，四大國有商業銀行的樣本數據各 10 份，能夠從整體上代表國有商業銀行的基本特徵。

依據研究模型，本研究利用 Eview 軟件對樣本數據進行了多元迴歸分析，得迴歸分析結果如表 2 所示：

表 2　　　　　　　　　　　　多元迴歸分析結果

觀察指標	預測變量	標準化係數 β	T 值	顯著性水準	容許度	方差膨脹因子	是否進入方程
貸款產品收益率	常數項		0.000	1.000			否
	基準利率加點模式	-0.317	2.715	0.000	0.901	1.216	是
	客戶盈利分析模式	0.412	3.337	0.000	0.987	1.129	是
	客戶關係管理	0.476	2.908	0.000	0.954	1.087	是
	客戶信用分析	0.165	1.782	0.678			否
	銀行內部監督	0.396	4.054	0.000	0.968	1.035	是
	信貸業務水準	0.446	5.174	0.000	0.937	1.287	否
	金融政策利用	0.154	1.376	0.714			是

$F = 19.108^{***}$　　$R^2 = 0.400$　　調整後 $R^2 = 0.418$　　$D\text{-}W = 1.927$

由表 2 可知，迴歸方程能夠解釋總變差的 41.8%。$F = 19.108^{***}$，說明總體迴歸效果是顯著的。客戶信用分析與金融政策利用要素的係數顯著性水準大於 0.5，而其餘係數的顯著性水準均小於 0.5，且方差膨脹因子均在 1 左右，$D\text{-}W$ 值在 2 左右，表明迴歸模型不存在多重共線性和自相關問題。

四、結論

根據檢驗結果可知，國有商業銀行貸款產品定價模式的效率存在著較大的差異性：客戶盈利分析模式的效率最高，成本加總定價模式次之，而基準利率加點模式的效率最低。長期以來，國有商業銀行貸款產品定價模式的選擇存在著一定的盲目性，缺乏科學的預測、分析與規劃，大都建立在一種感性的認識和判斷之上。因此，本研究的結論為國有商業銀行貸款定價模式的重新定位提供了理論上的借鑑。

客戶盈利分析定價模式是一種較為複雜的貸款定價機制，在國有商業銀行的應用時間較短，但成效最大。事實上，大多數國有商業銀行機構對客戶盈利分析定價的超越性功能並沒有清醒的認識，只是停留在一種模仿式的應用階段。同時，根據檢驗結果可知，在既定的貸款定價模式選擇的前提下，客戶關係管理的應用、

銀行內部監督的實施與信貸人員的業務水準對於貸款業務績效的改進均具有積極的促進作用，而客戶信用分析與金融政策的利用則沒有發揮實質性的作用。

參考文獻：

［1］程發新，張同建. 商業銀行貸款定價的影響因素［J］. 經濟導刊，2010（10）：20-21.

［2］張同建. 國有商業銀行拆出資金業務內部控制結構體系經驗解析［J］. 蘭州石化職業技術學院學報，2008（2）：46-49.

［3］蘇虹，胡亞會，張同建. 國有商業銀行核心競爭力研究綜述［J］. 蘭州石化職業技術學院學報，2010（2）：36-39.

［4］中國人民銀行海口中心支行課題組. 對利率市場化條件下中國商業銀行貸款定價機制的探討［J］. 海南金融，2005（12）：4-7.

［5］毛捷，金雪軍. 巴塞爾新資本協議與銀行貸款定價——一個基於信貸市場系統性風險的模型［J］. 經濟科學，2007（5）：54-65.

［6］王文星. 貸款定價模式與提高市場競爭力——以工商銀行福建省分行貸款定價實踐為例［J］. 金融論壇，2009（1）：56-62.

［7］張同建，李迅，孔勝. 國有商業銀行業務流程再造影響因素分析及啟示［J］. 技術經濟與管理研究，2009（6）：104-107.

價值共創視角下零售企業產品服務融合創新模式
——以宜家集團為例

匡　敏　曲玲玲

摘要：服務創新日益成為學術領域和實踐領域的熱點話題之一，但對於零售企業而言，產品創新也是其重要的創新途徑之一。本研究以宜家集團為例，基於價值共創視角探究零售企業產品創新與服務創新兼具的融合創新模式，得出主要結論：產品創新與服務創新之間存在著密不可分的關係。服務創新所帶來的服務體驗的提升是一種高強度的短期效用，是價值傳遞的前提與基礎；產品創新所帶來的產品體驗的提升是一種持續強度的長期效用，是價值傳遞的關鍵與核心，決定了消費者黏性以及能否觸發新一輪的價值傳遞。

關鍵詞：價值共創；產品創新；服務創新；宜家集團

一、前言

創新一直以來都是學術領域和實踐領域的重要議題之一，但是，隨著服務行業重要性與消費者市場話語權的與日俱增，在工業經濟時代盛行的技術創新導向逐漸轉向了服務創新導向的戰略邏輯（Adner& Zemsky, 2006；Vargo& Lusch, 2004），甚至在互聯網時代強調用戶體驗的背景下，大有服務創新趕超產品創新之勢。但是對於製造企業、零售企業等線下實體企業而言，服務創新與產品創新是密不可分的兩個環節，如何形成產品—服務融合創新的整合框架具有重要的實踐意義和理論意義。

在產品創新和服務創新的過程中，價值共創視角為我們的研究提供了重要的視角。價值共創視角打破了傳統價值視角以企業為價值創造主體的設定，將顧客甚至是價值網絡中的其他外部行為者也納入價值共創的創造主體範圍，價值網絡中各個主體的互動為服務創新和產品創新提供了一種新的創新途徑。已有研究探索了平臺企業的價值共創與服務創新機制（簡兆權、肖霄，2015），對於非平臺企業的探索較為匱乏，而宜家作為一家非平臺企業尤其是其自營零售的模式與以往研究存在著較大的差異，因此以自營零售企業為例從價值共創角度研究其服務創新機制具有

重要意義。此外，已有研究聚焦於服務創新，探究了知識密集型服務企業、大型網絡型服務企業和小型服務企業的服務創新模式，而自營零售企業區別於以往研究所關注的服務業，存在著服務創新與產品創新的潛在衝突與協調。本文從聚焦於服務創新領域拓展到對服務創新和產品創新兩者關係的討論，以宜家集團為例探討價值共創視角下企業的融合創新。

二、文獻回顧

（一）產品創新與服務創新

1912 年，熊彼特在《經濟發展理論》一書中最早系統性地提出了「創新理論」，該理論將競爭視為「創造性破壞的過程」，在這一過程中，企業通過對「生產要素的重新組合，建立一種新的生產函數」實現創新，包括產品創新、技術創新、市場創新、資源配置創新和組織/制度創新。在熊彼特所處的工業經濟時代，創新主要是指技術創新，廠商通過技術研發和突破，增加產品的使用價值從而獲取壟斷性的「創新租金」（羅珉、李亮宇，2015）。Freeman（1982）進一步將技術創新細化為產品創新、過程創新和創新擴散，其中產品創新包含了有形產品創新和服務創新（趙宇飛，等，2012），但在 20 世紀 80 年代以前的工業經濟背景下，服務創新往往處於被忽視的狀態。

20 世紀 80 年代以後，經濟結構中服務業逐漸興起並在後續的經濟發展中日益占據重要的地位，一些學者開始關注服務創新並逐漸展開深入的研究。技術創新單方面所帶來的產品創新無法滿足消費者的價值增值，對於使用價值的感知很大程度上依靠顧客體驗，因此關鍵在於如何在與消費者的互動中提供更好的體驗，以提升消費者對產品的感知價值（Pine & Gilmore, 1999）。不同於以往討論的產品創新，不同學者對服務創新提出了新的理解。Jan 和 Christian（2005）認為服務創新是提高產品/服務的價值以滿足顧客多元化需求的過程。這一過程包括開發新服務和新產品，也包括對現有產品和服務的改進（Drejer, 2004）。

由此可見，產品創新與服務創新之間存在著複雜的關係。Tether 和 Howells（2007）將產品創新與服務創新的發展歷程劃分為四個階段（如圖 1 所示）：忽視階段、同化階段、分化階段、整合階段。具體而言，在工業經濟時代，服務創新一直處於被忽視的狀態，隨著服務業的興起，學者們開始關注到服務創新這一話題，但通常採用與產品創新同化的範式進行研究。隨著研究的深入，兩者被漸漸區分開來形成區分化的研究領域，但事實上隨著實踐和學術研究的發展，人們發現產品服務與服務創新之間存在著千絲萬縷的複雜關係，其邊界難以明確劃分，因此形成了產品創新與服務創新的整合研究觀點。趙立龍和魏江（2015）探討了技術能力與服務創新的戰略匹配關係，提出：當技術能力較弱時，應採用漸進式服務創新提供產品支持服務；當技術能力較強勢，應採用突破式服務創新，形成知識溢出效應。整合視角日益受到學術領域的認可和關注，產品創新與服務創新並非相互替代的關係，更應該是相互促進的整合關係，因此，對於製造企業而言，如何權衡產品創新

與服務創新的關係，形成一種整合性創新模式仍然有待進一步研究。

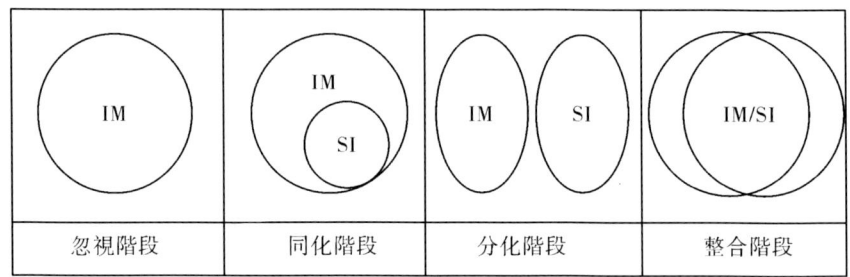

IM：Innovation in Manufacturing
SI：Service Innovation

圖1

資料來源：根據Tether和Howells（2007）以及趙宇飛等（2012）等文獻整理。

（二）價值共創視角

傳統的價值理論認為，企業是價值創造的主體，在生產過程中實現價值創造並通過市場交換將價值傳遞給消費者，企業位於價值鏈的始端，而消費者位於終端（左丹，2017）。20世紀60年代，顧客生產理論的提出開始關注到顧客在價值鏈始端所發揮的作用，即顧客不僅僅是最終獲取價值的主體，也是創造價值的主體之一。Prahalad等（2000）進一步提出，價值共創是企業與顧客通過互動共同創造價值的活動，而這種價值嵌入在顧客體驗中。也因此，Prahalad等的代表性觀點成了價值共創視角的一個重要分支——基於顧客體驗的價值共創理論。這一分支的基本觀點是價值共創的核心在於共同創造消費體驗，其基本方式是價值網絡成員間的互動（張潔，等，2015）。價值共創的另一分支是Vargo和Lusch（2004）所提出的基於服務主導邏輯的價值共創理論，區別於傳統的商品主導邏輯下產品與服務的割裂狀態，服務主導邏輯將服務視為一切經濟交換的基礎，所謂價值共創，並不局限於傳統意義上基於產品的交換價值，而是在交換過程中實現的使用價值。這一觀點也認為，顧客參與價值創造是價值共創的前提之一，從價值共創視角理解服務創新，可認為服務創新是以顧客需求為導向並在與顧客互動過程中產生的創新（簡兆權、肖霄，2015）。此外，價值共創視角下的服務創新不僅僅是與顧客的交互，在後續的研究中，學者們也關注到了企業與包括供應商、製造商等在內「合作生產者」的交互作用。

一些學者基於價值共創的視角對服務創新進行了研究，形成了豐富的研究結論。Miles（2008）對服務行業的服務創新模式進行了總結，得出結論：知識密集型服務企業和大型網絡型服務企業呈現出基於專業知識的模式而小型服務企業則傾向於供應商驅動的模式。簡兆權和肖霄（2015）針對攜程案例剖析了網絡環境下服務供應鏈的價值共創模式。但已有研究更多局限於服務行業或者是平臺模式下的在線服務平臺，對於以產品交易為核心的服務化研究較為匱乏，因此本研究擬以

宜家集團為案例，探究自營零售企業的服務創新模式，並且關注到以產品交易為核心的行業屬性，探究其服務創新與產品創新的潛在衝突與協調。

三、案例分析

宜家集團於1943年創建於瑞典，一直致力於「為大多數人創造更加美好的日常生活」，憑藉一貫以來的產品創新和服務創新，宜家成了全球最大的家具零售商。根據宜家家居2016年的財務報告，2016年宜家集團總收入達351億歐元，其中中國銷售額超過了125億人民幣，增長率更是高達18.9%，並且宜家中國的全年總訪客量達到8,930多萬人次，相當於每分鐘有339位消費者光顧宜家。在眾多零售企業備受互聯網渠道衝擊的背景下，宜家高增長趨勢的業績令人瞠目結舌，而這正是由於宜家在產品創新與服務創新領域的卓越實踐，形成了顧客體驗導向下與顧客互動的服務創新，價值共創導向下與顧客、供應商、外界創新資源互動的產品創新，兩者相互平衡相互促進的融合創新模式。

（一）服務創新：顧客體驗導向下零售商與顧客的互動

儘管宜家是一家以銷售家居產品為主的零售商，但在銷售過程中，宜家形成了顧客體驗導向下關注與顧客互動的服務創新，包括體驗式行銷、社會化行銷和宜家俱樂部等創新實踐。

1. 體驗式行銷

在體驗式行銷這一名詞尚未盛行甚至是尚未開始之時，宜家集團就開創了家具展示的體驗式零售商場。消費者不僅僅關注家居產品的外觀設計、材質等屬性，也非常關注觸感、舒適程度以及與其他家居產品搭配的感覺，這些獨特的屬性使得消費者更加注重現場的體驗，這也是宜家體驗式行銷的來源。1958年，宜家開創了第一家宜家商場，6,700平方米的建築面積使其成為當時北歐最大的家具展示場所，截至2015年8月31日，宜家這種體驗式展示場所遍布了全球28個國家/地區的328個商場，在每一個商場中，宜家將各種家居產品精心搭配成樣板間的樣子以營造一種非常接近真實生活的家庭氛圍。在內部設計上，宜家別具匠心地設計了強制單行的動線，即消費者沿著這一動線可以參觀所有的家居區域，最後才抵達倉庫和收銀臺，這種增加消費者體驗時間的方式有效地提高了消費者的衝動性購買。當然，對於非常明確所需購買產品的顧客，宜家也非常貼心地提供了捷徑通道。此外，宜家希望打造一種生活方式的購物氛圍的行銷方式，在促進「閒逛」的效果上某種程度也延長了購物的時間，因此，宜家還通過提供餐廳區以及迷你商品區等盡量滿足長時間購物的多元化體驗。

2. 社會化行銷

現場的體驗式行銷是宜家在與顧客互動過程中營造顧客體驗的一種重要方式但並非唯一的方式，宜家還通過線上的社會化行銷實現了更大範圍的用戶互動。宜家借助Facebook、Twitter、新浪微博以及豆瓣等社群平臺連接了全球範圍廣泛的消費者和家居愛好者社群，發起了大量成功的社會化行銷活動，比如One Night in

IKEA等，通過社會化媒體的病毒式傳播迅速形成熱點效應，來自全球的廣泛社群創造了眾多以宜家家居為主題的內容，在互動過程中形成了獨特的用戶體驗，並且這種線上體驗也吸引了許多消費者到線下進行現場體驗，實現了線上線下交融、線上流量向線下流量的轉化。

3. 宜家俱樂部

除了線上線下顧客體驗的營造，宜家也非常關注深度消費者體驗，因此宜家一直以來都非常重視會員體系的建設。宜家在全球範圍內發展了數以千萬計的會員，截至2015年，宜家中國的會員數就達到了1,350多萬人。宜家會員享受了獨一無二的俱樂部產品系列，可以以優惠價格購買指定產品，享受就餐優惠和免費咖啡，並且宜家每月會在線為會員提供 *IKEA FAMILY LIVE* 雜誌的新主題，每年為會員郵寄精美的目錄冊等。這些貼心的會員服務提高了消費者的忠誠度，進一步提升了顧客體驗，將消費者與宜家深深地綁定在一起。

（二）產品創新：價值共創導向下零售商與顧客、供應商、外界創新資源的互動

宜家作為一家以銷售家居產品為主的零售商，產品創新是其實現價值創造不可忽視的重要途徑。在發展歷程中宜家形成了價值共創導向的產品創新模式，將顧客、供應商和外界創新資源等利益相關者也納入了價值共創系統，在產品創新方面取得了十分亮眼的成績。

1. 零售商與顧客的互動：圍繞用戶痛點

秉持著「民主設計」的理念，宜家展開了與顧客多渠道的互動，圍繞用戶痛點實施了產品創新。根據宜家與顧客互動過程中顧客主動程度的不同，可以將用戶痛點劃分為識別出來的用戶痛點、潛在存在的用戶痛點和用戶反饋的用戶痛點。其中，第一種用戶痛點指的是宜家在實際營運過程中所認識到的消費者在使用產品的過程中所遇到的問題。比如消費者在購買家居產品時通常會遇到價格昂貴、運輸麻煩的問題，同時宜家也發現一些家居產品經常會在運輸過程中損壞，因此，自1956年起宜家開始試用「平整包裝」，由消費者在家中自行組裝家居。這一小小的運輸細節上的創新極大降低了宜家的運輸成本，從而降低了產品的價格，為消費者購買宜家產品提供了優惠價格和運輸便利。第二種用戶痛點指的是通過消費者調研挖掘消費者潛在的未來痛點，在這一過程中消費者被動性地參與了互動。例如，宜家在全球八個城市展開了覆蓋8,500名消費者的大規模調研，發布了《2015年家居生活報告》，這些調研結果揭示了未來家居市場的發展趨勢，有效地指導了宜家未來幾年的產品創新方向。此外，宜家還進行了深度的消費者調研——「住」進消費者家中進行跟蹤調研，通過進入消費者的家中，感受消費者的日常生活方式，用攝錄機記錄消費者的真實生活，這往往使得宜家能夠在細節上更加滿足消費者的需求，針對現有的、潛在的用戶痛點提供針對性的產品創新。第三種用戶痛點指的是消費者通過線上線下渠道的自行反饋，主動性地參與到與宜家的互動中。宜家的每個商場都配備有質量控制小組和售後服務中心人員，消費者可以隨時針對任何問題向這些人員反饋，而接收到反饋信息之後，這些人員通過與質量部門的溝通

實現產品的改進和創新。

2. 零售商與供應商的互動：圍繞技術應用

除了與顧客進行互動以外，宜家也將供應商納入了價值共創系統，圍繞技術應用共同進行產品創新。宜家的商業模式是控制核心的設計環節，將非核心且占據眾多資源的製造環節進行外包，因此宜家在全球共有1,100多家保持長期合作關係的供應商，其平均合作年限為12年。眾多的供應商成為宜家價值創造體系中不可忽略的一大合作夥伴，對於宜家而言，這些供應商不僅是製造者，也是創新者。宜家要求供應商必須具備不斷學習的能力，每年宜家都會與全球重要的供應商開會討論新技術的應用，並將最新技術盡可能地融入產品創新和生產流程創新中，通過技術創新來驅動成本的下降。因此，那些缺乏創新能力，依靠壓榨勞動力而非採用新材料、新工藝、新設計的可持續方式降低成本的供應商最終將會被淘汰。此外，遍布各地的供應商在技術應用的同時，也會考慮自身本土市場的特殊條件和屬性進行本土化的創新，從而為本土顧客創造更滿足需求的產品。

3. 零售商與外界創新資源的互動：圍繞概念啟發

僅僅依靠宜家自身的創新能力，難以適應宜家快速推出高質創新產品的步伐，因此，宜家積極與外界創新資源互動，拋開當前的需求局限，圍繞概念性產品的啟發探究未來可能的成功創新產品。在當前智能家居領域非常火熱的情形下，宜家也緊跟市場潮流，與麻省理工學院的媒體實驗室進行了合作，開展一些如自動組裝產品的有趣項目。此外，2015年11月，宜家正式創立了SPACE 10，本質上這是宜家的創新實驗室，其並非為了滿足當前的顧客需求而研發能夠迅速投入商業應用的產品，宜家稱這是「稍微不同的創新道路」，更多的是一種概念上的啟發以及未來可能的應用。SPACE 10目前形成了四個實驗室並行的結構，包括食品、人工智能、城市規劃以及數字建築這四個議題，在各個項目下開發產品概念模型和產品原型，通過不斷地測試和調試，探討商業應用的可行性。在這一過程中，SPACE 10設有邀請外部人員的制度，當發現在項目研究的過程中需要相關領域的專家時，可以邀請他們到SPACE 10工作1~6個月，比如食品項目就邀請了設計師、建築師、生物工程師和廚師等各個領域的專家。儘管目前SPACE 10還沒有推出顛覆行業的創新產品，但我們也能從中感受到宜家將科技與其他行業結合實現未來生活的創新方向，例如食品項目的人造肉肉丸、3D打印肉丸和脆蟲肉丸等。

（三）價值共創系統中服務創新和產品創新的融合性

由上述案例研究分析可得，宜家的創新表現出了價值共創系統下服務創新與產品創新兼具的融合性，但更關鍵的在於，宜家對於融合性關係的認識與平衡使其長期以來在市場上取得了成功。宜家作為一家家居零售商，本質上是將產品銷售給顧客，在產品的銷售過程中提供服務。在傳統的產品創新基礎上服務創新也成為一種價值增值的服務，即一種產品融合服務的互動創新模式。宜家通過與顧客、供應商、外部創新資源的交互不斷進行產品創新，使得消費者感受到優質的產品體驗，但在此基礎上，宜家也通過體驗式行銷、社會化行銷和宜家俱樂部等行銷方式在銷

售產品的過程中為顧客提供了優質的服務體驗。一方面，優質的產品體驗提高了產品的使用價值，簡單而言，即宜家的產品滿足了顧客對於家居產品的需求，如果一項產品連顧客的使用需求都滿足不了，那麼其使用價值會大打折扣，並降低消費者黏性以及再次購買的慾望；但另一方面，由商品二重性理論可知，促成零售商獲取剩餘價值以及消費者獲得使用價值的基礎在於交易的達成，這正是服務體驗的作用，服務創新帶來體驗的提升促成了交易的達成，從而顧客才可能產生產品體驗，如果缺乏服務創新導致交換失敗，也無從談起產品體驗。

因此，在傳統自營零售類企業的價值共創系統中，服務創新和產品創新是促成價值傳遞的兩個密不可分的環節，形成一種產品融合服務的互動創新模式。服務創新所帶來的服務體驗的提升，是一種高強度的短期效用，有助於促成交易的達成，是價值傳遞的前提與基礎。從更廣義的角度而言，產品體驗是服務體驗通過產品為載體的延伸產品創新所帶來的產品體驗的提升，是一種持續強度的長期效用，是價值傳遞的關鍵與核心，決定了消費者黏性以及能否觸發新一輪的價值傳遞。宜家的價值共創系統中產品服務融合創新模式如圖2所示：

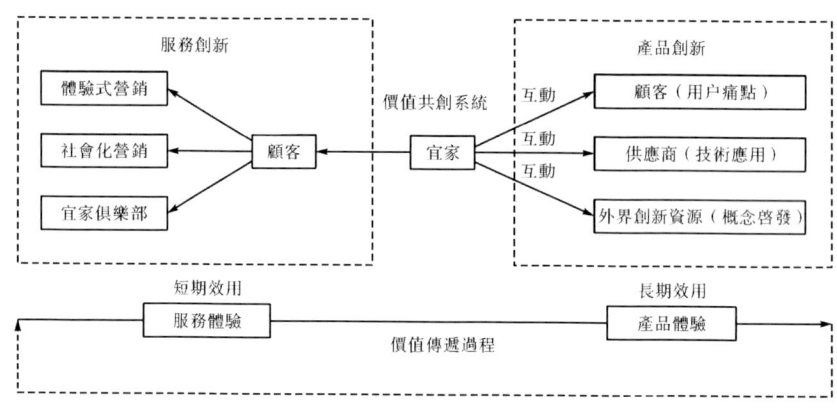

圖2　宜家價值共創系統中的產品—服務融合創新

資料來源：作者整理。

四、結論與討論

隨著服務創新的日益盛行，大多數研究關注了價值共創視角下企業的服務創新模式，在實踐過程中也大有以服務創新為主導的管理創新偏好。但對於以產品交付為主要交易環節的行業而言，例如宜家這類零售企業，產品創新也是其不可忽視的重要創新途徑之一。因此，本研究以宜家為案例，基於價值共創視角探究零售企業產品創新與服務創新兼具的融合創新。

本文在案例研究的基礎上，得出豐富的研究結論。第一，在服務創新方面，宜家形成了顧客體驗導向模式，通過體驗式行銷、社會化行銷、宜家俱樂部與顧客進

行互動，獨具特色的服務創新實踐為顧客提供了優質的服務體驗，在以產品交付為主要交易環節的零售行業中，服務創新為宜家提供了獨特的競爭力；第二，在產品創新方面，宜家形成了價值共創導向模式，將顧客、供應商和外界創新資源都納入了價值共創的體系，多方資源圍繞用戶痛點、技術應用和概念啓發的互動共同推動了產品創新，持續性地為顧客提供了優質的產品體驗，成為宜家幾十年以來持續在市場中占據重大市場份額的核心競爭力；第三，以宜家集團為例的零售類企業形成了一種基於價值共創視角的產品服務融合創新模式，即產品融合服務的互動創新模式，產品創新與服務創新之間存在著密不可分的關係。

本文以宜家為例探究零售企業的產品—服務融合創新模式具有一定的理論意義和實踐啓示。從理論層面而言，本文一方面彌補了服務創新領域興起趨勢下學術界對產品創新的忽視，提出了零售企業的產品—服務融合創新模式，形成了產品創新與服務創新的整合性分析框架；另一方面，本文在一定程度上厘清了產品創新與服務創新的複雜關係，為進一步如何平衡產品和服務的管理創新的研究奠定基礎。從實踐層面而言，本文詳細剖析了宜家長期以來取得成功背後的管理創新實踐，即形成了一套產品創新與服務創新的融合創新模式。對於零售類企業以及其他行業企業而言，尤其是當前一些過度重視服務創新而忽略產品創新舍本逐末的企業而言，宜家的融合創新模式為其提供了重要的實踐啓示，並提供了如何兼顧產品創新與服務創新的具體實踐，具有一定的借鑑意義。此外，本研究也具有一定的局限性。本文以宜家集團為案例進行分析，得出宜家的產品融合服務的互動創新模式有助於製造業和零售業等行業緊跟時代變化，順利實現轉型，但與此同時，產品融合服務的互動模式是以宜家集團為代表的平衡產品創新與服務創新的一種但並非唯一一種模式，在更多成功企業中仍然存在著更多可能的互動模式有待進一步探索。

參考文獻：

[1] 簡兆權，肖霄. 網絡環境下的服務創新與價值共創：攜程案例研究 [J]. 管理工程學報，2015（1）：20-29.

[2] 羅珉，李亮宇. 互聯網時代的商業模式創新：價值創造視角 [J]. 中國工業經濟，2015（1）：95-107.

[3] 約瑟夫·熊彼特. 經濟發展理論 [M]. 孔偉豔，朱攀峰，婁季芳，譯. 北京：北京出版社，2008.

[4] 張潔，蒭虹，趙岐卉. 網絡虛擬環境下基於DART模型的顧客參與價值共創模式研究——以日本企業無印良品為例 [J]. 科技進步與對策，2015，32（18）：88-92.

[5] 趙立龍，魏江. 製造企業服務創新戰略與技術能力的匹配——華為案例研究 [J]. 科研管理，2015（5）：118-126.

[6] 趙宇飛，任俊生，張馨木. 服務創新與有形產品創新之比較 [J]. 工業技術經濟，2012（8）：112-119.

[7] 左丹. 網絡環境下基於服務生態視角的價值共創研究——以小米為案例 [J]. 中國

人力資源開發, 2017 (3): 128-134.

[8] ADNER R, ZEMSKY P. A demand-based perspective on sustainable competitive advantage [J]. Strategic Management Journal, 2006, 27 (3): 215-239.

[9] DREJER I. Identifying innovation in surveys of services: a schumpeterian perspective [J]. Research Policy, 2004, 33 (3): 551-562.

[10] FREEMAN C. The economics of industrial innovation [M]. Cambridge, Mass: MIT Press, 1982.

[11] JAN V, CHRISTIAN Z. Introduction: innovation in services [J]. Industry and Innovation, 2005, 12 (2): 147-152.

[12] HERTOG P D, AA W V D, JONG M W D. Capabilities for managing service innovation: towards a conceptual framework [J]. Journal of Service Management, 2010, 21 (4): 490-514.

[13] PINE B J, GILMORE J H. The experience economy: work is theater and every business a stage [M]. Boston: Harvard Business School Press, 1999.

[14] PRAHALAD C K, RAMASWAMY V. co-opting customer competence [J]. Harvard Business Review, 2000, 78 (1): 79-90.

[15] TETHER B S, HOWELLS J. Innovation in services [Z]. Department of Trade and Industry, London, 2007.

[16] VARGO S, LUSCH R. Evolving to a new dominant logic for marketing [J]. Journal of Marketing, 2004, 68 (1): 1-17.

警惕企業陷入「教育行銷」誤區

楊小川

摘要：消費者教育是企業市場行銷策略中開拓新市場和推廣新產品、新品牌的一種常見宣傳促銷方式，「教育行銷」則是消費者教育的升級模式。該模式目前在保健品、藥品和化妝品等行業中比較流行，在更多企業選擇該模式進行行銷策劃並取得長足發展之時，需警惕陷入十大誤區。

關鍵詞：教育行銷；誤區；消費者教育；行銷創新

消費者教育是企業市場行銷策略中開拓新市場和推廣新產品、新品牌的一種常見宣傳促銷方式，後來這種方式逐漸被行銷界學者進行提煉，並超越在教育行業進行行銷的範疇，命其為「教育行銷」。「教育行銷」是指倡導消費觀念、宣傳商品知識、引導顧客購買，從而有技巧地灌輸正確的觀念、培養理性成熟的消費者，以此提高消費者對企業的認同，達到消費者利益與企業利益高度統一的一種行銷理念和行銷模式。[1]「教育行銷」作為一種近年比較流行的行銷模式，在直銷、保健品和保險等行業得到了長足的發展。傳統教育行銷的方式有二：

一是針對終端消費者，以教育作為促銷的手段，產品推銷的目的性很強。教育培訓的內容也多是推介產品的相關知識，指導消費者正確的使用方法。

二是針對經銷商，以傳授行銷經驗作為教育的主要內容，旨在幫助客戶在經營中提高銷售業績，解決一些如經營管理、促銷、客源開發等現實問題。

儘管該行銷模式被廣泛應用，並且效果顯著，但是企業也需警惕該理念在和現代企業管理的良好結合等方面步入十大誤區。

一、概念誤導，蒙蔽消費者

目前很多廠家信奉「概念」行銷，嘩眾取寵，故弄玄虛，誤導消費者。比較典型的是美容行業的所謂「光子嫩膚」「納米化妝品」等概念，對那些不甚瞭解的消費者進行愚弄欺騙。在保健品行業也是大行其道，一些廠家所到之處，便以「義診」「諮詢」「研討會」開道，以一副樂善好施的面孔對病患者進行「教育」。而與過度虛假宣傳相反的卻是產品因質量事故而屢屢曝光，使得消費者對保健品的信心受挫，對概念炒作也略感疲勞。精明的廠商都應該警惕，這種概念只能風

靡一時，不能長久，廠商都應該將精力放在對品牌的知名度和美譽度的持久性建設上，放眼未來，目標長遠方能使企業可持續性發展。

二、設置「誘餌」，短期炒作

按理說，企業開展「教育行銷」活動應該是一種長期的投資行為。但是某些連鎖機構卻煞費苦心，設置誘餌，在宣傳中他們煞有介事地稱，邀請社會知名人物、國際權威、行銷專家對客戶進行培訓，講解當今最有效的賺錢高招。而這些宣傳對代理商或加盟商具有極大的誘惑力。當代理商或是加盟店進貨之後，廠家開展的包括產品、管理、促銷等方面的培訓，也總是虎頭蛇尾，不了了之，使一些代理商和加盟店叫苦不迭。如今是信息化時代，一旦有類似欺騙性事件被媒介，特別是網絡媒介披露，精心設計的「誘餌」將成「過街耗子」無處藏身，企業的發展就即刻成為泡影，因此腳踏實地做市場方為上策。

三、教育培訓重量不重質，形同虛設

一些優秀的企業特別重視培訓工作，因為只有高素質的員工才可能為顧客提供高水準的「教育」工作。目前高水準的培訓人才奇缺，大多數要麼是不懂行，要麼是一知半解，培訓內容片面且泛泛而談，一些放之四海而皆準的空泛理論讓那些文化素質不高的從業人員被他們誤導。表面看培訓次數不少，深入看則無新意、無深度、不切實際，培訓質量不高，形同虛設。如何留住優秀員工、怎樣留住老顧客、開發新顧客，等等，這些都是一些業界人士所共同關心的問題，但在各式各樣的培訓課程中內容幾乎是千篇一律。一些講師在培訓課上動輒就是「留住員工的幾把金鑰匙，幾條金手銬」，而缺少了實質性的內容。曾聽一位業內資深講師說，時下大多數企業的學習都只有三分鐘的熱度。聽歸聽，做歸做，事實上並沒有起到多少作用。大部分的加盟商或經銷商還是忙於埋頭總結自己的實際經驗，對廠家的要求依然停留在產品品質是否有保證，配送物品是否到位上。由此看，要做好「教育行銷」，必須先依靠內部培訓，再考慮外聘培訓講師，畢竟自己的肚子疼自己知道，自己人培訓才有針對性。

四、教育無差別優勢，為他人作嫁衣裳

就同一行業而言，教育行銷與企業的其他行銷策略相比，對消費者教育多屬於「公共產品」，具有明顯的利他性特徵，從而使其他同類競爭對手可能「搭便車」而坐收漁利。一旦處理不好，可能就是典型的為他人作嫁衣裳，所以必須運用充分的技巧，盡量提高對己有利的教育效果。培訓重點需要的不是普及一般的商品知識、行業知識，而是突出與其他同類產品相比的技術、品質、品牌、性價比以及應用等的比較優勢。[2]

要正確運用與其他行銷不同的消費者關心點（興趣點）教育。一般而言，產品生命週期的不同階段，消費者對商品的關心點有所不同。在試銷期，應著重從

無知到知曉的教育；在成長期，應側重於鑑別、比較、選擇的教育，以提高消費者鑑別真偽、選優汰劣的能力；在成熟期，應側重於提高消費者生活質量的教育。

五、從屬於其他行銷職能，缺乏獨立性

消費者教育是教育行銷的重點。現行的企業行銷組織結構由於職能及分工的缺陷，很難實現整體行銷意義上的消費者教育，只能在行銷的某些環節或某一階段、場合下隱約可見消費者教育的影子，使消費者教育處於分散、局部、偶然、不自覺的狀態，並不能達到科學地體現消費者教育思想的整體行銷的高度。由於消費者教育包含於行銷的各個環節，為了能從整體行銷上貫徹消費者教育的思想，必須實現消費者教育職能從其他相關行銷職能中的分離，相應地建立獨立的消費者教育行銷職能機構或專門化的行銷管理人員，統一策劃、推行消費者教育活動，從整體行銷上貫徹消費者教育的理念，科學配置消費者教育資源，協調與其他相關行銷職能管理機構的關係，把消費者教育作為企業的長期戰略任務。教育行銷是全員的教育行銷，針對所有成員，所有環節都應該被教育。

六、注重消費者行為教育，忽視消費者心理教育

作為一種行銷手段，消費者教育旨在灌輸正確的消費觀念，提高消費者素質，培養理性成熟的消費者，以求消費者利益和企業利益的高度統一。但是在教育行銷中，我們過分強調消費者應該怎麼做，而忽視消費者的觀念和心理教育。

觀念是行為的指導。行銷活動中倡導和培養何種消費觀念對行銷結果有著重大影響，是在中國整體市場由數量追求向質量追求的轉變時期，企業行銷從數量、價格、個別促銷等低層次的行銷走向質量、服務、整體行銷的高層次行銷的客觀需要。消費者觀念教育的核心是在正確的企業經營理念指導下，通過大力倡導和宣傳，使消費者樹立與消費水準相適應，與優秀文化傳統相適應，與社會發展、人類進步相適應的消費價值觀和消費方式觀。要培養消費者的健康、正當、合理、文明的消費價值觀，使消費者不被令人眼花繚亂的促銷技巧所迷惑，抵制不切實際的、與優秀文化傳統和傳統美德相抵觸的不良消費慾望的誘惑，選擇適合消費者個人和家庭的消費方式。

七、習慣「愚民」教育，忽視素質教育

一些實力不夠強大，產品質量底氣不足，或居心不良，無長期戰略的企業在對消費者進行教育宣傳時，以愚民為主基調，蒙一時算一時，忽視了對消費者的素質教育。消費者素質是消費者作為民事行為能力人完成購物行為所必需的基本知識和能力的綜合反應。對消費者素質教育應包括兩個方面：

第一，商品知識傳授。商品知識傳授包括商品知識和使用知識的傳授，使消費者實現從「傻瓜」到「內行」的轉變。

第二，購買能力培養。消費者購買能力的培養應主要側重於進行消費者辨別

能力、判斷思維能力和決策能力的培養，從而增強消費者購買行為的成熟度和理性度，使消費者買其所需的商品，買其必買的商品，買其充分消費的商品，避免上當購買、無效購買、後悔購買和有限消費購買。

八、重視功利，忽視社會責任

當環保、資源、可持續發展等作為當今社會發展的一個全球性問題被世界各國提上議事日程之時，必須對消費者進行個人消費的社會價值觀教育，使消費者個人消費所產生的諸如過度消費、有害消費及環境污染等社會大問題內化為消費者個人的自我道德約束。

現代企業作為一個社會成員應承擔相應的社會責任。消費者教育以傳播知識的方式出現，客觀上具有明顯的利他性和公益活動的色彩。在實際的操作過程中，企業可以將消費者教育活動和社會公益活動有機結合起來。

開展公益活動已成為企業投入較多的行銷方式。在公益活動中適當增加消費者教育的內容，可收事半功倍之效，如假冒偽劣商品識別活動，設點義務諮詢、義務維修，公益事業參與等。

九、注重顯性教育行銷，忽視隱性教育行銷

傳統廣告行銷模式在轉型期越發被動，廣告效果越來越差已成不爭的事實。目前各種各樣的行銷手段讓消費者感到疲憊，行銷發展的趨勢正從顯性行銷向隱性行銷轉變。廣告行銷從單一操作方式向多元化轉變的同時，預示著市場行銷開始由顯性向隱性過渡。從《天下無賊》中的諾基亞手機，到春晚小品中的保健品道具等[3]，這種將企業品牌信息或產品信息直接融入電視劇、新聞或娛樂節目中的方式，減少了消費者對廣告的抵觸，增加了接受程度。一招制勝的機會越來越少，虛實結合充分放大企業自身優勢，將是持續健康發展之路。傳統的教育行銷總是以傳道者的面孔出現，讓消費者產生審美疲勞。其實以寓教於樂的方式淡化行銷痕跡，在商不言商，更能讓消費者接受。寶潔的佳潔士牙膏使牙齒變白、變硬、防腐蝕的宣傳，農夫山泉純淨水種植水仙花的對比實驗，讓消費者特別是年幼的用戶深信不疑。

十、單腳走路的「跛腳」教育行銷

教育行銷中的教育應該針對兩個環節進行：一是經銷商，二是消費者。但是很多企業要麼重經銷商輕消費者，要麼重消費者輕經銷商，這都是跛腳的教育行銷。正確的教育行銷應該用雙腳走路。

對經銷商教育時需要注意：
（1）對經銷商進行培訓教育，使之成為具備足夠商品知識的合格商品經營者；
（2）提供有關生產、技術、產品等的情報資料；
（3）對經銷商提出消費者教育行銷的內容、形式和程度的要求；

（4）對經銷商開展消費者教育活動給予恰當的幫助和指導；

（5）與經銷商聯合開展消費者教育活動。

對消費者教育時則注意：

（1）介紹與演示，即圍繞所推銷商品進行商品知識介紹與使用演示；

（2）接受諮詢，解答顧客疑問，接受顧客諮詢；

（3）維修，對商品的當面簡單維修與簡單維修技巧的傳授；

（4）建議與指導，給顧客提供合理的購買建議、善意忠告與提示、正確使用的指導等。

對經銷商和消費者需要進行的共同教育包括公益活動教育和公共教育。公益活動教育的目的是維護企業權益和保護消費者權益，宣傳企業，樹立企業形象，提高企業的知名度，而公共教育的目的則是在更廣闊的時空範圍內，利用大眾傳媒將教育內容傳播給社會公眾。教育形式可包括商品知識介紹（以連載或連播介紹為佳）、媒體聯合舉辦××商品知識有獎問答、消費者熱線、××商品知識擂臺賽、企業及產品專輯（欄、題）、公益廣告等。

參考文獻：

[1] 王紅. 試論旅遊教育行銷 [J]. 企業經濟, 2001 (3)：57-58.

[2] 杭忠東. 消費者教育行銷的幾個問題 [J]. 企業經濟, 1999 (11)：49-51.

[3] 劉忠. 教育行銷漸成醫藥行銷的制勝法寶 [J]. 中國醫藥指南, 2006 (5)：108-109.

企業如何運用公益行銷策略

楊小川

摘要：正確運用「公益行銷」讓王老吉的品牌知名度和美譽度在汶川大地震後得到極大提高，風光無限。但是企業在運用公益行銷策略時還需要注意遵循一些原則，避免走入誤區。

關鍵詞：公益；公益行銷；原則；誤區

2008年「5/12」汶川大地震後，以「王老吉」為主打品牌的加多寶集團以其「企業公民」理念，贏得了全國消費者一片贊譽之聲，企業形象、品牌聲譽頃刻之間達到頂峰，成了中國企業「公益行銷」的一個新坐標，這也標志中國企業進入一個「公益行銷」的新時代。但企業如何更準確運作和實施「公益行銷」策略，還得遵循一些原則，並且避免走入不必要的誤區。

一、認識公益行銷

公益行銷就是以關心人的生存發展、社會進步為出發點，企業主動承擔社會責任，與公益組織合作，充分利用其權威性、公益性資源，借助公益活動與消費者進行溝通，搭建一個能讓消費者認同的行銷平臺，並由此提高企業品牌知名度和美譽度，促進市場銷售的行銷模式。

公益，就是公共利益，公益行銷即企業結合公共利益而開展的行銷。目前國內很多企業做的公益行銷還不足以稱為真正意義上的公益行銷，只能算是公益活動。公益活動是市場行銷的載體，它能夠促進企業的銷售，這是公益行銷最關鍵的因素。但是如果只有公益活動而忽視必要的行銷手段，必然導致這些企業要麼做了「有名的烈士」，要麼成了「無名的英雄」。

公益行銷的本質是企業的一種價值觀。「予人玫瑰，手有餘香」，主動承擔社會責任是公益行銷的前提條件。在承擔社會責任，進行公益活動的過程中，企業得到某種附帶的利益，這也無可厚非。

二、公益行銷的效果

（一）樹立良好的企業形象

公益行銷項目本身已經超出了普通行銷項目的意義，企業通過公益慈善活動

體現了自己高度的社會責任感,並由此取得社會大眾的信任,改變人們對企業的看法,樹立並提高企業的良好形象。一般而言,銷售、投資回報率均與企業的公眾形象有著不同程度的正比關係。「5/12」大地震後,以「王老吉」品牌為代表的產品受到消費者狂熱追捧而賣斷貨,亦是社會公眾對有責任的企業善舉給予的最好評價和回報。

(二) 有力調動員工的積極性

與沒有從事過公益活動的企業相比,經常從事公益活動的企業的員工忠誠度會大大提高。很大一部分員工之所以選擇為目前的企業工作,是因為看重該企業對各種社會公益事業的承諾,而企業員工的企業榮譽感使其更加忠誠於企業。地震後全國各地生產帳篷和活動板房的企業幾乎都在通宵達旦地加班生產,員工積極性和凝聚力得到空前提高。

(三) 有效提高品牌知名度和美譽度

消費者的公益意識日益增強的今天,越來越多的消費者在價格、質量相當的情況下,往往將購買意向轉向有公益事業投入的企業品牌。在高度信息化的今天,慷慨解囊的企業通過網絡一夜之間成名,為廣大人民,特別是網民所傳頌,而一些相對吝嗇的企業則被冠以「鐵公雞」的稱號,其旗下的產品被抵制,品牌知名度和美譽度急轉直下。兩相比較,結果可想而知。

(四) 有效提高政府支持度

公益活動能幫助政府有效提高公民的凝聚力,增強公益意識,所以企業的公益活動一般會得到政府的支持。任何一個企業的發展都不能背離政府的發展意願,政府的高支持度能使企業在經營活動中減少阻力,獲得各方面的支持。在消費者心中,政府擁有較高的權威性,獲得了政府的支持,老百姓就會更加信任這個企業。這也是「公益行銷」在中國國情下具有極強號召力的重要原因。香港知名慈善企業家曾憲梓、李嘉誠、邵逸夫等旗下的企業在內地投資經常是一路「綠燈」,原因就在於此。

(五) 拉近與消費者的關係

當公司提供的產品或服務能被廣大的消費者所使用時,公司就需要用有廣泛影響的公益項目,吸引消費者的注意和支持,在競爭激烈的市場中獲取顯著的地位。「5/12」大地震後,全國流行的王老吉產品被消費者善意「封殺」,剛上貨架就被買斷貨,足以看出群眾的眼睛是雪亮的,消費者與慈善企業因為具有一顆共同的慈善的心而貼得更近。

三、公益行銷運用原則

(一) 把握恰當時機原則

企業要在恰當的時機進行恰當的贊助。當社會出現重大事件或重大事故時,社會、媒體、民眾對事件的關注度最高,如果企業能夠在第一時間主動表態,必然可以引來更多注意力,也最能吸引媒體的報導。最重要的並不在於投入的數量,

而是能夠預先抓住最適合的時機，達到四兩撥千斤的效果。加多寶集團捐款不是最多的，但卻是最早捐款達一億元的內地企業，聲譽最佳，而深圳萬科集團則在最後被動追加一億元建設款項，被作為反面參照物，聲譽大跌。

（二）策略先行原則

公益贊助必須策略先行。對於企業而言，公益贊助可能被視為一項企業行銷行為，所以企業在執行公益贊助時必須同企業其他行銷行為一樣，策略先行，預先將整個過程的每個步驟考慮周到，包括何時贊助、贊助多少、何時舉行新聞發布會、是否邀請政府工作人員見證、媒體宣傳計劃如何執行，等等。只有考慮充分，把握得當，才能使企業避免成為「無名英雄」，使結果朝著企業所希望的方向發展。

（三）持續性原則

持續性原則是指將公益贊助視為企業一種長期而持續的商業戰略。企業的第一目標是贏利，付出當有回報，否則公益贊助將無以為繼。持續的投入與持續的回報推動了企業不斷進行公益贊助，企業也因此累積起深厚的品牌美譽度，並獲得媒體持續的報導與關注。有實力的企業可以將公益贊助納入企業戰略，通過對某一公益項目持續性的贊助，最終獲得政府、媒體的高度認可與持續關注。

（四）公益活動與業務有效結合原則

公益活動與企業業務結合可以分為三種情況。

第一，選擇捐助的對象就是企業產品的消費者或潛在消費者。這樣不僅僅能讓社會認可企業形象，還能讓捐助對象在認可企業形象的同時認可企業的產品，從而培養自己的消費者。

大多數企業的公益行銷都呈現一個非常明顯的特點，除了對天災人禍的常規捐助以外，他們的捐助都是有規律的——都傾向於選擇那些與產品業務有直接或間接關係的公益項目，如海爾藥業的「大型肝病救助項目」、蒙牛的「貧困地區小學贈奶工程」等。

第二，盡量將公益活動直接與產品的銷售掛勾。這實際上反應了公益行銷的一個本質：沒有「贏」銷就沒有可持續的公益。「農夫山泉一分錢工程」「華帝全國1+2紅領巾助學工程」都將產品的銷售、業務的拓展與公益贊助直接對接，追求一種「企業」「社會」「個體」三贏的局面。

第三，對於天災人禍等責任承擔式的捐助，應該以提升形象為主。此類公益活動談條件、搞行銷的空間很少，所以很多企業的捐助只能得到形象上的回報。此時就需要通過事件性新聞和終端物料宣傳的形式，借助網絡媒介等來放大企業的公益價值。

（五）有效利用媒體原則

絕大部分的公益行銷屬於公關行銷的範疇，媒體的作用極為重要。要滿足媒體需要新聞、關注重要人物的需要。所以，企業在進行公益活動中應該有重要的人物的參與，老總能夠參與的，一定不要用副總代替；能夠邀請到省長到現場的，

絕對不能只有市長。公益活動的媒體影響力往往由這個主持公益項目的人來決定。當不止一家企業參與的時候，需要盡量參加規模大的，有影響力的，權威部門組織的公益活動。中央電視臺是中國規模和影響力最大的傳媒機構，利用這樣的免費傳播平臺，絕對比單純做一億元的廣告更加有效。

四、公益行銷的誤區

(一) 態度不真誠，缺乏責任感

有些企業對做公益活動或開展公益行銷認識不足，要麼急功近利，急於從公益事業中謀取利益，要麼是迫於社會壓力而違心為之，缺乏誠意。

公益行銷的前提條件就是社會責任。在現代社會，片面追求企業利潤最大化，是極其不可行的，實質上是以對社會資源和自然資源的掠奪為代價，以犧牲社會公共利益為代價。企業在自身發展的同時，必須以符合倫理道德的行動回報社會。企業在市場競爭中自覺承擔相應的社會責任，就容易在公眾中獲得更高的信任度和美譽度，這將形成一筆可觀的無形資產，使其產品和服務對消費者具有更大更強的吸引力。

(二) 沒有分清「公益活動」與「公益行銷」的關係

公益活動不等於公益行銷，只是公益行銷的一個環節或一個「載體」。公益行銷也不是一個個單純的公益活動的簡單疊加，而是通過許多公益活動的持續運作，按照預先制訂的策劃方案組織和執行，產生「1+1>2」的效果，是一個整體系統工程，貫穿整個行銷環節。

(三) 企業家行為和企業行為的模糊化

經常一個公益行為很難劃定是企業家個人行為還是企業行為，導致企業公益行銷效果大打折扣。在公益行銷中要盡量將企業家的影響力內化為企業的形象，避免出現明星企業家帶不出知名企業的尷尬來。同樣一場捐助活動，同樣是上億元投入，讓公眾記住了一個唐山大地震的幸存者張祥青的民營企業家的感恩情懷，但就企業的知名度而言，明顯是加多寶集團占據上風，儘管很多人已經忘記了究竟是誰代表「王老吉」參加了捐款儀式。由此可見，企業家行為和企業行為之間是有差異的。

(四) 對公益贊助行為認識存在偏差

在中國的傳統思維中，做好事不留名是一種最高尚的道德情操。受此思維影響，一些企業家在進行公益贊助時，純粹只考慮到盡一份企業的社會責任，生怕被人指責為「炒作」「作秀」，對善舉在宣傳上多有克制。其實如果一個企業真心實意地去做善事，也就能喚起社會各界的更多回應，公益與行銷掛上鉤，企業由此既揚名又獲利，這對社會和企業來說就是雙贏。

(五) 對公益贊助運用不夠嫻熟

公益贊助作為一種有效的公關手段，已經被西方許多企業經常運用，而中國的企業由於公關思維的匱乏，在這方面一直裹足不前。部分企業在公益贊助上往

往出現一種情況：急功近利甚至弄虛作假，當眾許諾無償贊助若干，在大肆炒作一番之後，就沒了下文，一時間引來社會各界的批評與反感，而根據法律規定承諾的捐助是必須要到帳的。如此行徑明顯是企業運用策略不當，結果適得其反。

（六）選擇的公益項目與公司文化或價值觀衝突

在選擇公益項目時，應從企業文化和企業認同的價值觀方面來考慮，在選擇階段就避開可能會與公司價值觀衝突或引發爭議的項目。比如，一家菸草公司就絕不會選擇一個肺癌防治的公益項目，那樣只會給自己招來無盡的麻煩。並不是所有的公益活動都適合於宣傳。一些公益活動由於某些特殊原因不適合做推廣，如地震災民這種伴隨著痛苦和傷亡的公益項目，在宣傳中要盡量少喚起更多人痛苦的回憶。企業不妨策略性地等公眾去主動傳播。網絡就是一種好媒介。

綜上，為了公益事業能有一個持續永久的發展，需要企業在一如既往地參加公益活動的同時，策略性地利用公益活動這個平臺提高企業的知名度和美譽度，再結合其他行銷手段，不斷完善公益行銷，使企業名利雙收、弱勢群體得到妥善救助、政府減少公共負擔，達到三贏。

參考文獻：

[1] 於洋，王國成. 公益行銷：中國企業體現社會責任的雙贏選擇 [J]. 首都經濟貿易大學學報，2007（2）：64-67.

[2] 白銳文. 解讀公益行銷的誤區 [J]. 公關世界，2008（3）：54-55.

三精製藥公司廣告行銷模式困局與對策分析

鄧 健　李 娜

摘要：通過多年的廣告集中播放，三精製藥公司的一些產品已經深入人心，廣告行銷也曾一度取得勝利，但是經歷了短暫的繁華後，三精製藥公司退出了資本市場的舞臺。針對這一事件，本文分析了三精製藥公司廣告行銷存在的問題，指出三精製藥主要依賴廣告模式的弊端以及廣告中存在的不足，並為三精製藥公司如何走出行銷困境提出了對策建議。

關鍵詞：三精製藥公司；行銷模式；對策

一、問題的提出

哈藥集團三精製藥股份有限公司，即三精製藥公司，成立於1950年，原名為哈爾濱制藥三廠。公司於2004年借殼「天鵝股份」實現重組上市，後更名為哈藥集團三精製藥股份有限公司。

二十多年來，三精製藥一直對產品和品牌進行廣泛傳播，在這過程中，公司獲得很多榮譽，也形成了一定的品牌影響力。2011年，「三精」品牌再次經權威機構認定，獲得了「中國最有價值品牌」稱號，「三精」品牌價值達到68.93億元。

然而，這樣一個醫藥界的風光企業，其公布的2013年年報顯示，三精製藥公司全年的營業收入為31.77億元，下降了21.91%，歸屬於公司股東的淨利潤僅為646萬元，降低了98.23%，與之形成強烈對比的是當年支出的4.31億元的巨額廣告費，約為淨利潤的66倍。三精製藥「4億元做廣告僅賺646萬元」的報告一發布，就傳遍了整個網絡，遭到社會質疑。

回顧三精製藥公司近幾年的情況，2005—2008年，三精製藥實現利潤總額依次為：2.52億元、2.53億元、3.04億元、3.54億元，實現了公司借殼上市後的持續增長。2009年，公司全年的利潤總額約為3.61億元，僅增長了1.98%。2010年，受甲型H_1N_1流感影響，公司利潤總額增幅為16.34%，約4.20億元；2011年，公司實現利潤總額4.86億元；2012年，三精製藥公司全年利潤總額為4.61億元，開始下跌；2013年，公司的利潤總額呈現出斷崖式下跌，在營業收入為32億元的情況下，利潤總額僅為0.56億元，相比大跌88%；2014年三精製藥利潤總

額為 0.52 億元。

圖 1 顯示了 2009—2014 年三精制藥公司利潤總額變化，從圖中可以清晰地看到公司利潤總額在 2013 年出現的斷崖式下跌。

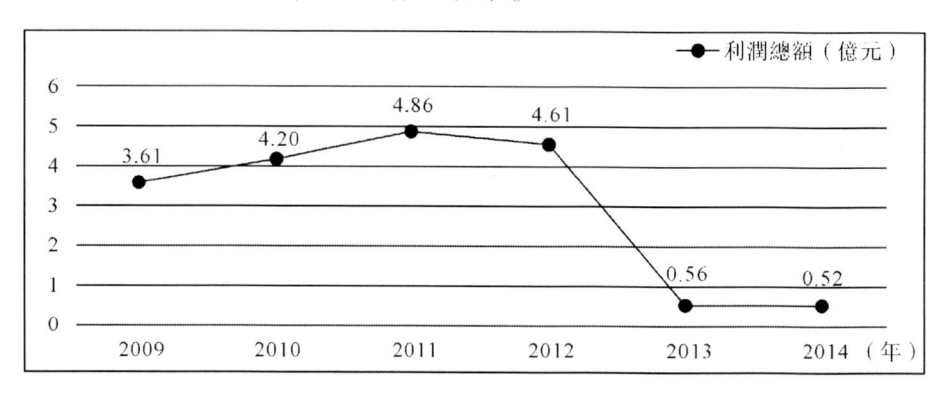

圖 1　2009—2014 年三精製藥公司利潤總額變化折線圖

最終，三精制藥公司沒有擺脫困境，於 2015 年 4 月 23 日置換出全部醫藥工業類資產和負債，並宣布正式退出資本市場。至此，公司更名為「哈藥集團人民同泰醫藥股份有限公司」，簡稱人民同泰。從此，三精制藥公司徹底退出了醫藥工業領域。三精制藥公司從興盛到衰敗的過程中折射出的問題值得研究，供其他制藥公司參考借鑑。

二、三精制藥廣告行銷困局分析

分析三精制藥公司近幾年的財務以及行銷狀況後不難發現，三精制藥的衰敗，一個重要原因是其廣告行銷模式失靈。

（一）過分倚重廣告行銷

三精制藥公司非常迷信廣告效應，一直靠密集度高、範圍廣的廣告播放作為公司的主要行銷模式，多年來在廣告費的支出上數額巨大，銷售費用中很大一部分用在了廣告投放上。表 1、表 2 反應三精制藥公司 2009—2014 年廣告費用占銷售費用比率和銷售費用占營業收入比率情況。

表 1　　　　2009—2014 年三精制藥廣告費用占銷售費用比率表　　　單位：億元

項目 \ 年份	2009	2010	2011	2012	2013	2014	平均
廣告費用	4.01	4.61	5.10	5.06	4.31	2.59	4.28
銷售費用	6.61	8.45	9.98	12.01	8.79	4.73	8.43
比率（%）	60.67	54.56	51.10	42.13	49.03	54.76	50.77

表2　　　　　2009—2014年三精制藥銷售費用占營業收入比率表　　　　單位：億元

項目\年份	2009	2010	2011	2012	2013	2014	平均
銷售費用	6.61	8.45	9.98	12.01	8.79	4.73	8.43
營業收入	26.83	30.05	36.06	40.68	31.77	17.39	30.39
比率（%）	25.06	28.11	27.67	29.52	27.66	27.20	27.74

從表1和表2中可以清晰地看出，2009—2014年，公司廣告費用占銷售費用的平均比率高達50.77%，而銷售費用整體占公司營業收入的比率也較高，平均比率達27.74%。這說明在這幾年間，公司的銷售費用約為營業收入的1/3，而一半以上的銷售費用都用在廣告支出上。

以三精制藥公司三大口服液的促銷為例，從20世紀90年代起，三精制藥公司開始大力對鈣和鋅兩款口服液產品進行電視廣告宣傳，旨在提升品牌知名度，提升產品銷量。專注於電視廣告的三精制藥公司，除了在像央視這樣具有極高知名度的電視臺黃金時段播放廣告，還在眾多地方臺上一段廣告連續重複播放將近十次，這樣的廣告投放方式勢必需要巨大的資金費用，而其帶來的效益卻每況愈下。以此為開端，廣告費用逐年增長，雖然這也給企業帶來了步步提升的經濟效益，但是高居不下的廣告費用並沒有為公司的盈利帶來持久的幫助。隨著時間的推移、明星產品上市時間的逐漸增長、產品雷同度的升高以及愈加激烈的競爭環境，巨額廣告費用投在單一廣告上使得廣告投放帶來的利益越來越小，也不可避免地逐漸成為公司的負擔。負擔的加劇使得三精制藥公司不得不通過提高產品的價格獲利，而很多消費者不能接受產品價格上漲，轉而選擇了其他品牌或產品，使得三精制藥公司的產品在市場上的競爭力下降。

（二）廣告投放以電視媒體為主，廣告媒介創新性低

三精制藥的廣告傳播在媒介創新方面不足，多年來三精制藥公司的廣告投放一直以電視為主。近幾年，三精制藥公司也在電視媒體的選擇上進行了優化，在電視觀眾較多的央視、衛視、地市級別的電視臺播放，同時優化廣告資源和內容。

隨著互聯網和手機等新媒介的盛行，三精制藥公司也嘗試在電視之外的媒體進行廣告傳播，但一直是在嘗試中。如圖2所示，三精制藥公司在2012年的廣告比重仍然是88.75%，相比之下在其他媒體特別是網絡等新媒體上的投入較少，沒有在真正意義上做到全媒體整合。這樣的投入比例與當今媒體環境的複雜程度以及消費群體的媒體接觸習慣相比是不合理的，導致了媒介渠道狹窄，進而使得傳統電視媒體與新媒體之間相容性差，跨界溝通少，未能起到應有的作用。

（三）廣告時間偏重5秒版，內容量少

按廣告播出時長劃分，三精制藥公司的產品廣告播出時間很大一部分為5秒。截至2013年上半年，三精葡萄糖酸鋅、三精葡萄糖酸鈣和三精雙黃連的廣告播出時間共計223,630秒。在播出的廣告版本中，占總廣告投放量84.70%的5秒版本

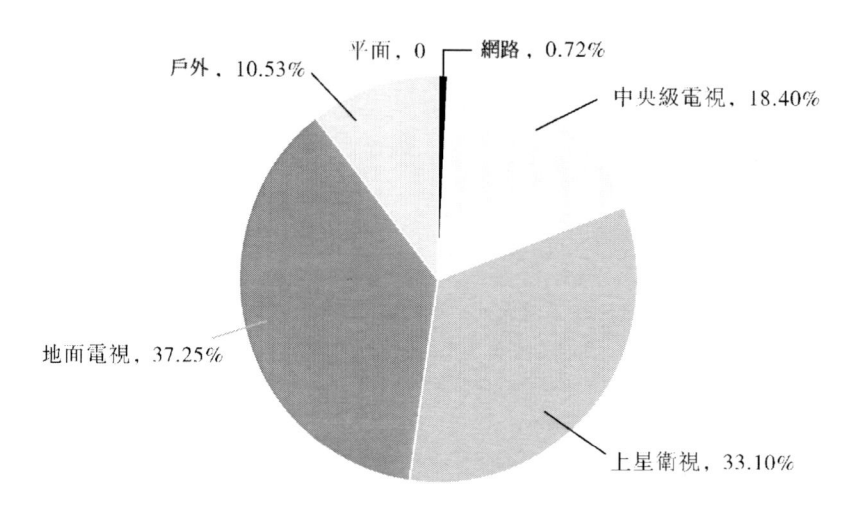

圖2 2012年三精製藥公司各媒體投放比例圖

是公司的主要廣告播放版本。餘下的播放量中，0.27%為10秒版本，15.03%為15秒版本。由此看出，三精制藥公司投放頻次最高的是5秒版本，而5秒的廣告中傳達的信息量很少，三精制藥公司正是通過單純地重複廣告來增強受眾的記憶，促進銷量。這樣的投放組合造成的結果是：廣告時間短、內容量少、單一重複的廣告很容易使三精產品的聲量被同類產品淹沒，甚至增加受眾對其的反感度。

（四）廣告內容賣點單一

細究三精制藥公司的產品廣告，如三精制藥的三大口服液，廣告主要突出了藍瓶，這也是三精制藥公司一直突出的藍瓶戰略，而這三大主導產品的特性遠遠不夠，特別是在當前醫藥市場產品同質化程度高的環境下，企業應該主要在產品本身下功夫。如果產品過度依賴品牌的知名度和背景，特別是針對醫藥產品，宣傳效果在一定時間以及一定的成長空間內奏效，但是從長遠的角度看，當產品達到一定程度而再往前邁進時，這種過度依賴的弊端就會顯現出來，阻礙產品的發展，這也是為什麼三精制藥公司在經歷了當年的輝煌之後走向了衰敗。

三、三精制藥應對行銷困境的對策

三精制藥公司要走出困境，建議注重以下幾點：

（一）打破廣告為主的行銷模式，從整體上制訂行銷方案

三精制藥公司需要擺脫一直以來的觀念，根據公司及產品情況，從整體上制訂行銷方案，認真分析環境，確定目標市場，生產市場認可的產品，制定合理價格，佈局銷售渠道，採取多種形式結合的促銷手段。

例如，在市場細分上，三精制藥公司要重視吸引潛在消費者，深挖產品功效，爭取有需求的消費者。公司每款產品的廣告傳播都要依託「三精」這個極具價值的品牌，正向促進品牌宣傳，反之，品牌宣傳也促進產品的銷售。

在目標市場選擇上，三精制藥公司的三大口服液品種均有較大的市場容量。補鈣市場所涉及人群的年齡分佈廣泛，包括兒童、青少年、孕產婦、中年人群和老年人群，各個人群都需要相應的補鈣產品，且需求量強勁。針對易發病症——感冒的雙黃連擁有龐大的消費者市場，每年患病人數約占人口總量的 20%～40%。雙黃連在治療感冒使用度上屬於「家中常備感冒藥」，再一次決定了該產品的市場需求量。

在市場定位上，除了多年來三精制藥公司一直採用的藍瓶差異化定位，公司還應該為每個產品進行定位。

1. 三精葡萄糖酸鈣口服溶液定位

依據需要補鈣的人群劃分，市場可分為兒童市場、青少年市場、孕產婦市場、中年人市場和老年治療骨質疏鬆市場。鈣產品市場有幾次變革，歷經市場變革的三精葡萄糖酸鈣口服溶液從兒童市場到藍瓶時代，牢牢扎根於兒童補鈣市場，銷售業績逐年增長。

2. 三精葡萄糖酸鋅口服溶液定位

三精葡萄糖酸鋅口服溶液定位在兒童補益市場，但是葡萄糖酸鋅面對替代品——複合維生素的競爭壓力和個體使用量的局限性。經研究發現，消費者比較注重由缺鋅引起的智力發育緩慢和身體弱、易生病，超過原來的由缺鋅引起的厭食、頭髮枯黃等症狀。鑑於此，定位於提高免疫力會使酸鋅在眾多同類競爭品中脫穎而出，產品訴求點為「補鋅的兒童不易生病」。葡萄糖酸鈣口服液定位於兒童市場之後，就確定了葡萄糖酸鋅口服液定位於兒童補鋅市場。

3. 三精雙黃連口服溶液定位

近幾年，感冒藥領導品牌基本占領感冒市場，意味著感冒藥的競爭進入品牌競爭時代。品牌的口碑、百姓的認可度在很大程度上決定了產品的銷量。作為感冒藥領域的知名品牌，三精雙黃連口服液在國內同類產品的排名上位居第一，市場佔有率為7%，但三精雙黃連口服液仍然受到感冒季節性影響與同類產品的競爭壓力。在這種情況下，要想取得市場競爭優勢，三精雙黃連口服液需要找到自身的優勢，即主治風熱感冒、副作用小、安全。夏季感冒藥市場上產品較少，從引起夏季感冒的兩大原因（熱傷風和空調病）進行思考，與原有的藍瓶差異化策略，吸引消費者的注意，加深消費者的產品記憶，進而在夏季感冒藥市場贏得競爭優勢，牢牢把握市場。

再例如，在拓寬渠道上，國家醫保政策的不斷完善促進了中國深入開展城市與農村醫療合作，普藥產品市場將快速增長。具有全國銷售網絡和區域銷售網絡優勢的醫藥商業公司在普藥產品的推廣和銷售有明顯的實力。為拓寬銷售渠道，增加產品銷售種類，三精制藥公司應加強與這些公司的合作。

（二）增加新媒介的使用，提升媒介創新性

據分析報告指出，近年來，互聯網、手機等新媒體與電視、報紙等傳統媒體的競爭融合已進入白熱化階段，媒體市場呈現出如下五大特點：互聯網和手機影

響力大幅提高；戶外廣告隨處可見，引人注目；APP 應用等快速發展，市場前景廣闊；報紙的忠實粉絲穩定，但上升空間小；雖然受多種新式媒介衝擊，電視仍然保持不可匹敵的主導地位。相比原來，雖然現在觀看電視、閱讀報紙雜誌的讀者有所下降，但電視、報紙雜誌仍然是主要的媒介平臺；閱讀報紙雜誌、聽廣播也逐漸轉變成精英人士的媒體接觸習慣。大眾的生活方式有很大改變，人們獲得信息的方式發生了巨大的改變，從傳統媒體、數字電視到智能手機移動客戶端、平板電腦、移動互聯網全面擴散；相應地，人們的生活形態也有了實質性的轉化，從單元化向碎片化、多元化轉變，人們可以隨時隨地知道社會上發生的事情進而做出反應。據統計，2012 年，中國傳統媒體市場增長變緩，廣告總量增長 4.2%，而新媒體廣告，特別是互聯網的廣告投放總量增速遠超傳統媒體廣告投放總量增速。同時，互聯網廣告支出增長 50%。

根據變化，三精制藥公司產品消費者的媒介接觸習慣也需要經歷從單一化走向複合化。三精制藥公司可以將電視媒體投放的份額降到一半後，再開始遞減，加大新媒體採用比率，在對受眾的參與形式、媒體接觸習慣和廣告接受渠道等瞭解的基礎上，結合產品自身特性，創新廣告，贏得市場競爭勝利。例如，除了電視媒體，三精制藥也可以選擇網絡、手機等新媒體，多種媒體形式的投放既增加了媒體的投放面，又會給消費者耳目一新的感覺，讓新一代的消費者更熟悉產品，賦予產品新的活力，而不是傳統媒體下的老產品。具體實施方案如下：

1. 降低傳統電視媒體投放量，調整投放層次

2013 年後，電視媒體遇到挑戰：新媒體對傳統媒體的衝擊更加強勁，廣告市場變得更為謹慎，在「雙限令」規定下各個電視臺重新調整廣告播放的比例，各企業的廣告預算也隨之發生改變。雖然觀眾對電視媒體的關注程度有所下降，電視觀眾的年齡向中老年趨近，但電視仍然具有超高的媒體傳播影響。短時間內電視在媒體市場的霸主地位還不會改變，所以，在電視的策劃上，三精制藥公司可採用如表 3 的媒體投放方案：

表 3　　　　　　　　　電視媒體投放方案表

電視臺級別	數量	支出占比	備註
中央臺	2	12%	
主流衛視	2	28%	
其他衛視	3	25%	
地面頻道	10	35%	多省、市級媒體
合計	17	100%	

2. 加大網絡媒體投放力度

截止到 2014 年年底，中國互聯網網民的規模達到 6.49 億人，較 2013 年年底的網民數量增加了 3,100 萬人；互聯網普及率為 47.9%，較 2013 年年底提升了

2.1%；中國手機網民規模達到 5.57 億人，較 2013 年年底增加了 5,672 萬人。這份數據既體現出中國互聯網產業的生機與活力，更體現了新媒體迅速而平穩的發展趨勢。

相比於傳統媒體，網絡行銷形式多，範圍廣，成本低，互動性強，速度快。三精制藥公司可以借助網絡媒體，尤其是視頻網站（如愛奇藝、優酷、樂視）、社交類網站（如 QQ、人人網）、門戶網站（如搜狐、騰訊、網易、新浪）等。受限於國家對 OTC 藥品廣告的嚴格管理，依據傳統方法推廣產品難度加大，而新媒體廣告具有多樣性，三精制藥公司可通過多種形式的新媒體加大產品的宣傳推廣力度。

結合網民構成數據和市場細分的分析可以看出，20～39 歲年齡段的網民較為集中，而這個年齡段的人群正好為三精制藥公司三大口服液的目標人群，即「80 後」的年輕媽媽們。網絡媒體對傳統電視媒體起到很好的補充作用，同時網絡對於幫助公司找到產品目標消費者起著至關重要的作用。

網絡傳播的核心思想是以網絡視頻為核心的整合網絡規劃。第一，優化搜索引擎；第二，在知名門戶網站，如女性頻道、健康頻道、育嬰頻道等發布軟文，大力宣傳產品特點，加強對潛在消費者的產品教育；第三，兼顧手機移動端網民的需求，可以通過 APP 應用平臺將三精制藥公司的產品信息傳遞給手機控的媽媽消費群；第四，作為電視媒體的補充，互聯網廣告充分運用互聯網「互動、精準、可衡量」的特點，能產生更好的廣告效果（具體設計如表 4 所示）。

表 4　　　　　　　　　　　　網絡媒體投放計劃表

媒體類別	媒體特點	費用占比	備選媒體（形式）
搜索引擎優化	該廣告形式對於樹立行業領導權威地位、增加品牌曝光和精準引導人群有很好的效果	10%	百度競價、新聞稿件的發布
門戶網站	門戶網站權重較高、影響力較大，網民關注度極高，是產品及品牌曝光的良好媒體平臺	10%	搜狐、新浪、鳳凰、騰訊、網易、新華
垂直網站	垂直網站是精準人群投放平臺，對於產品促銷、培養潛在客戶有較好的效果	40%	太平洋親子搖籃網、寶寶樹、三九健康網
視頻網站	網絡視頻是對電視人群的分流彌補，且對企業品牌和產品的曝光起到很好的展示作用	40%	愛奇藝、優酷、土豆或跨網站
合計		100%	最終選定 10 家媒體左右

3. 實施廣告差異化

為節省廣告費用的支出和提升廣告的播放效果，三精制藥公司需根據每款產品特性、所處的生命週期、季節、目標消費群體的消費習慣等製作精細化廣告。

4. 改變投放思路

受網絡視頻等多種因素的影響，電視臺的黃金劇場廣告影響力下降，三精制藥公司應該改變原有的廣告投放思路，由黃金劇場廣告向深受觀眾喜愛的特色節目轉變，贊助冠名欄目，冠名如《爸爸去哪兒》《爸爸回來啦》之類的觀眾群體龐大的節目，更符合「80後」媽媽喜歡的休閒習慣。

5. 加大戶外廣告投放力度

隨處可見的戶外廣告逐漸成為城市街道的亮點，憑藉其獨特的內容和精良的製作，戶外廣告吸引了大量人群的注意力。戶外廣告的投放場所包括地鐵、公交車、樓宇電視、出租車等，看似播放範圍很廣的戶外廣告實則有很強的針對性，可以幫助公司更有針對性地宣傳品牌和產品。三精制藥公司可以將產品廣告投放在形式多樣的戶外媒體上，集中地曝光產品的特點來吸引廣大消費群眾，貼近消費終端。

在投放戶外廣告時，三精制藥公司應該深入銷售市場，在傳統媒體無法覆蓋或覆蓋率低的重要場所加大投放力度，例如北上廣之類的城市消費人群較為集中而且流動性比較大的戶外的非數字熒屏廣告。非數字屏的投放相對便宜些，並且還可以借助其地點的客流量大的優點來確保傳播的有效性。

（三）精準化投放方式

企業播放的廣告中，往往有一半是浪費的，但企業往往不知道浪費的是哪一部分。為節約成本、提高廣告傳播效率，公司應更加精準地投放廣告，減少不必要的廣告浪費，節約廣告投放成本。廣告投放的位置、形式、時間是確保廣告精確地傳達到目標受眾和潛在消費者的重要因素，公司應綜合考慮這些因素，進而激發購買行為，降低浪費比例。因此，三精制藥公司應做到以下幾點：

1. 將力量集中在優質媒體

受制約電視劇廣告的「限插令」和制約娛樂節目中廣告時長的「限時令」影響，原有的黃金廣告時間大量減少，在這種情況下，在有限的黃金廣告時間中播放廣告的企業會取得更好的播放效果。三精制藥公司應該更加注重廣告投放平臺的質量，選取優質媒體，因為在優質媒體上投放廣告會進一步提升投放質量。

2. 段位廣告以頻次取勝

三精制藥公司要注重網絡媒體和電視媒體中的段位廣告到達率。相同的宣傳效果，高到達率可以幫助企業減少廣告播放量，節約廣告播放成本。高頻次、多頻道的播放策略可以提高廣告到達率，比如在多個覆蓋不錯的高性價比的一線、二線衛視播放。廣告播放時要注意品牌的宣傳。面對嚴重的產品同質化，品牌成了競爭關鍵。為保證品牌和產品功能的曝光，15秒廣告必不可少；同時考慮到增強觀眾對品牌的記憶，三精制藥公司也要繼續大量播放5秒廣告以及網頁全屏多點位廣告。

3. 合理搭配產品廣告

在現有的媒體資源中，結合產品的季節性、地域性和時段性，結合市場細分

和定位，合理搭配產品廣告。如專注於夏季感冒的三精雙黃連口服液，把投放時間集中在 5~9 月；定位於兒童市場的葡萄糖酸鈣口服溶液與葡萄糖酸鋅口服液可以在諸如直通媽媽和寶寶的行銷市場加大投放，進一步搶占該類市場，實現精準投放。

（四）深耕產品功效

成立研究小組，分別對不同產品進行研究，深入研究產品功效、深挖產品說明書和原有廣告賣點外的產品知識，創造產品獨特的銷售主張。如被譽為生命之花的葡萄糖酸鋅，人體很多機能的實現都需要其參與，除原有的市場細分中的不同人群對應所需的功效外，補鋅還可以幫助人類預防感冒；中藥深得一部分消費者的喜愛，身為中藥制劑的雙黃連口服液可以利用這一優點，提出新的治療夏季感冒賣點，將產品訴求點定位於清熱，向消費者傳達「中藥治感冒，老、弱、幼人群首選雙黃連」的信息，搶占競爭較弱的夏季感冒市場。

（五）將藥劑師、醫生等專業人士納入廣告訴求對象中

藥品廣告不僅針對患者，也要針對藥劑師、醫生等專業人士。這些專業人士是行業裡的專家，特別是在醫藥這個特殊的行業中，他們的意見是消費者的主要參考依據。公司通過醫生、藥劑師推廣產品可使整體的產品行銷事半功倍。特別是作為藥品製造商合作夥伴的藥劑師，經常會向患者提供藥品信息，且他們掌控著 OTC 藥品的多數分銷渠道。針對藥劑師和醫生，三精制藥公司可以採用除傳統媒體以外的多樣的廣告方式，如贈送樣品、召開新產品發布會等，增強推廣效果。

參考文獻：

[1] 李輝. 三精制藥公司市場行銷策略 [D]. 哈爾濱：哈爾濱工程大學，2008.

[2] 楊倩楠. 三精制藥公司廣告策略研究 [D]. 哈爾濱：哈爾濱工業大學，2014.

[3] 孔慶林，費薹. 三精制藥死亡揭秘：行銷 PK 研發 [J]. 會計之友，2015 (22)：58-61.

[4] 劉永忠，李沛然，王苛寧. 廣告策略分析與新思路——以 OTC 藥品的電視廣告為例 [J]. 中國商論，2014 (33)：182-187.

[5] 劉芳. 從 USP 到定位理論：繼承，發展與超越——兼論定制時代的來臨 [J]. 新聞界，2005 (3)：117-118.

[6] 祖章. 關於中國制藥企業行銷策略研究 [D]. 成都：西南財經大學，2007.

[7] 鄭伯嘉. 新媒體下廣告對品牌形象塑造的多種形式 [J]. 產權導刊，2013 (3)：43-46.

水井坊樂山市場行銷策劃

王　嫻

摘要：水井坊是世界上最古老的釀酒作坊，上起元末明初，歷經明清，下至當今，延續六百餘年聞名於世。水井坊白酒甘醇幽香的品質，受到了白酒行業的推崇，以及廣大消費者的青睞。其自從被英國帝亞吉歐收購之後更是借助世界洋酒巨頭的雄厚資本以及先進管理模式國內國外雙輪驅動展開銷售。但近年來隨著中國社會提出的厲行節約、反對鋪張浪費的口號，白酒在國內市場的銷量下降。面對挑戰，白酒廠商想要提升銷量，就必須要尋求改革創新，走出一條屬於自己的救市之路。由此本文針對樂山市的水井坊白酒銷售現狀進行調查分析，從而制訂相應的行銷策劃方案。

關鍵詞：2015年；水井坊；行銷策劃；樂山

中國白酒消費的社交功能自古有之，而今更盛。然而白酒行業屬於完全競爭性行業，行業的市場化程度高，市場競爭激烈。從全國市場來看，企業競爭優勢來源於自身品牌的影響力、產品風格以及行銷運作模式。在單一區域市場，企業的競爭優勢則取決於企業在該區域的品牌影響力、區域消費者的認同度和綜合行銷力。目前國內白酒市場的競爭格局為：濃香型白酒繼續保持市場主導地位，而醬香型、清香型和兼香型白酒佔有一定的市場份額，其他香型的白酒受眾群體較小，市場佔有份額較少。因為長期以來，濃香型白酒發展悠久，而且中國的濃香型白酒中名優酒較多，產品供應比較充足，市場普及度較高，所以，濃香型白酒占據白酒市場的主導地位。在行業和骨幹企業的不斷宣傳推廣下，人們對白酒的認識逐漸加深。不同香型白酒的開發和釀造，豐富了白酒的產品種類，滿足了消費者個性化需求，並給行業帶來了新的增長點。

一、行銷策劃目的

近年來隨著中國社會提出的厲行節約、反對鋪張浪費的口號，白酒在國內市

課題項目：文章為川酒發展研究中心基金項目「川酒品牌塑造與公共關係研究」（編號：CJY12-15）的成果。

場的銷量大量下降，各大白酒品牌銷量嚴重下滑，業績受挫。水井坊股份有限公司面臨的問題異常嚴峻，如何在重重困境中殺出一條血路，將水井坊白酒的銷售量提高被提上了議事日程。

二、企業背景

水井坊股份有限公司的前身為四川全興酒廠。水井坊被挖掘出來的時候是1998年，是全興酒廠在成都市錦江河畔的酒廠生產車間改造時意外發現的。經過考古發掘證明，水井坊起源自元末明初，從最初使用到現在，經過各個朝代的不斷重建和擴建，總共使用了600多年，是中國迄今為止發現的白酒最早源頭。水井坊遺址也因此被列入「全國十大考古新發現」和「國家重點文物保護單位」。

通過多年發展，水井坊股份產品正在形成以「水井坊」「天號陳」等一系列品牌為支撐的生產經營體系。水井坊白酒的上市徹底改變了國內高檔白酒的競爭局面。水井坊白酒憑藉其優異的品質、精致的包裝和獨特的文化行銷理念，在社會各界博得諸多好評和青睞，還榮獲過「中國歷史文化名酒」等榮譽稱號，樹立了中國高端白酒的典範。

三、市場分析

2015年的白酒發展面臨著巨大的困難和挑戰。樂山作為四川文化旅遊重點城市，樂山的白酒市場是一個完全競爭市場，市面上的同質化產品較多。儘管當下水井坊品牌有許多優勢，但需要面對的挑戰也很多。各大白酒品牌會加大自身品牌的影響力，不斷滿足各個消費階層的不同需求，市場將會變得更加細分，消費者對產品的選擇會豐富多樣且更加挑剔，所以消費者占據了絕對的主動性。品牌必須在豐富產品多樣性的前提下將產品的質量提升，令消費者感到滿意。白酒消費一直都有地方保護主義與區域性封鎖的問題，每個地區的自產酒在情感、價格、消費習慣都會受到優待，水井坊白酒在四川成都地區有一定的知名度，但是非成都地區或省外地區就必須依靠公司深化拓展市場，加上國家政策將酒類關稅進行下調，國外各類進口酒將對中國白酒市場造成一定衝擊，再加上國內白酒行業准入門檻較低、造假制假水準高，導致假冒產品屢禁不止，水井坊應該將未來的發展主要集中在優質的產品文化提升以及完備的售後服務體驗上，借助帝亞吉歐的優勢的資源和資金，將把水井坊酒推廣成超高端標誌性白酒產品，進而成為聞名世界的中國白酒作為目標。

四、SWOT分析

SWOT分析是一種態勢分析，包括內部的優勢S（strengths）、劣勢W（weaknesses）以及外部的機會O（opportunities）和威脅T（threats）。

（一）S——優勢分析

1. 特別的文化底蘊

水井坊代表著中國最古老的釀酒作坊，以其釀造技術吸引了無數人目光，更是以「穿越歷史、見證文明」的姿態出現在世人面前。水井坊已經不僅僅是一瓶酒，更代表著六百年歷史、文明的鮮活傳承。

2. 適宜的釀造環境

樂山處三江匯流之地，有著十分得天獨厚的氣候，非常適合白酒釀造菌群繁育，另外樂山的水源優質，可以借助水井坊的傳統工藝，為白酒菌群的繁育提供更好的物理環境以及釀造基礎。

3. 廣大的消費群體

樂山地區白酒消費群體龐大，而且樂山是一個以旅遊聞名的重點城市，每年的遊客量也十分龐大，加之山地地形和氣候潮濕，人們非常喜愛飲用白酒，有很廣闊的市場前景。

（二）W——劣勢分析

1. 外企管理模式差異

帝亞吉歐的收購導致外國管理層對中國市場管理水土不服的風險。白酒是中國特色的酒業，而帝亞吉歐考慮的是其整個集團產業鏈的整體效果和效益。

2. 白酒行業受限困局

樂山地區水井坊白酒行業景氣度目前處於低迷期，整個白酒市場競爭激烈，進一步提高市場佔有率的壓力比較大。

3. 消費群體的流失

現在樂山年輕人數量龐大，年輕人對白酒似乎不大感興趣，這就使大量消費群體白白流失。女性群體的飲酒習慣也是水井坊在樂山市場的威脅之一，女性朋友大多不喜歡喝白酒，而是選擇紅酒和甜酒。

（三）O——機會分析

1. 水井坊與樂山的文化共鳴

樂山作為歷史文化名城，文化底蘊十分深厚，與同樣標榜內在文化積澱的水井坊白酒相輔相成。水井坊應當把握樂山本地消費者的偏好，可在水井坊酒的禮品上選擇一些樂山風景名勝，刺激消費者的購買心理。

2. 借助新東家帝亞吉歐的雄厚財力

帝亞吉歐作為全球最大的酒類銷售渠道終端，資金的雄厚以及對旗下收購的水井坊的管理都是最有創新意義的指導，在創新中不斷磨合，達到中外文化、管理制度、精神文明的切合，這是其他國內品牌無法比擬的機會。

（四）T——威脅分析

1. 面臨同類型白酒的巨大衝擊

水井坊在樂山市場外部依然受同檔次產品茅臺、五糧液等白酒的巨大制約，相較於這些成名早、品質優的王牌老酒，水井坊在知名度以及產品美譽度上都有

一定的差距。

2. 新時期下的白酒行業加速分化

當前白酒行業將進入新的調整期，品牌差距將越拉越大，新的競爭格局必將使消費者向優勢品牌、優勢企業集中，從而導致樂山地區銷售面對強大壓力，另外國產王牌白酒的雄厚資本同樣在產品宣傳、銷售中給水井坊造成巨大阻力。

3. 水井坊產品體系缺乏豐富多樣性

相對於自身提出的超高端白酒口號，要達到其實質內涵，令消費者的情感為其背書是非常重要的。水井坊產品體系缺乏中低檔系列，造成水井坊白酒斷層，因為樂山市同樣需要各種價位的水井坊白酒滿足其實際需求。

五、行銷戰略

(一) 行銷宗旨

水井坊可運用水井坊品牌的文化內涵和特別工藝（釀造方式以及包裝工藝）營造中國最具文化涵養的酒，打破樂山市場消費者飲酒習慣，因地制宜、因時制宜，在宣傳中國文化、中國酒文化的同時達到水井坊白酒的銷售目的，占領樂山市場。

(二) 目標市場

1. 市場細分

白酒市場的同質化競爭嚴重，眾多企業都在謀求品牌的差異與獨特，使得白酒市場的不斷細分勢在必行。通常白酒品牌會進行詳盡的市場調研，結合現有資源，從而對市場潛在購買力有清楚的認知。然而每個品牌自身的特質各不一樣，發展潛力也不相同，所以合理有效地瞭解、明確目標，才能更好地引導消費，吸引到不同的消費群體。

在水井坊行銷策劃中，我們大致從產品的功能指標、所屬的地理指標、產品的價格指標、消費者的習慣指標以及特定指標幾個方面區分市場。

從產品的功能指標出發，白酒可以分為保健酒、營養白酒、純淨酒、低度白酒等。水井坊白酒作為高端的純淨酒銷售。

從所屬的地理指標出發，樂山地區山較多，且處於三江匯流地帶，氣候潮濕。四川人向來對白酒的口感更傾向於糧食酒，一定度數的白酒會給身體帶來溫暖，祛除濕寒。水井坊白酒的核心要素是以獨特口感給消費者全新體驗。水井坊白酒為四川的本土白酒，所以地域適應性也會很強。

從產品的價格指標出發，水井坊的高價位一直都是大眾討論的熱點，但是水井坊不能一直沉溺於高價所帶來的利益，只有將產品的內在文化與消費者的情感共鳴結合，合適地把控每一次價格的升降，才能在高檔白酒中取得一定的市場份額。

從消費者的習慣指標出發，節慶假日都有菸酒的身影，但是沒有具體哪個品牌壟斷了節日，或者造成消費者習慣性購買。水井坊白酒可以將這個方面作為一

個新的切入點,以區別於傳統白酒企業習慣做法,系統規劃樹立自身的品牌的戰略,搶占市場份額。

從特定指標出發,白酒的細分市場主要有大客戶定制市場、團購集團消費市場、禮品市場等。我們應該認識到細分市場是未來白酒行銷的全新平臺,也是擺脫低層次競爭的一種方式。企業必須緊跟每個能與企業產生業務關係的群體。

2. 市場定位

水井坊白酒市場定位是在樂山白酒市場的前提下做最富有中國文化的酒,同樣它也是身分、品位、雅致的象徵,潛意識為樂山消費者營造一種談到中國優質白酒就會有水井坊的聯想。

(三) 產品策略

1. 產品品牌

產品是能否立足市場的基本條件。水井坊作為一個國產白酒品牌,在四川本土樂山市必須要有當地特色,樂山的消費者才會產生認同感以及自豪感,願為其背書。

2. 產品包裝

水井坊白酒向來以深厚的歷史文化沉澱和精美高超的製造工藝領先國內同等品牌白酒,我們在產品包裝的策略上可以因地制宜,根據國家的文化歷史來進行針對性的產品包裝。國內水井坊井臺裝的內包裝瓶底燒制了六幅圖,分別是武侯祠、杜甫草堂、望江樓、九眼橋、合江亭、水井燒坊。其外包裝獲得過有包裝界奧斯卡之稱的「莫比廣告獎」,是亞洲同領域第一次獲獎;另一系列「公元十三」,瓶底分別燒制了元代、明代、清代水井坊三層土紋,歷經二十八代,是歷史與現代的結合。這都是中國國內市場的優秀產品包裝。

水井坊作為樂山市的白酒,在產品包裝上選用當地比較有特色的風景名勝,在包裝瓶底下選擇樂山大佛、峨眉山金頂、夾江千佛崖、峨邊黑竹溝、通橋沫若堂、犍為嘉陽小火車六大風景點作為樂山水井坊白酒銷售的包裝。

(四) 促銷

白酒促銷並不是很難,需要根據實際產品的功能和口碑制訂計劃,特別是在異常激烈的現代酒業競爭中,合理的促銷是必不可少的行銷手段之一,從而使消費者更好地瞭解產品,引起消費者的購買欲從而進行購買,達到刺激銷售的目的。在產品極其豐富的今天,企業需要進行整體的促銷規劃,遵循讓利性、娛樂性、實用性、計劃性、系統性、創新性、效益性等原則,有計劃、有節奏地實施,同時還應減少對品牌的侵蝕。正常情況下,白酒企業促銷的目的一般有三個,即產品入市、擴大市場份額、擠壓競爭對手。

1. 團購渠道促銷

首先成立專屬的團購公關部門,這樣可以保證公關工作的有序展開,用公關來獲取大眾消費領袖的認同,以保齡球效應帶動一般的消費者購買。將公關的主要力量集中在企業的高層管理人員或採購經辦負責人員。團購渠道促銷主要是為

了較快地回籠資金，打開新市場的佔有量，有效地借用公關完成品牌的先行造勢。

2. 聯合行銷與捆綁促銷

聯合行銷最好是在雙方雙贏的基礎上，以自身的優勢互補交換，共同吸引消費者。這在一定程度上節省了企業的行銷費用，並且依然有良好的效果。不管是終端還是零售，每個地方都存在各種白酒產品或是其他產業的產品，因此在有限的物質前提下做無限的想像組合空間是一種值得推崇的方法。例如白酒與名菸的組合或者是白酒與珠寶的組合都是一種新型的捆綁銷售方式，但是必須是同等質感、價格、文化的商品捆綁，否則會產生物極必反的結果。

參考文獻：

［1］葉子岑. 文化行銷鍛造酒業競爭力［N］. 中華工商時報，2000-06-29（1）.

［2］王錦昆. 高端白酒的市場行銷策略淺析［J］. 商場現代化，2012（21）：51-52.

［3］侯雋. 帝亞吉歐：國際烈性酒巨頭收購水井坊［J］. 中國經濟周刊，2013（30）：70-71.

小米手機行銷策略分析與發展建議

鄧　健　鄭傳勇

摘要：近幾年來，手機行業發展突飛猛進，競爭也日益激烈。面臨激烈的市場競爭，小米手機作為後起之秀，異軍突起，並且迅速占領市場，創造了國產手機的奇跡。文章主要是通過對小米手機行銷策略的分析，揭示其成功占領市場的奧秘，以期對中國中小企業的發展提供啟示。為了使小米公司發展得更好，文章還針對目前小米手機存在的一些不足，提出了發展建議。

關鍵詞：小米手機；行銷策略；發展建議

小米科技有限責任公司在 2010 年 4 月正式成立於北京，是一家專注於研究安卓智能手機系統開發的互聯網公司。小米手機從發布至今，歷經市場的檢驗，取得了輝煌成績，2013 年上半年成功銷售了 703 萬臺手機，在中國智能機市場所占份額為 5%，超過蘋果手機。小米手機的成功得益於它巧妙地運用了各種行銷策略，不僅贏得了消費者而且迅速地占領了市場，創造了國產手機行業的奇跡。

一、小米手機行銷策略分析

小米手機的成功主要運用了以下行銷策略：

（一）精準的市場定位

市場定位是指市場行銷人員為了讓自己的產品和其他企業的有所區別，制定一系列的行銷策略使產品在顧客心中樹立獨特的形象。市場定位的目的主要是使企業的產品或形象在消費者心中佔有特殊位置。一個好的市場定位不僅有利於企業開拓新的市場，而且有利於增強企業的市場競爭力。

小米手機作為一個全新的產品，在市場上的知名度較低。面對競爭如此激烈的中國智能手機市場，為突出企業形象和產品特色，在國內中端手機市場占領一席之地，小米瞄準市場的縫隙採取了利基定位策略，將手機定位於「發燒友」，並且通過眾多媒介的宣傳，突出了小米手機的特色以及企業的優質服務，在用戶心中樹立了良好的企業形象。小米的精確定位既避免了與三星、蘋果等知名品牌的直接競爭，又迅速地占領了市場。

(二) 成功的產品策略

1. 高端配置和強大功能的手機

小米手機搭載雙核的 1.5G 處理器，基於 Android 2.3 深度開發 MIUI 系統，1GB 的運行內存和 4GB 的機身內存，夏普的 4 英时大屏幕，800 萬像素的後置攝像頭。這樣高端的配置基本滿足「發燒友」的需求。同時，小米手機憑藉其超高性價比和優良的質量在顧客心中留下了美好的印象。

2. 目標顧客參與產品研發的模式

小米手機在產品設計的時候，與目標顧客進行了有效的溝通，為了滿足用戶需要，開發出了高端配置且價格低廉的手機。在手機正式發售之前，實行工程機的限量發售，將工程機優先出售給了游戲發燒友。可能工程機本身還存在一些問題，發燒友使用後將信息反饋給公司，技術人員根據發燒友的體驗建議加以改進，最後使小米手機在正式發布的時候更符合用戶需求。在經濟全球化的今天，企業為了降低新產品研發的風險，增強企業的核心競爭力，促進企業更好更快地發展，就迫切需要將顧客參與融入新產品研發中。小米正是採用了這種模式，既加強了與手機用戶的溝通又使小米手機得到了宣傳，並且激發了更多消費者的購買慾望。

3. 超強抗摔的包裝

小米手機發燒友大多是「80 後」「90 後」年輕人，這部分年輕人具有喜歡追求新事物、追求便宜實用的行為特徵。為了迎合用戶的需求，小米手機以綠色環保為理念，設計了超強抗摔的包裝。包裝盒的最外層採用牛皮紙殼，紙殼上面印刷了有關手機電路圖、小米手機圖、整體規格以及小米 LOGO 等信息，包裝盒內部採用白色硬紙漿，這樣的包裝使小米手機抗擠壓碰撞的效果很出眾。同時，在包裝盒設計的各個環節，採用最好的包裝工藝，充分考慮了用戶的使用感受。這給用戶留下了高品質的印象。

(三) 巧妙的價格策略

制定合適的價格策略不僅有利於提高產品銷量，而且有利於提高企業利潤。面臨競爭如此激烈的智能手機市場，小米手機巧妙地運用了以下幾種定價策略，贏得了消費者的青睞：

1. 運用滲透定價，提高市場佔有率

滲透定價是指在產品上市前將價格定得較低，引起消費者的購買慾望，從而擴大該產品市場佔有率。小米手機定價為 1,999 元，這樣高端的配置加這麼低的價格可以說是前所未有的。目前國內智能手機市場上，能夠達到小米手機這樣配置的智能手機大多價格都在 2,500 元以上。如此高配低價的手機，對消費者來說誘惑極大，從而使小米手機第一次在線上銷售就被一搶而空。這個定價策略對小米手機提高市場佔有率功不可沒。

2. 運用捆綁策略，提高產品銷量

捆綁策略是指把兩種或兩種以上的相關產品作為一個整體包，並制定優惠的價格賣給消費者的定價策略。小米手機官網上出售配件專區，經常以電池套裝和

保護套裝進行搭配銷售,例如 1,930 mAh 電池+原裝後蓋+直充,原價 258 元,現價 148 元,立省 110 元。另外小米手機在網上銷售的時候會給顧客提供幾個套餐,每個套餐裡面包含不同的配件以及小禮品之類的,不同的套餐報價不同。小米運用捆綁策略,不僅提高了手機的銷量而且帶動了其他產品的銷售。

3. 運用心理定價,吸引顧客購買

小米手機主要運用了兩種定價策略:一是尾數定價,小米官網所賣的商品幾乎都是以「9」結尾來定價的,給人一種便宜的感覺,從而提高購買的可能性。二是招徠定價,即故意將一部分商品的價格定得很低,以吸引顧客購買的定價策略。小米官網定期舉行限量秒殺活動,一般每週一至週五 10:00 準時開始搶購,並且每個帳號限購一件,參加秒殺活動的商品大多數是手機配件,以超低的價格吸引人氣和關注度,同時也迎合了消費者追求便宜的心理。

(四) 網上直銷的渠道策略

小米手機之所以能夠迅速地占領市場,主要是因為採用了網上直銷的渠道策略。網上直銷可以實現生產者和消費者的直接接觸,從而瞭解消費者需求,有利於開展有效的行銷活動,也有利於減少中間環節,讓買賣雙方都節約費用。

小米公司成立後不久便建立了小米網站,接著開發了基於安卓平臺的米聊軟件,從而擴大了小米手機知名度,然後大量宣傳小米手機頂尖配置以及公司的頂尖人才,並且在論壇裡放出 MIUI 系統,讓論壇裡面的高手刷機和評測 ROM 好壞,從而小米手機的誕生成為必然趨勢,最後通過新聞媒體的炒作,使小米手機無人不知無人不曉。小米手機迎合了廣大中青年人的喜好,採用了電子渠道和物流公司合作的網絡分銷模式。目前,小米手機的銷售主要依靠小米手機官方網站,節省了中間費用和建立實體店的費用,保證了產品質量。

(五) 有效的促銷策略

小米手機之所以能夠在激烈的市場競爭中獨樹一幟,是因為其主要採用了以下幾種促銷策略:

1. 大力開展公關促銷

小米手機的總裁雷軍,被稱為中國的「喬布斯」,大力開展公關促銷,於 2011 年 8 月 16 日在北京舉行了一場高調的小米手機新聞發布會。國產手機企業中舉行這樣高調發布會的寥寥無幾。正是因為雷軍的勇氣與膽識,這場發布會才引起了眾多媒體和手機發燒友的強烈關注。

2. 巧妙地運用獨次促銷法

獨次促銷法是指生產商對所有的商品僅出售一次,就不再進貨了。表面上看商家失去了很多利潤,但實際上因所有商品十分暢銷反而加速了商品週轉速度,從而實現了更大的利潤。這個策略充分抓住了顧客「物以稀為貴」的心理,給顧客留下一種機不可失,時不再來的假象。因此小米手機正式版還未開始銷售,就先以秒殺的形式出售工程機紀念版。2011 年 8 月底每天以 1,699 元的價格限量發售 600 臺工程機,工程機比正式版手機便宜 300 元。此消息一公布,在網上搜索如

何購買小米手機的新聞瞬間傳遍網絡。小米手機的這一策略，讓更多的機友對小米手機產生了好奇，從而擴大了小米手機的知名度。

3. 借用新聞媒體的炒作行銷

炒作行銷是指通過對某些有賣點的人或事物進行精心的策劃和包裝，利用網絡進行傳播以吸引公眾的注意力，從而促進產品銷售或提高品牌知名度的行銷方式。小米手機一直被傳聞是偷來的，是仿的蘋果手機，等等。針對這些傳聞，小米官方並沒有給予澄清或者解釋，正是各大媒體的炒作才使得小米更加神祕，更加吸引人們的關注。

4. 充分應用饑餓行銷策略

饑餓行銷是指供應商為了維護品牌形象和增加品牌的附加值，從而有意降低產量或積壓產品，推遲產品進入市場的時間，導致市場出現供不應求的「假象」。小米手機的新產品在上市之前消息是露一半遮一半，當這種行銷策略極大地吸引了媒體和粉絲的關注之後，立馬發布新產品。其產品的發布經歷了「新產品的發布→新產品上市時間→消費者期待→線上秒殺→貨源不足」的行銷過程，讓顧客想買卻又買不到。

二、對小米手機發展的建議

小米手機雖然取得了較大的成功，但是面對競爭日益激烈的智能手機市場，為了健康快速發展，建議小米公司注重以下幾點：

(一) 注重產品創新

創新是一個企業進步的必然要求，不創新就意味著淘汰。目前，高端的智能機市場基本上被蘋果、三星、HTC 占據，中端市場被中興、華為占據，低端市場被很多山寨機占據，小米手機的市場份額有限。加之小米手機的自主產權較少，手機主要的零部件全靠第三方提供，不能做到完全自主研發，市場上硬件的價格對小米手機的成本會產生巨大的影響。同時，小米手機本身也存在散熱效果較差、做工不夠好、拍照不夠清晰等問題。在高科技迅速發展的今天，電子產品的更新換代很快，只有不斷創新才能獲得市場認可。小米的 MIUI 系統是在安卓系統的基礎上根據國人的習慣深度優化、定制和開發的第三方系統。由於小米公司剛起步，資金還不充足，小米手機可以充分利用 MIUI 系統進行產品的設計和創新。但是從長遠來看，小米公司應該研發一個屬於自己的系統，掌握核心技術。同時，小米可以將整個「發燒友」群體再進行細分，根據「發燒友」人群對手機的不同需求，設計出商務型、學生型、娛樂型手機等。在進行產品設計的時候應該充分考慮用戶的全面體驗，將新的技術與小米手機的特色風格相結合。還可以根據用戶需求設計個性化的外殼以及操作界面來滿足更多用戶的需求。可以在官方網站上開放一個交流平臺，用戶將自己需要的手機外形描述給小米公司相關人員，技術人員根據其描述定制其需要的手機，從而贏得消費者的喜愛和追求，創造良好的口碑，擴大市場佔有率。

（二）重視品牌價值提升

品牌價值對一個企業來說是一筆無形的財富。在經濟全球化的今天，品牌價值顯得尤為重要。品牌價值是區別於同類品牌的重要標志，一個好的品牌可以給企業帶來豐厚的利潤和更好的銷量，同時也是在競爭中取勝的重要籌碼。小米手機目前之所以會面臨「米黑」的威脅，是因為小米手機對品牌價值的塑造還不夠，公司的品牌意識還不是很強，在消費者心中還沒有樹立起鮮明獨特的品牌形象，使其在消費者心中仍停留在國產機的概念中。但是國產手機中還沒有出現一款領導品牌，這對小米來說也是一個提升品牌價值的機會。我們認為小米公司可以考慮通過以下幾種方式，迅速提升品牌價值：

1. 提升小米產品形象

在產品同質化嚴重的今天，只有具有特色的產品才能夠迅速吸引顧客注意，才能在市場中脫穎而出。小米應該注重產品的外觀設計與用戶體驗，從而迅速提高其品牌價值。

2. 加強企業文化打造

企業的發展離不開全體成員的共同努力，也離不開企業文化的建設。企業應該提高認識，注重企業文化建設，同時應設定企業理念、企業目標，加強學習，從而迅速提高品牌價值。

3. 不斷提高企業知名度和美譽度

小米可以通過間接的形象策劃和贊助一些大型的公益活動，承擔社會責任，提升品牌價值。

（三）建立網絡溝通渠道，進一步加強與用戶的溝通

通過網絡直銷的渠道銷售產品的公司，必須建立網絡溝通渠道，加強與用戶的溝通，小米公司也不例外。小米公司雖然在前期已經做得比較好了，但是為了更好地發展，必須進一步加強與用戶的溝通。通過與手機用戶的交流，公司不僅可以瞭解他們的需求、購買心理、購買行為，還可以獲取他們對公司產品的意見和建議。這些信息對公司產品的發展有著至關重要的作用。小米手機可以通過博客、微博、米聊等聊天工具與客戶互動。最好是能一對一地服務，這樣讓顧客感覺很受重視。小米公司可以在以上平臺上註冊帳號，在公司設置一個部門，專門負責和小米用戶一對一交流，為他們答疑解決難題，並且將有用的意見或建議收集起來，定期開會將這些意見或建議告訴公司其他人，不斷改善自身的產品和服務。同時，小米公司還可以定期舉行一些有趣的活動，以激發用戶的熱情。比如在小米論壇每年舉行一次 ROM 美化大賽，組織發燒友一起玩機刷機，定期選拔一些發燒友加入公司的產品開發團隊等。這樣既加強了公司與用戶的互動，又培養了用戶對公司的情感。

（四）開發和管理手遊，增加發展空間

近幾年網遊的迅速發展，為手遊的發展提供了良好的機會。4G 網絡的不斷成熟，為手機終端提供了高速的網絡運行速度，為手機網絡游戲的發展提供了保障。

雖然目前的手機網絡游戲行業處於起步階段，並且面臨著推廣平臺不夠成熟、開發人員經驗不足、用戶不願意付費等問題，但是這個市場的潛力是很大的。小米手機既然是為游戲發燒友而生的，就應該以發燒友的需求為導向，開發出更多高質量和創新性的手機游戲，這樣既可以滿足用戶的需求，又可以為公司帶來更多的利潤。目前手機游戲市場的游戲同質化現象非常嚴重，游戲愛好者難以找到一款自己喜歡的手機游戲。同時，游戲的開發面臨高額的費用，小米公司可以通過對某些游戲適度收費，保證公司有更多的資金投入游戲研發中，不斷開發出用戶喜愛的游戲。

（五）重視售後服務，提高顧客忠誠度

售後服務是促銷的一種手段，也是培養忠誠客戶的一種重要方式。良好的售後服務對提升企業信譽形象，擴大產品市場佔有率起著重要作用。售後服務的好壞將直接影響小米手機在消費者心中的形象，必須高度重視服務這方面。由於小米公司剛成立不久，在全國各地的售後服務點比較少，這是其在推廣路上的一大障礙。目前，小米的物流配送主要依靠凡客誠品，但是凡客誠品面臨破產風險，小米應該選擇其他的合作夥伴，以避免凡客破產所帶來的巨大影響。因此，公司必須高度重視這些問題，以提供優質的服務贏得消費者的良好口碑，提高小米用戶的忠誠度。如果售後服務不好，再好的產品也沒有人願意購買。因此，小米公司在發展的同時，應該將服務也跟上，從而使消費者心甘情願地購買其產品。

三、結束語

小米手機可謂是國產手機的奇跡，手機一上市就引起了巨大的轟動，這與小米公司有效的行銷策略是密不可分的。小米手機雖然取得了較大的成功，但是也應看到小米手機還存在的一些不足。面對競爭日益激烈的智能手機市場，小米手機還需要進一步注重產品創新、品牌塑造，加強與消費者的溝通，開發和管理手遊，增加發展空間，重視售後服務，提高顧客忠誠度等，以期能夠更好地發展，為國產手機的發展樹立標杆。總之，小米的上市是成功的，它的成功將為小米後期的發展奠定基礎，同時它成功的經驗也將被中國中小企業所借鑑。相信小米手機的未來一片光明，一定能實現公司的預期目標。

參考文獻：

[1]張學高.淺析小米手機的饑餓行銷[J].現代商業，2013（2）：40-41.

[2]張海峰.「小米」成功有道理[J].銷售與市場（評論版），2012（4）：62-63.

[3]趙雷.從小米手機的發展看市場行銷[J].當代畜禽養殖業，2012（11）：54-63.

[4]王輝.向小米手機學習什麼[J].中國電信業，2011（12）：60-61.

中國建設銀行差異化行銷戰略實證研究

張豔莉　左　莉　劉　濤　張同建

摘要： 差異化行銷戰略是建設銀行長期發展的必然趨勢，但建設銀行各類機構對差異化戰略的微觀機理缺乏清晰的認識，從而阻礙了差異化戰略的深化。本研究基於中國金融環境的分析，構建了建設銀行差異化行銷戰略模型，並在樣本調查的基礎上進行了實證檢驗，發現戰略導向、數據庫建設、產品差異化、分銷渠道差異化、服務差異化對差異化績效存在著顯著的促進作用，數據庫建設和服務差異化的促進功能最強，市場細分、市場差異化、形象差異化對差異化戰略績效缺乏促進效應，從而為建設銀行分支機構差異化行銷戰略的深化提供了現實性的理論借鑑。

關鍵詞： 建設銀行；差異化行銷；市場細分；數據庫建設；平衡計分卡

一、建設銀行差異化行銷實施的必要性闡釋

建設銀行是中國四大國有商業銀行之一，是第一批被國務院批准的股份制改革銀行，在中國金融市場中具有舉足輕重的作用。建設銀行第一屆董事會第一次會議在發布的《中國建設銀行股份有限公司業務發展戰略綱要》中，提出了「將建設銀行建設成為最具國際水準和自身優勢特色，以大中型城市為依託，最具價值創造力的現代股份制銀行」的長期戰略規劃。具體而言，建設銀行的戰略目標是，在繼承中長期信貸、住房金融、項目評估等傳統優勢的基礎上，鞏固在大中型企業和機構客戶市場中的領先地位，大力提高個人富裕客戶的忠誠度，強化在中小企業中的競爭優勢，不斷擴大優質客戶群體。

建設銀行的中長期發展戰略在本質上是一種差異化戰略，或者稱為差異化行銷戰略，即在行銷導向下的差異化戰略。改革開放之前，建設銀行是一種半行政化的事業單位，信貸政策受到國家宏觀經濟和金融政策的指導和限制，業務經營無差異化可言。改革開放後，中國金融市場長期處於半開放狀態，包括建設銀行

課題項目：文章為國家社科基金項目「中國上市銀行公司治理有效性研究」 （編號：15BGL079）成果。

在內的四大國有商業銀行嚴重缺乏市場化的運作經驗,導致業務同質化極為普遍。21世紀以來,隨著中國金融市場的逐步開放以及中國國民經濟規模的急遽膨脹,銀行業的競爭愈演愈烈,導致差異化行銷戰略成為商業銀行謀求生存和卓越的關鍵突破口,從而為建設銀行差異化行銷的實施和深化帶來了燃眉之急。

差異化戰略是戰略管理學家邁克爾·波特(Michael Porter)所提出的一種競爭戰略。波特認為,企業的競爭優勢來自比競爭對手更低的成本,或者與競爭對手形成顯著的差異,因而將競爭戰略分為成本領先戰略、差異化戰略和專一化戰略三種形式。[1]其中,差異化戰略是指企業為獲取產品與競爭對手的差別性優勢、形成與眾不同的特徵而採取的戰略,即在提供產品實體要素的基礎上,或者在提供產品過程的條件上與競爭者相比存在著顯著的差異,以形成產品的特殊性,從而使消費者對該產品產生更多的關注。差異化戰略的本質就是產品市場壟斷因素的加強。[2]

銀行業是天然適合差異化行銷的行業,銀行差異化行銷是國際銀行業的一種潮流。[3]行銷大師菲利普·科特勒將銀行服務分為核心層、便利層和支持層三個層面:核心層包括存款服務和貸款服務,為客戶提供核心價值;便利層包括ATM服務、轉帳業務、網上銀行等服務,可以為核心層服務的實現提供便利;支持層服務包括投資理財、債券發行、帳戶查詢、服務方式改進等服務,用來提高銀行服務的價值。因此,菲利普·科特勒曾做出過這樣的預測:「現代商業銀行應該被看作是一種具有柔性生產能力的特殊車間,而不是僅提供標準服務的簡易裝配線。銀行的中心應該是一個完整的客戶資料數據庫和產品利潤數據庫,從而使銀行能識別用於任何客戶的所有服務、與服務相關的利潤或虧損,以及那些為客戶創造潛在利潤的服務。」

中國金融市場目前仍處於同質化經營占主流的競爭局面,對於四大國有商業銀行而言,同質化的特徵表現在戰略趨同、產品趨同、行銷趨同、結構趨同與機構趨同五個方面。[4]這是制度、體制和歷史影響的結果,不可能在短時期徹底改觀,但是,差異化行銷戰略的實施畢竟是不可阻擋的潮流。作為中國金融市場中的一個重要元素,建設銀行實施差異化行銷存在多重必要性:第一,客戶金融需求多元化的特徵日漸顯著,為建設銀行差異化戰略的經營創造了極為廣闊的空間。第二,在巴塞爾協議下,資本監管約束不斷強化,資本充足率、撥備率、槓桿率和流動性四大監管工具日漸發揮作用,銀行資本缺口增大,導致建設銀行高資本占用型的發展之路難以為繼,需要加大低資本占用型業務的拓展力度。[5]第三,在中國金融市場上,利率市場化的進程明顯加快,建設銀行過度依賴存貸利差的同質化盈利模式難以存活。過去,中國銀行業收入的80%依賴於存貸利差,但在「十二五」的「穩步推進利率市場化改革」的導向下,利差必然變窄,風險必然加大。同時,利率市場化也為建設銀行差異化經營能力的培育開闢了廣闊的前景。[6]第四,近年來,在中國信貸市場上,直接融資逐漸加快,金融脫媒也逐漸加劇,因而建設銀行需要大力調整同質化的客戶結構,從間接融資為主過渡到間接融資

和直接融資並重。第五，中國經濟發展方式正在轉變，經濟結構的調整也在加快，為建設銀行高度同質化的業務模式帶來了巨大的挑戰。

建設銀行差異化戰略是銀行長期發展戰略的核心內容，可以體現於產品設計、服務改進、形象塑造、市場定位等不同方面，這一點已毋庸置疑。然而，中國建設銀行幾乎所有的分支機構或下屬分行並不清楚差異化戰略的突破口在何處，不知道優先選擇何種環節來展開差異化，因為行銷差異化戰略不可能在銀行經營的所有環節上同時推進，畢竟銀行資源是有限的。因此，實證性的檢驗是必要的，可以使建設銀行發現差異化戰略的優勢環節和不足之處，從而有針對性地進行優先突破。

二、建設銀行差異化行銷戰略研究模型的構建

根據邁克爾‧波特的競爭理論，差異化戰略不僅是一項戰略，也是一種思想、一種理念、一種方法，在不同的環境下呈現出不同的形態。目前，對建設銀行差異化行銷戰略方式的研究甚少，但是針對四大國有商業銀行差異化營運的研究成果較多，可以為建設銀行差異化模式的環節分解提供理論參考。

呂曉暉、李天德（2004）認為，中國國有性質的銀行差異化戰略的具體策略包括：①市場細分，根據客戶群體的不同需求將客戶劃分為若干個子類，進而提供不同的服務；②市場定位，根據自身的業務特長來確定重點服務的客戶目標，以打造自身獨樹一幟的形象；③開發與創新，即注重為小型團隊客戶提供量身定做的服務，不以整個客戶群為目標；④產品定價，針對不同類型的客戶需求提供不同的產品價格；⑤分銷渠道，即構建獨特的、與自身產品性能相適應的行銷渠道；⑥客戶關係管理，即銀行機構通過業務流程再造（BPR）來增強各個職能部門之間的協調能力。[7]鄧楊豐（2005）認為國有商業銀行差異化戰略主要存在如下問題：一是業務差異化的程度較低，二是產品價格導致的客觀差異化不足，三是銀行的市場行銷層次較低。[8]陳偉光、黃濤（2009）認為國有商業銀行差異化戰略的實施包括如下途徑：一是技術與功能差異化，即國有商業銀行需要根據客戶的多樣化需求有針對性地實施技術升級與功能擴張戰略；二是質量差異化，即國有商業銀行需要穩定地改進業務流程的內在品質；三是高附加值差異化，即在技術、服務、安全與便利等方面對產品的功能進行擴展；四是發展趨勢差異化，即在借鑑國外商業銀行差異化優勢策略的前提下，結合國有商業銀行的現實性運作環境，制定先導性和前沿性的發展戰略；五是核心競爭力差異化，即國有商業銀行通過實施有效的知識資本管理，培育出獨特的、競爭對手不易模仿的核心優勢。[9]

根據以上的研究，結合對建設銀行戰略環境的分析，本研究認為建設銀行差異化戰略在理論上分為如下八個環節或策略：戰略導向、數據庫建設、市場細分、市場差異化、產品差異化、分銷渠道差異化、服務差異化和形象差異化。其中，戰略導向是指銀行機構的決策層存在著一定的差異化意識，並能夠將之融合於各種戰略決策之中；數據庫建設是指銀行機構重視業務數據的累積、分類和整理，

並形成科學的數據庫管理模式；市場細分是指銀行機構具有科學的市場細分能力，將客戶市場分解為若干子市場；市場差異化是指銀行機構善於進行市場定位，選擇合適的子市場進行優先行銷；產品差異化是指銀行機構開發出與眾不同的產品，更有效地吸引客戶的注意力；分銷渠道差異化是指銀行機構能夠選擇最適合於自身產品行銷的渠道，從而使行銷成本最小化；服務差異化是指銀行機構採用別具一格的服務形式，創造獨特的服務氛圍；形象差異化是指銀行機構加強形象塑造，在社會公眾和客戶群體中留下良好的聲譽。

按照標準的差異化理論，以上有些策略並不是真正意義上的差異化環節，僅是差異化實施的前提條件，因為差異化行銷戰略的實施是基於一定同質化平臺的，是同質化後的必然結果。[10]如果某類產品市場尚未進入成熟狀態，同質化現象並不突出，或者供小於求，差異化就無從談起。對於中國金融市場而言，受制度約束、政策指向、經驗不足等因素的影響，國有商業銀行差異化的推進受到很大的制約，因此，需要將一些差異化平臺型的因素也納入差異化策略的範疇，而不能完全遵從西方商業銀行差異化的標準。

建設銀行差異化戰略的目標是培育銀行機構的核心競爭力，這是一種動態性的戰略績效，不僅表現於過去的財務業績，也表現於內部流程的穩健性和客戶的忠誠，還表現於銀行機構未來的成長能力。也就是說，差異化戰略績效可以用平衡計分卡理論來實施要素分解。同時，銀行機構的從業人員規模、固定資產規模和差異化實施年限等非差異化因素對銀行機構的戰略績效也存在著影響。根據以上分析，可以構建建設銀行差異化行銷戰略效應模型如下式所示：

$$Performance = \beta_0 + \alpha_1 Peop + \alpha_2 Capi + \alpha_3 Peri + \beta_1 Stra + \beta_2 Data + \beta_3 Deco + \beta_4 Diff + \beta_5 Prod + \beta_6 Sale + \beta_7 Serv + \beta_8 Imag + \mu$$

其中，各變量符號的名稱、性質、預期符號如表1所示：

表1　　　　　　　　　　　　研究變量的描述

變量名稱	變量符號	變量性質	預期符號
從業人員規模	$Peop$	控制變量	(+/−)
固定資產規模	$Capi$	控制變量	(+/−)
差異化戰略年限	$Peri$	控制變量	(+)
戰略導向	$Stra$	解釋變量	(+)
客戶數據庫建設	$Data$	解釋變量	(+)
市場細分	$Deco$	解釋變量	(+)
市場差異化	$Diff$	解釋變量	(+)
產品差異化	$Prod$	解釋變量	(+)
分銷渠道差異化	$Sale$	解釋變量	(+)

表1(續)

變量名稱	變量符號	變量性質	預期符號
服務差異化	Serv	解釋變量	(+)
銀行形象差異化	Imag	解釋變量	(+)
銀行差異化戰略績效	Performance	被解釋變量	

註：(+) 表示正向關係，(-) 表示負向關係，(+/-) 表示不確定關係。

三、模型檢驗

本研究以中國建設銀行二級分行（市級分行）為樣本單位進行數據調查，數據級別採用李克特7點量表制。建設銀行存在著五級組織結構，即總行、一級分行（省級分行）、二級分行（市級分行）、支行、儲蓄所。對於差異化行銷戰略而言，二級分行在財務上存在著獨立性，在差異化策略上也互不干擾，因而可以作為較為理想的樣本單位。在本課題的前期研究成果中，已經對從業人員規模、固定資產規模、差異化戰略年限進行了7點級差劃分，並對戰略導向、數據庫建設、市場細分、市場差異化、產品差異化、分銷渠道差異化、服務差異化、形象差異化、差異化戰略績效要素均實施了指標分解和問卷設計。[11-13]因此，本研究的數據調查可以借助於前期的研究成果。

本次數據調查自2014年2月2日起，至2014年3月6日止，歷時33天，獲取有效樣本33份，滿足多元迴歸分析的數據要求。借助於33份樣本數據，運用Eview軟件進行多元迴歸檢驗，得到第一次迴歸分析結果（如表2所示）。

表2　　　　　　　建設銀行樣本第一次迴歸分析結果

	建設銀行差異化戰略績效	
	第一步（模型1）	第二步（模型2）
控制變量		
從業人員規模(Peop)	0.009,8	0.007,6
固定資產規模(Capi)	0.065,7**	0.061,3*
差異化戰略年限(Peri)	0.026,9***	0.029,6**
自變量		
戰略導向(Stra)		0.033,4*
客戶數據庫建設(Data)		0.083,6*
市場細分(Deco)		0.029,2*
市場差異化(Diff)		0.011,8
產品差異化(Prod)		0.032,3*

表2(續)

	建設銀行差異化戰略績效	
	第一步（模型1）	第二步（模型2）
分銷渠道差異化(Sale)		0.085, 2***
服務差異化(Serv)		0.071, 6*
銀行形象差異化(Imag)		0.011, 2
R^2	0.198	0.367
ΔR^2	0.010	0.007
AdjustedR^2	0.208	0.374
Adjusted$F$ 值	18.876	10.098
P 值（總體顯著性水準）	***	**

註：* 表示 $P<0.05$，** 表示 $P<0.01$，*** 表示 $P<0.001$；$N=33$。

根據表2的檢驗結果可知，市場差異化、銀行形象差異化及從業人員規模的迴歸系數值較低，且缺乏顯著性，因而將其剔除後進行下一次迴歸分析，得到第二次迴歸分析結果（如表3所示）。

表3　　　　建設銀行樣本第二次迴歸分析結果

	建設銀行差異化戰略績效	
	第一步（模型1）	第二步（模型2）
控制變量		
固定資產規模(Capi)	0.057, 2**	0.065, 2*
差異化戰略年限(Peri)	0.038, 4***	0.030, 7**
自變量		
戰略導向(Stra)		0.054, 0*
客戶數據庫建設(Data)		0.133, 5*
市場細分(Deco)		0.004, 3
產品差異化(Prod)		0.065, 1*
分銷渠道差異化(Sale)		0.091, 2***
服務差異化(Serv)		0.052, 7*
R^2	0.204	0.426
ΔR^2	0.011	0.003
AdjustedR^2	0.215	0.429

表3(續)

	建設銀行差異化戰略績效	
	第一步（模型1）	第二步（模型2）
Adjusted*F* 值	27.193	16.765
P 值（總體顯著性水準）	*	***

註：* 表示 *P*<0.05，** 表示 *P*<0.01，*** 表示 *P*<0.001；*N*=33。

根據表3的檢驗結果可知，市場細分的迴歸係數值較低，且缺乏顯著性，因而將其剔除後進行下一次迴歸分析，得到第三次迴歸分析結果（如表4所示）。

表4　　建設銀行樣本第三次迴歸分析結果

	建設銀行差異化戰略績效	
	第一步（模型1）	第二步（模型2）
控制變量		
固定資產規模（*Capi*）	0.046,5*	0.052,2**
差異化戰略年限（*Peri*）	0.039,0**	0.032,4*
自變量		
戰略導向（*Stra*）		0.068,2**
客戶數據庫建設（*Data*）		0.141,4***
產品差異化（*Prod*）		0.051,9*
分銷渠道差異化（*Sale*）		0.104,4**
服務差異化（*Serv*）		0.062,2**
R^2	0.266	0.376
ΔR^2	0.001	0.002
AdjustedR^2	0.267	0.378
Adjusted*F* 值	9.556	16.764
P 值（總體顯著性水準）	*	***

註：* 表示 *P*<0.05，** 表示 *P*<0.01，*** 表示 *P*<0.001；*N*=33。

根據表4的檢驗結果可知，所有變量的迴歸係數值均存在顯著性，因而停止迴歸分析。其中，客戶數據庫建設、服務差異化的迴歸係數值較高。

四、研究結論

根據逐步剔除法的檢驗結果，結合建設銀行差異化行銷戰略的數據調查，可以得到如下研究結論：

（1）從差異化行銷優勢功能的視角來看，在建設銀行差異化戰略實施過程中，

差異化戰略導向、數據庫建設、產品差異化、分銷渠道差異化和服務差異化發揮了實質性的作用。其中，數據庫建設和分銷渠道差異化的功能更為顯著。如同其他國有商業銀行一樣，建設銀行近年來網點佈局優化的力度也較大，撤並了一批業務規模小、營業利潤低、客戶資源少的網點，並對業務規模大、營業利潤高、客戶資源多的網點進行了物力、財力、人力傾斜，取得了明顯的成效。

（2）從差異化行銷功能缺失的視角來看，在建設銀行差異化戰略實施過程中，市場細分、市場差異化、銀行形象差異化均沒有產生明顯的作用，有待深化和擴展。由於受到傳統業務類型的束縛，建設銀行對市場細分的重視並沒有達到應有的高度，市場定位不明確，也導致市場差異化的低效。中國銀行信貸市場經歷了分業經營到混業經營、混業經營到市場定位的轉變，建設銀行顯然沒有適應這一市場形態的變化。

（3）從差異化行銷基礎性生產要素支持的視角來看，在建設銀行差異化戰略實施過程中，從業人員規模和固定資產規模對差異化戰略績效缺乏明顯的支持作用。也就是說，人員規模的擴張和資產規模的累積沒有體現出差異化的思想和理念，處於盲目擴張狀態。不過，差異化的年限越長，差異化績效就越顯著。對於建設銀行來說，差異化戰略是一項基礎性的發展戰略，所有的資源配置要沿著這一主線來展開。

（4）從差異化全局發展的視角來看，建設銀行差異化戰略取得了明顯的成效，但也存在著不足。差異化各種策略的齊頭並進並不違背差異化的原則，但許多銀行機構受資源瓶頸的約束，很難在短期內全面推進，但可以採用循序推進的方式，最終進入成熟發展狀態。建設銀行差異化戰略的發展可以遵循這一思路，逐步漸進，穩打穩扎。數據庫建設是初級的差異化策略，分銷渠道差異化是成熟的差異化策略，可見，建設銀行差異化行銷戰略仍處於上升階段，遠未達到成熟狀態。

（5）從差異化戰略改進的視角來看，建設銀行差異化戰略的深化應遵循如下策略：①保持數據庫建設和分銷渠道差異化的領先優勢，加強對金融數據的分類、整理和過濾，並加強對營業網點績效的考核。②深化戰略導向、產品差異化和服務差異化的功能，確保在後期的差異化發展中，這些差異化功能不至於衰落，並在產品差異化和服務差異化上尋找更新的突破路徑。③致力於市場細分、市場差異化和銀行形象差異化的功能挖掘，爭取在最短的時間內達到同業銀行的中等水準。④加強專業人員業務素質的培育，合理配置固定資產，逐步加大人力資本和實物資本對差異化的支持力度。⑤推廣內部組織學習行為，提高銀行機構對外部經濟、金融和財政環境變化的適應能力。

參考文獻：

[1] PORTER M E. Competitive advantage [M]. New York: Free Press, 1985.

[2] DICKSON P R, GINTER J L. Market segmentation, product differentiation, and marketing strategy [J]. Journal of Marketing, 1987, 51 (2): 1-10.

［3］CAGLE J A B, S A, PAWLUKIEWICZ J E. Inter-industry differences in layoff announcement effects for financial institutions［J］. Journal of Economics and Finance, 2009, 33 (1): 100-110.

［4］黃斐, 張同建. 國有商業銀行差異化戰略與核心能力的統計檢驗［J］. 統計與決策, 2012 (11): 155-158.

［5］劉濤, 張同建, 馬國建. 中國四大商業銀行差異化戰略實證機制實證研究［J］. 金融與經濟, 2013 (9): 50-53, 86.

［6］王慶斌. 差異化與商業銀行可持續發展［J］. 中國金融, 2011 (20): 30-32.

［7］呂曉暉, 李天德. 股份制商業銀行差異化戰略的實施策略［J］. 西南金融, 2004 (3): 31-32.

［8］鄧楊豐. 中國銀行業的產品差異化分析［J］. 改革與戰略, 2005 (8): 98-102.

［9］陳偉光, 黃濤. 西方商業銀行差異化戰略及對中國的啟示［J］. 廣東外語外貿大學學報, 2009 (1): 33-38.

［10］ROSSIGNOLI B, ARNABOLDI F. Financial innovation: difference theoretical issues and empirical evidence in Italy and in the UK［J］. International Review of Economics, 2009, 56 (3): 275-301.

［11］劉濤, 張同建, 馬國建. 四大商業銀行實施差異化戰略的績效［J］. 金融論壇, 2013 (12): 39-43, 77.

［12］劉濤, 張同建, 馬國建. 商業銀行差異化戰略比較性研究［J］. 金融論壇, 2014 (2): 35-39, 64.

［13］張天龍, 張同建. 國有商業銀行差異化戰略研究［J］. 思想戰線, 2012 (6): 143-144.

中國農業銀行差異化行銷戰略實證研究

蘇 虹 劉 濤 張同建

摘要：差異化行銷是中國農業銀行的基本經營戰略，目前處於探索階段，缺乏明晰的實施方向。本研究基於二級分行的樣本數據，借助多元迴歸分析方法，構建並檢驗了農業銀行差異化行銷戰略績效模型，發現差異化導向、客戶數據庫建設、市場細分、市場差異化、分銷渠道差異化產生了積極的作用，而產品差異化、服務差異化和銀行形象差異化缺乏實質性的功能，進而提出了農業銀行差異化行銷的改進策略，從而促進農業銀行差異化戰略的逐步完善。

關鍵詞：中國農業銀行；差異化行銷；市場細分；服務差異化；平衡計分卡

一、農業銀行差異化行銷戰略實施的必要性

農業銀行是中國四大國有商業銀行之一，是中國銀行體系的重要元素，特別是對農業經濟的發展存在著舉足輕重的促進作用。隨著中國金融改革的深化，金融市場的競爭日漸加劇，差異化行銷已成為農業銀行的一項關鍵性戰略，在很大程度上決定著農業銀行的生死存亡。所謂差異化行銷，是指農業銀行及機構依靠自身的優勢因素在性能和質量上設計出優於競爭者的產品，或者憑藉出彩的宣傳、高效的推銷手段或完美的售後服務在消費者內心樹立起與眾不同的形象。對於一般企業而言，差異化行銷必須從戰略的角度來分析，包括定位差異化、價格差異化、品牌差異化、產品差異化、渠道差異化和促銷差異化等環節。

差異化行銷是差異化戰略的一種形式，或者說是以產品行銷為主導的差異化戰略。1980 年，美國哈佛大學商學院首席教授邁克爾·波特提出了差異化戰略，指出企業可以通過在產品形象、技術特點、客戶服務及行銷網絡等方面的差異化，形成在行業內具有獨特性的競爭優勢。在波特看來，差異化戰略的實質就是追求壟斷要素的一種方式。顧客需求的滿足包含多個環節，如果企業在其中的一個或多個環節產生優勢，就會使顧客傾向於購買本公司的產品。波特認為，常見的差

課題項目：文章為國家社科基金項目「中國上市銀行公司治理有效性研究」（編號：15BGL079）成果。

異化戰略形式有產品差異化、服務差異化、行銷差異化、採購差異化、製造差異化和品牌差異化等。企業可以結合自身的優勢，針對目標市場，在實施差異化戰略時選定某種合適的形式。[1]從操作的層面來看，差異化戰略的實現可以有多種方式，如產品設計、品牌塑造、技術開發、客戶服務、外觀創意等，當然，最理想的情況是企業能夠在幾個方面都獨樹一幟。波特認為，產業的競爭狀態取決於五種能力要素，即進入者的威脅、替代者的威脅、產品買方的還價能力、材料供應方的議價能力及現有對手的競爭程度。可見，波特加強了產業經濟學和管理學的溝通，認為企業在與五種要素的抗爭中，蘊含著成本領先戰略、差異化戰略和專一化戰略三種競爭戰略。

　　銀行業是天然實施差異化的行業，差異化可以在銀行營運的多個環節上展開。美國著名市場行銷專家格魯諾斯曾對銀行業的服務特徵進行過深入的分析，他認為：①銀行服務是一種非實體性的服務。銀行所提供的存款服務、貸款服務以及各種中間業務服務都不是實體產品，而是數字產品，具有無形性與抽象性，難以採用實體性的描述方式來評價銀行產品和服務的質量，而只能採用信任、感受、經驗等心理方法。②銀行服務由一系列行為組成，而不提供具體的物品。從外在形式上看，銀行產品是服務行為的組合，可以被競爭對手所觀察和模仿，導致產品的生命週期較短。如果銀行機構希望在行銷競爭中保持持續的優勢，就需要不斷地推出新的服務，並進行服務創新。③生產與消費的並發性。在銀行為顧客提供產品和服務的過程中，生產與消費是同時進行的。④銀行業的服務行銷是一種典型的兩極行銷模式。一般消費品的行銷流程是從生產廠家到行銷機構，再到消費者，消費者是行銷機構的行銷重點，行銷機構又是生產廠家的消費者，因而是單極行銷模式。銀行的行銷流程是從顧客到銀行再到顧客，兩端的顧客均是銀行行銷的重點，是具有差異化特徵的兩極行銷模式。[2]

　　儘管農業銀行已將差異化戰略作為一項持久性的發展戰略，並已長時間地付諸實踐，但是，針對農業銀行及分支機構的差異化行銷戰略的研究尚處於朦朧狀態，遠滯後於差異化實踐的發展。不過，國內外關於各類商業銀行差異化的探討也為農業銀行差異化行銷研究的開展提供了良好的理論平臺。這些研究包括銀行差異化策略、差異化風險、差異化促進因素、差異化障礙、差異化制約因素等。巴曙松（2008）認為中國商業銀行開始從規模競爭轉向創新性競爭，差異化日漸顯著，各類商業銀行或銀行機構均制定了不同的區域競爭戰略、產品競爭戰略和客戶競爭戰略等。[3] Shipman（2001）基於差異化的視角探討了美國銀行的市場准入問題，認為市場結構、人口及增長等因素是銀行差異化戰略所重點考慮的因素。[4] Broecker（1990）分析了澳大利亞銀行的差異化營運問題，指出大部分澳大利亞銀行的業務範圍是區域性的或地區性的，僅有極少部分銀行的業務範圍是全國性的，因此，區域因素或地區因素是銀行差異化戰略績效的重要影響因素。[5] Feinberg（2009）探討了差異化戰略對區域銀行穩定性發展的影響，解析了銀行差異化戰略失敗的影響因素，認為差異化戰略的實施在某種程度上導致了銀行風險

的增大。[6]黃飛鳴（2008）認為，同質性是銀行業的重要屬性，在差異化戰略優勢的基礎上，可以構建銀行間合作競爭型共生組織，以合作競爭替代對抗競爭，克服銀行功能同質化傾向，從而打造銀行業的合作競爭共生體。[7]Haavengen、Olsen和Sena（2008）研究了差異化戰略模式下的銀行業合作競爭戰略，認為以合作競爭來代替對抗競爭可以克服銀行功能的同質化傾向。[8]Hartl和Johanning（2005）研究了美國鄉村銀行差異化戰略的營運模式，解析了鄉村銀行競爭策略的實施過程，以及對差異化績效的影響。[9]尚文程（2010）探討了中小商業銀行差異化戰略發展的機理，分析了制約中小銀行差異化發展的主要因素，包括市場定位不明確、政府監管僵化、考核制度滯後等。[10]

中國農業銀行差異化戰略機制與其他國有商業銀行、股份制商業銀行、城市商業銀行的差異化存在著一定的雷同性，與國外商業銀行差異化也存在可比之處，但是，由於農業銀行的業務範圍、服務對象、發展目標仍然存在著高度的個性化特徵，因而也應具有自成體系的差異化機制。借鑑於相關的研究成果，結合農業銀行的差異化實踐，實證性的檢驗可以揭示農業銀行差異化行銷的微觀機理，發現差異化行銷戰略的優勢路徑與不足之處，從而為差異化行銷戰略實踐的深化提供現實性的理論借鑑。

二、農業銀行差異化行銷戰略模型的設計

差異化行銷戰略的策略組合是一個動態性的系統，在不同的環境下呈現出不同的特徵。農業銀行差異化行銷戰略模型的設計就是構建差異化績效與差異化影響因素之間的理論關係，而影響因素的選擇需要密切結合農業銀行的內外部營運環境。張磊（2004）通過差異化策略在農業銀行個人業務行銷中的應用分析，認為農業銀行差異化戰略的實施需要從四個方面入手：第一，差異化內涵的認識，即理解差異化的核心是對價值鏈中有可能影響客戶價值的環節所進行的獨特性設計，但並非獨特性的東西都具有差異性，而只有可以從中獲取溢價的部分才具有差異化的特徵；第二，客戶價值鏈的分析，因為只有通過對客戶價值鏈的準確把握，銀行才能實施準確的市場細分，並根據市場需求的差異來制定自身的差異化策略；第三，理解差異化成本，因為在差異化實施過程中，買方價值必須超過成本，否則將因不能帶來明顯的收益而失去差異化行銷的基礎；第四，經營一體化，因為一體化經營能夠帶來服務效率的改進和顧客價值的提高，從而提升差異化行銷的效率。[11]朱海莎（2005）認為農業銀行的差異化戰略包括四個方面：市場定位差異化、業務定位差異化、客戶定位差異化和產品定位差異化。在這裡，市場差異化是指農業銀行要選擇合適的目標市場，業務定位差異化是指農業銀行在不同的客戶群體中實施不同的客戶關係管理，客戶定位差異化是指農業銀行將核心業務定位於最佳客戶群體，產品差異化是指農業銀行致力於開發出與眾不同的新產品，且含有較高的科技特徵。[12]

本研究基於本課題現有的研究成果，結合農業銀行的現時營運特徵，認為農

業銀行差異化行銷的具體策略包括差異化導向、客戶數據庫建設、市場細分、市場差異化、產品差異化、分銷渠道差異化、服務差異化和銀行形象差異化。[13-15] 第一，差異化導向是指銀行機構能夠將差異化行銷置於戰略規劃與實施的層面，在銀行機構內部深入貫徹差異化的思想、理念和方法，將差異化作為全體員工的行為標杆。這一點對於中國商業銀行尤其重要，因為中國銀行業差異化的滯後不僅表現在策略上，更表現於思想和理念上。隨著差異化的成熟，差異化導向將不再成為一項具體的差異化策略，但在現階段不可舍去。第二，客戶數據庫建設是銀行差異化的平臺，是差異化初級階段的一項基礎性策略，為其他各項差異化策略的展開提供了有效的數據支持。差異化行為的決策不是憑空想像出來的，而是基於一定的數據推斷。長期以來，農業銀行並不注重市場數據、客戶數據、管理數據、產品數據的管理，致使差異化賴以生存的決策數據基礎較為薄弱。第三，所謂市場細分，是指農業銀行或機構根據不同消費者需求的差異性，將行銷市場劃分為不同的子市場，並有針對性地採取不同的行銷策略，從而為銀行客戶提供不同的便利性服務和支持性服務。許多跨國銀行非常重視對客戶市場的細分，如匯豐銀行、巴萊克銀行和花旗銀行等跨國銀行，均具有豐富的市場細分經驗和卓越的市場細分技能，設計了全面、合理、操作性強的細分指標，形成了層次分明的信用等級。第四，市場差異化就是利用自身的資源優勢選擇一個或若干個細分市場作為重點行銷目標，並構建起暢通的產品行銷渠道。當市場差異化確立之後，也就確立了自己的競爭對手和市場取向。市場差異化成功的決定性因素在於能否充分發揮銀行機構優勢資源的作用，能否將優勢資源轉化為市場競爭力。第五，產品差異化，是指銀行產品在質量和性能上明顯優於同類產品，從而形成自己獨特的市場優勢。銀行產品的核心價值是相同的，但在產品性能、產品質量、產品特色上有差異，這也正是產品差異化的空間，應該成為產品差異化的主攻方向。目前，農業銀行產品差異化主要目標是金融衍生品的開發，即設計出別具一格的中間品來吸引顧客。企業組織理論認為，企業對市場的控制程度在很大程度上取決於自身產品的差異化程度，即市場結構包含產品差異化，差異化的產品可以形成一定的市場壟斷權。這一規律在銀行業也是如此。第六，分銷渠道差異化是指農業銀行設計出與眾不同的行銷渠道，針對不同的客戶群體實施不同的行銷策略，以充分滿足特定客戶群體的需求。分銷渠道差異化不僅實現了銀行行銷成本的最小化，也實現了客戶價值創造的最大化。也就是說，在為同一客戶群體提供同一服務時，農業銀行比競爭對手具有更高的成本優勢和價值創造優勢。目前，農業銀行行銷渠道差異化的重點是營業網點空間佈局的優化，撤並營運效益差的網點來充實營運效益好的網點。第七，服務差異化是指農業銀行採取獨特的服務方式來滿足顧客的個性化服務需求，以維持和提高客戶忠誠度。服務方式的完善和升級是一個無止境的過程，不僅表現在設施完備、快捷迅速、安全便利等常規需求上，也表現在各種心理需求的滿足和慰藉上，使消費者體驗到全身心的愉悅。這就要求銀行機構應開展主動性的服務，發現、創造並滿足用戶的需求，而不是被

動地等待。近年來，情感服務又成為差異化服務的一個競爭焦點，成為各個銀行機構苦心孤詣爭奪的制高點。第八，形象差異化是通過獨特形象塑造而產生的差異，即銀行機構通過成功的公司識別策劃和高度的品牌意識，同時借助於各類宣傳媒體，在顧客心目中構建起優異的企業形象。

差異化行銷戰略是農業銀行的整體戰略，並不僅僅體現於行銷機制中，而是以行銷帶動全局，包括產品開發、內部控制、風險管理等，牽一發而動全身，因而可以表現為銀行的營運績效。現代商業銀行的營運績效一般採用平衡計分卡來測評，分為財務績效、內部流程、客戶忠誠度、學習與成長四個要素。[16]同時，在差異化戰略環境下，差異化績效也受到從業人員規模、固定資產規模和差異化戰略年限的影響。[17]

根據以上分析，可以構建中國農業銀行差異化行銷戰略績效對差異化策略的多元迴歸分析模型如下式所示：

$$Performance = \beta_0 + \alpha_1 Peop + \alpha_2 Capi + \alpha_3 Peri + \beta_1 Stra + \beta_2 Data + \beta_3 Deco + \beta_4 Diff + \beta_5 Prod + \beta_6 Sale + \beta_7 Serv + \beta_8 Imag + \mu$$

其中，各變量符號的名稱、性質、預期符號如表1所示：

表1　　　　　　　　　　　　　研究變量的描述

變量名稱	變量符號	變量性質	預期符號
從業人員規模	$Peop$	控制變量	(+/-)
固定資產規模	$Capi$	控制變量	(+/-)
差異化戰略年限	$Peri$	控制變量	(+)
農業銀行差異化導向	$Stra$	解釋變量	(+)
農業銀行客戶數據庫建設	$Data$	解釋變量	(+)
農業銀行市場細分	$Deco$	解釋變量	(+)
農業銀行市場差異化	$Diff$	解釋變量	(+)
農業銀行產品差異化	$Prod$	解釋變量	(+)
農業銀行分銷渠道差異化	$Sale$	解釋變量	(+)
農業銀行服務差異化	$Serv$	解釋變量	(+)
農業銀行形象差異化	$Imag$	解釋變量	(+)
農業銀行差異化戰略績效	$Performance$	被解釋變量	

註：(+) 表示正向關係，(-) 表示負向關係，(+/-) 表示不確定關係。

三、模型檢驗

中國農業銀行存在著五級組織結構，即總行、一級分行（省級分行）、二級分行（市級分行）、縣（區）支行、儲蓄所。其中，二級分行不僅在總行和一級分行

指導下具有靈活的經營自主權，也對支行和儲蓄所具有直接的控制權，形成一個業務獨立體，因而可以作為合適的差異化行銷戰略的研究樣本。本研究先根據差異化行銷戰略的八個策略和差異化績效平衡計分卡的四個要素設計研究問卷，含有 13 個題項，採用李克特 7 點量表進行數據搜集，得到 38 份有效樣本數據，滿足多元迴歸分析的一般性數據要求[18]。本次數據調查自 2014 年 3 月 3 日起，至 2014 年 4 月 4 日止，歷時 33 天，主要採用委託調查和訪談的調查方式。

基於農業銀行差異化行銷調查的 38 份樣本數據，借助於 Eview 軟件對研究模型進行多元迴歸檢驗，得到第一次檢驗結果（如表 2 所示）。

表 2　　　　　　　　　　農業銀行樣本第一次迴歸檢驗結果

	農業銀行差異化行銷績效	
	第一步（模型 1）	第二步（模型 2）
控制變量		
從業人員規模（Peop）	0.012, 2	0.018, 1
固定資產規模（Capi）	0.037, 5*	0.037, 9*
差異化戰略年限（Peri）	0.028, 9***	0.039, 0*
自變量		
差異化導向（Stra）		0.043, 2**
客戶數據庫建設（Data）		0.082, 9***
市場細分（Deco）		0.099, 7**
市場差異化（Diff）		0.031, 9*
產品差異化（Prod）		0.023, 4
分銷渠道差異化（Sale）		0.051, 7*
服務差異化（Serv）		0.015, 9
銀行形象差異化（Imag）		0.033, 9*
R^2	0.289	0.440
ΔR^2	0.002	0.006
Adjusted R^2	0.291	0.446
Adjusted F 值	14.145	17.792
P 值（總體顯著性水準）	*	**

註：* 表示 $P<0.05$，** 表示 $P<0.01$，*** 表示 $P<0.001$；$N=38$。

根據表 2 的檢驗結果可知，產品差異化和服務差異化的迴歸係數值較低，且缺乏顯著性，因而將其剔除後進行下一次迴歸分析，得到第二次迴歸分析結果（如表 3 所示）。

表3　　　　　　　　　農業銀行樣本第二次迴歸檢驗結果

	農業銀行差異化行銷績效	
	第一步（模型1）	第二步（模型2）
控制變量		
固定資產規模（Capi）	0.037,1**	0.045,5*
差異化戰略年限（Peri）	0.030,9*	0.032,3**
自變量		
差異化導向（Stra）		0.049,3*
客戶數據庫建設（Data）		0.112,0***
市場細分（Deco）		0.127,2***
市場差異化（Diff）		0.042,0*
分銷渠道差異化（Sale）		0.043,3*
銀行形象差異化（Imag）		0.013,2
R^2	0.292	0.451
ΔR^2	0.001	0.004
Adjusted R^2	0.293	0.455
Adjusted F 值	17.716	21.187
P 值（總體顯著性水準）	***	*

註：* 表示 $P<0.05$，** 表示 $P<0.01$，*** 表示 $P<0.001$；$N=38$。

根據表3的檢驗結果可知，銀行形象差異化的迴歸系數值較低，且缺乏顯著性，因而將其剔除後進行下一次迴歸分析，得到第三次迴歸分析結果（如表4所示）。

表4　　　　　　　　　農業銀行樣本第三次迴歸檢驗結果

	農業銀行差異化行銷績效	
	第一步（模型1）	第二步（模型2）
控制變量		
固定資產規模（Capi）	0.041,3**	0.046,7*
差異化戰略年限（Peri）	0.032,2*	0.037,6**
自變量		
差異化導向（Stra）		0.051,2**
客戶數據庫建設（Data）		0.121,2***
市場細分（Deco）		0.140,6***

表4(續)

	農業銀行差異化行銷績效	
	第一步（模型1）	第二步（模型2）
市場差異化 ($Diff$)		0.048,9[*]
分銷渠道差異化 ($Sale$)		0.040,9[**]
R^2	0.303	0.471
ΔR^2	0.002	0.010
Adjusted R^2	0.305	0.481
Adjusted F 值	13.341	9.882
P 值（總體顯著性水準）	**	**

註：[*] 表示 $P<0.05$，[**] 表示 $P<0.01$，[***] 表示 $P<0.001$；$N=38$。

根據表4的檢驗結果可知，所有變量的迴歸系數值均存在顯著性，因而停止迴歸分析。其中，客戶數據庫建設、市場細分的迴歸系數值較高。

四、結論分析

根據檢驗結果，結合農業銀行差異化行銷戰略的數據調查，可以得到如下研究結論：

（1）從優勢功能的視角來看，在農業銀行差異化戰略實施過程中，差異化導向、數據庫建設、市場細分、市場差異化和分銷渠道差異化對差異化行銷績效存在著顯著的促進作用，其中，數據庫建設和市場細分的促進力度較為明顯。長期以來，農業銀行根本沒有意識到客戶數據庫建設的重要性，近年來才開始逐步實施和完善，效果較為顯著。市場細分一直是農業銀行的一項優勢業務，在差異化戰略實施中得到了體現。

（2）從功能缺失的視角來看，在農業銀行差異化行銷戰略實施過程中，產品差異化、服務差異化和銀行形象差異化的功能沒有充分發揮，有待進一步擴展和深化。在農業銀行中，信貸產品的業務量比例較高，對金融衍生品的開發力度不足。農業銀行在鄉鎮機構的營業網點較多，設施較為落後，缺乏服務方式創新的積極性，導致服務差異化滯後。同樣由於兼顧廣大農戶的信貸業務，許多基層網點不注重形象的塑造，導致形象差異化無從談起。

（3）從基礎要素支持的視角來看，在農業銀行差異化戰略實施過程中，固定資產規模對差異化有明顯的支持作用，而人員規模缺乏有效的支持功能。不過，差異化實施的時間越長，差異化的成效越顯著。農業銀行基層人員的配備對專業化的要求較低，主要滿足於信貸業務流程的實現，差異化理念不足。近年來，一些農業銀行機構配置了大量的軟硬件信息設備，有助於市場細分、產品開發、客戶分析和市場定位，對差異化的深化有一定的推動作用。

（4）從差異化整體發展的視角來看，農業銀行的差異化戰略取得了一定的成效，特別在數據庫建設和市場細分上，但也存在著明顯的不足，尤其是產品差異化和服務差異化處於空白狀態。農業銀行由於長期承擔中國農業發展的信貸工作，只是最近十餘年來參與混業經營，人才儲備不足、基礎設施不全、經營理念僵化，導致差異化進展的阻力較大。儘管差異化行銷的實施取得了顯著的成效，但在產品差異化和服務差異化這兩個關鍵的差異化策略上舉步維艱。

（5）從差異化行銷深化和完善的視角來看，農業銀行應遵循如下路徑：①維持數據庫建設和市場細分的優勢，擴大數據庫容納的數據類型，加強對非傳統行銷領域的市場細分；②進一步增強差異化戰略導向、市場差異化和分銷渠道差異化的功能，在有利條件下率先突破，並確保在後期的差異化實施中不會出現功能衰退的現象；③高度重視產品差異化、服務差異化和銀行形象差異化的開發，盡快擺脫這三種差異化的功能缺失狀態，避免在差異化戰略中陷入整體被動；④在人力資本開發或人員引進上要注重專業化或專業技能，為差異化的深化積聚必要的人才儲備；⑤在銀行系統內大力培育核心競爭力，將差異化作為核心競爭力的關鍵要素之一。

參考文獻：

［1］Porter M E. Competitive advantage［M］. New York：Free Press，1985.

［2］張天龍，張同建. 國有商業銀行差異化戰略研究［J］. 思想戰線，2012（6）：143-144.

［3］巴曙松. 差異化戰略與銀行業合作競爭［J］. 廣東金融學院學報，2008（5）：65-70.

［4］SHIPMAN A. Privatized production, socialized consumption? old producer power behind the new consumer sovereignty［J］. Review of social economy，2001，59（3）：331-352.

［5］BROECKER T. Credit-worthiness tests and interbank competition［J］. Econometrica，1990，58（2）：429-552.

［6］FEINBERG R M. Patterns and determinants of entry in rural county banking markets［J］. Journal of Industry Competition and Trade，2009，9（2）：101-115.

［7］黃飛鳴. 差異化戰略與銀行業合作競爭［J］. 廣東金融學院學報，2008（3）：65-70.

［8］HAAVENGEN B, OLSEN D H, SENA J A. The bank value chain component in a decision support system: a case example［J］. IEEE Transaction on Engineering Management，2008，43（4）：418-428.

［9］HARTL R, JOHANNING L. Bank risk budgeting with value at risk limits［M］. Berlin：Springer，2005：143-157.

［10］尚文程. 中小銀行的差異化戰略［J］. 經濟導刊，2010（9）：14-15.

［11］張磊. 差異化策略在中小商業銀行個人業務行銷中的應用［J］. 生產力研究，2004（3）：65-66，76.

［12］朱海莎. 商業銀行差異化經營戰略初探［J］. 管理現代化，2005（4）：59-61.

［13］劉濤，張同建，馬國建. 上市銀行差異化戰略對市場競爭力的促進機制研究［J］. 金融理論與實踐，2014（3）：89-94.

［14］劉濤，張同建，馬國建. 商業銀行差異化戰略比較性研究［J］. 金融論壇，2014（2）：35-39，64.

［15］劉濤，張同建，馬國建. 中國四大商業銀行差異化戰略實施機制實證研究［J］. 金融與經濟，2013（9）：50-53，86.

［16］劉濤，張同建，馬國建. 四大商業銀行實施差異化戰略的績效［J］. 金融論壇，2013（12）：39-43，77.

［17］劉明，劉濤，張同建. 四大國有商業銀行差異化行銷戰略比較性研究［J］. 金融論壇，2014（6）：26-31.

［18］劉明，張天龍，張同建. 中國農業銀行貸款定價機制實證研究［J］. 金融理論與實踐，2013（7）：48-52.

中小企業如何運用博客行銷

楊小川

摘要：中小企業在競爭中由於規模和資金造成的行銷劣勢，可以通過博客行銷的方式來進行彌補。文章分析了中小企業進行博客行銷的必要性，探討了運用博客行銷的一些技巧，最後提出在創新思維的同時應該謹慎操作，避開誤區。

關鍵詞：中小企業；博客行銷；網絡行銷

博客行銷是一種基於個人知識的網絡信息傳遞形式，是網絡行銷的一種類型。開展博客行銷的基礎問題是對某個領域知識的掌握、學習和有效利用，並通過對知識的傳播達到行銷信息傳遞的目的。[1] 目前網絡行銷是潮流，博客行銷是熱點。近兩年來，企業的博客行銷在國外許多行業已經得到較多的嘗試，在國內正逐漸擴散開來。作為一種新興事物，博客行銷的作用體現，是與博客用戶量呈現高速增長密切相關的。[2]

我們認為中小企業在人力、財力、物力等方面與同行相比幾乎都處於競爭劣勢的情況下，如何以最經濟的投入創新有效的行銷體系，以獲取核心競爭力，博客行銷不失為一種好方式。中小企業究竟該如何借助博客快速發展的東風，運用好博客行銷，值得探討。

一、中小企業運用博客行銷的必要性

（一）博客行銷可以緩解宣傳經費不足的問題

如今媒體大眾化，使得企業各種產品以及品牌推廣成本大幅增加。很多中小企業為了提高知名度，不得不加入各種傳統的諸如廣告等類型的宣傳大戰中，誰都知道廣告費用中至少一半打了水漂，但卻不知道是哪一半。目前競爭加劇，廣告費用節節攀升，不少企業可謂成也廣告，敗也廣告。龐大的廣告開支使傳統的廣告成了雞肋，繼續做可能苟延殘喘，不做則擔心死得更快。而博客行銷方式則可以彌補中小企業宣傳費用的不足，還可以將主動權牢牢掌握在自己手中。

（二）博客行銷可以彌補渠道建設的不足

在傳統的行銷模式下，企業往往需要依賴媒體來發布企業信息，不僅受到較大局限，而且費用相對較高。大企業財大氣粗，可以在渠道建設上下功夫扭轉劣

勢，但中小企業則可能面對渠道建設的先天不足而望洋興嘆。但是博客行銷中中小企業也可以充分利用博客讓行銷人員從被動的媒體依賴轉向自主發布信息，讓虛擬渠道來補充和豐滿現實渠道。

(三) 博客行銷可以強化品牌形象、提高顧客的忠誠度和美譽度

博客行銷本質上是一種精準行銷。博客行銷的一個重要特點就是擁有精準的目標顧客群。該顧客群是利用博客聚合效應形成的「圈子」，這樣可以讓新產品知識、企業的觀念、企業的動態、促銷政策等進行定向傳播，增強行銷效果。同時，當顧客與企業有誤會或有信息上的理解障礙時，可以通過博客這個平臺進行溝通、解釋甚至同博友們進行適當的辯論，企業再予以正確指導，對出現的問題進行開誠布公的、透明的探討，真正贏得客戶的心，借此提高顧客忠誠度和美譽度。這種精準行銷是其他傳統行銷方式中，大企業能做到，但是中小企業卻只能想到而沒有辦法做的，所以博客行銷可以縮短不同規模企業在目標顧客選擇上「精準」的差距。

(四) 通過博客行銷可以最大限度地瞭解客戶

一般而言，要想最大限度瞭解客戶，最好的方式是面對面，至少是一對一的交流與溝通，既費時也耗人，中小企業只能淺嘗輒止。但是利用企業博客這個平臺，中小企業可以通過網絡對話，瞭解客戶的需求以及對企業在質量、價值、服務等方面的要求，也可以弄清客戶屬於交易型客戶還是關係客戶，是最佳客戶還是最差客戶。[3]企業可以據此進行取捨，畢竟小規模經營經不住無謂的耗費。

二、中小企業運用博客行銷的技巧

(一) 企業博客一定要起好名

正所謂名不正言不順，朗朗上口的博名易記難忘很重要，中小企業本來就沒有什麼知名度，可以利用很好記的名字加深顧客或博友的印象。儘管最終目的是要顧客接受公司產品或服務，但是先接觸的卻是人，是撰寫博客的人。所以記住博客的名字就會慢慢記住企業，留下深刻印象，這是接受該企業品牌及產品邁進的第一步。

(二) 博客必須是個性化的

一般從一開始博客就是個人日記的形式，所以內容也應該是個人化的。個性化的博客完全可以嬉笑怒罵，搞搞無厘頭，發發牢騷。越是展現個人風格，越能吸引讀者，畢竟在網上看到的正經的新聞和文章太多，能感受網頁背後有血有肉的個人性格的機會卻很少。

博客的簽名也是體現個性化的一個好位置。一般博客簽名是可以隨自己意願而改動的，而每次造訪博客的博友都會看一眼簽名，因此企業可以在這裡發布出自己銷售的產品和一些公司的優惠政策來吸引博友，發揮更大的宣傳作用。

(三) 博客文章具備可讀性是博客行銷的基本原則

企業的每個員工都可以也應該參與博客的寫作，在博客中發表文章的類型可

以靈活處理，不限制文章篇幅，諸如行業評論、工作感想、心情隨筆和專業技術等。但是，必須遵循一個大的前提，那就是這些文章的發布不會給企業帶來負面影響，反而對反應企業文化和增強企業與客戶之間的信任度有很大的幫助和促進作用。

一個中小企業要想在所處的行業有所發展，那它就必須要比大型企業更加關注本行業，同時也應該對行業現象有自己獨特的視角，這些思維可以在企業博客上逐步體現出來。內容不妨從這幾個方面展開：原創和轉載的行業新聞；獨到的行業評論，能引起可以正面提高知名度的爭議評論尤其獨特；客戶關係處理；行業技術交流探討。總之要讀而有物，不忍釋手。

(四) 充分利用「故事性廣告」

博客中的「故事性廣告」要比其他的軟性廣告更有內涵，更有吸引力。讓客戶從故事中慢慢地感動，慢慢地接受，慢慢地滲入，從中感受到企業的誠信。故事性廣告可以看作是一種小型的事件行銷。要知道蒙牛從小慢慢做大的過程中，事件行銷是立了大功勞的。中小企業可能策劃不了轟動的事件，但是卻可以從小故事開始著手，比如從做業務的點點滴滴寫起，寫做生意如何與客戶談判，如何與客戶和平相處、相互信任，甚至一些不涉及商業秘密的具體業務。往往從一件小事中客戶能看到你的人品，而給客戶留下深刻的第一印象。

如果一篇可讀性強的，感人的或經典的小故事得到管理員的垂青，一旦推薦到首頁上，你的博客連帶你的企業與產品一併得到了宣傳推廣，其廣告效果遠遠會超出想像，訪問量增加的同時你也有機會得到利益。

(五) 廣交博友，擴展博客圈

一定要為博客加博友，博客寫來是給別人看的，所以一定要找人來讀，盡量更新你的博客，要經常在網上查找一些可能對你產品銷售有幫助的人並把他們加為你的博友，好文章寫出來了要推薦給他們並保持經常聯繫。經常去瀏覽和回訪一下博友的博客。

(六) 提高文章以及企業的曝光率

想盡一切辦法讓自己的文章以及企業產品更容易被搜索到。寫文章的時候嵌入一些與企業和產品相關的關鍵詞，要盡可能的覆蓋企業與產品，以利於搜索引擎收錄你的文章。文章與你的產品要貼切，適當的時候可以讓博客文章系列化；通過各種方式傳達一些信息，這些信息應該向來訪者傳遞產品性能特點、技術指標、企業概況、經營理念、服務承諾，等等；在博文涉及產品或企業時，最好能放置些一些產品圖片，留下聯繫方式。只有提高了整體的曝光率才能克服企業規模小帶來的弊端，體現出企業小而精幹、小而靈活、小但知名的特點。

三、中小企業預防博客行銷的誤區

(一) 防止博客行銷與網下行銷分離

博客行銷就是一種網絡行銷，是企業整體行銷的一部分，不能輕易分割。一

定要注意網上與網下兩種行銷方式結合，不能過分迷信網絡神話。紮實做好網下服務與配套的工作，讓客戶真正滿意，訂單和業績才能被抓牢。兩種行銷應該互補，相得益彰。中小企業運用博客行銷可以節省費用，但是網下行銷以及配套服務卻萬萬不能節省。節省是過程，是手段，而不是目的。

（二）避免博客行銷成為赤裸裸的廣告

無論多直白或多巧妙的網絡廣告，都會在同質化的商品或服務中被湮沒。要讓產品與網絡結合，利用網絡的特有屬性。博客一旦成了赤裸裸的廣告，就會失去可讀性，不但起不到宣傳的效果，反而會讓本來經營狀況就已經如履薄冰的中小企業單薄的企業形象受到嚴重衝擊。

（三）注意槍手的誤區

槍手有槍手的思維，他可能會形似，但未必神似。目前很多博客行銷主要是通過提升個人知名度來提升企業的知名度。[4]如果博客的撰寫靠槍手來完成，那博客傳遞的思維與博主的思維差距將越拉越大，最後個人知名度提升的結果卻是抱著一個定時炸彈，最終必將毀於一旦。所以即使要運用集體智慧，也需要博客主人最後把關，保持一致的宣傳口徑和風格。

（四）避免博客成天女散花，沒有主題，沒有核心

博客行銷其實就是文化行銷、網絡行銷、公關行銷和事件行銷的整合。特別是文化行銷，蒙牛從小企業做到大企業採用的文化行銷就值得博客行銷參考。蒙牛傳遞一種健康文化「快樂生活＝身體健康＋心理健康」「蒙牛牛奶，願每個中國人身心健康」，給同質化很強的牛奶產品賦予了靈魂，有效地進行了區分。跳出健康說健康，引導牛奶的健康使命，這就是蒙牛行銷的亮點。[5]

中小企業博客行銷也應該有貫穿始終的主題和核心。中小企業本來知名度和美譽度就低，千萬別遭人厭煩，所以博客內容要借勢，別三句話不離本行，讓博客的讀者自己去感悟和感受，而不是被強迫。博客內容必須圍繞一個中心、一個宗旨、一種文化。

（五）注意博客導致的危機事件

博客行銷的運作依靠博客這個載體，針對博客圈進行，儘管前面也提到了中小企業需要個性化博客來出彩，但是個性化也要注意把握尺度。一旦被博友封殺，唯一的結果可能就是失敗。

（六）博客行銷應正確處理個人觀點與企業立場的關係問題

企業的博客行銷思想有必要與企業網站內容策略相結合。目前很多中小企業也建設了自己的網站，但是由於技術等方面的原因，企業網站更新較慢，但是博客則要求經常更新，這就導致信息傳遞有個時間差，博客的內容由於互動可能會有很多新的觀點出現，這時候就需要注意個人觀點與企業的一貫立場，個人的行銷思維要與企業網站的宣傳內容保持一致。

綜上，中小企業為改變自身的競爭劣勢，完全可以創新行銷思維，跟上時代步伐，充分運用博客行銷，同時也要謹慎操作，避免進入不必要的誤區。

參考文獻：

[1] 王丹. 淺析企業博客行銷現狀及發展趨勢 [J]. 武漢商學院學報, 2007, 21（2）: 59-61.

[2] 李磊. 企業博客：行銷新工具 [J]. 市場研究, 2007（4）: 37-38.

[3] 姜海峰. 如何認識與開發客戶 [J]. 企業活力, 2007（5）: 34-36.

[4] 劉勝. 網絡行銷的六大誤區 [J]. 成功行銷, 2007（1）: 110-111.

[5] 柴京. 文化行銷賦予蒙牛價值創新 [J]. 中國民營科技與經濟, 2006（10）: 40-41.

中小企業應謹慎實施客戶關係管理

楊小川

摘要：儘管規模不大，實力不強，但是為提高企業綜合競爭力，不至於被競爭對手遠遠拉下，中小企業也應與時俱進，引入先進的客戶關係管理（CRM）體系。但是局限於自身可能出現的誤區，中小企業必須進行深入的原因分析，再合理選擇匹配的供應商，抓住關鍵環節，謹慎實施。

關鍵詞：中小企業；客戶關係管理；誤區；關鍵

中國中小企業占據了企業總數的大部分。在大型企業紛紛走出「產品中心」模式，踏入「服務中心」模式，引入 CRM 理念和體系的時候，中小企業也躍躍欲試。中小企業在此時刻實施客戶關係管理有其必要性，同時也會存在一些誤區，只有進行充分剖析，才能使整個 CRM 體系的實施更加合理，更加具有針對性。

一、中小企業實施客戶關係管理的必要性

客戶關係管理是以客戶為中心，並以改善企業與客戶之間關係為宗旨的一種管理模式。良好的客戶關係管理將分散於公司各部門的銷售人員、市場推廣人員、電話服務人員、售後維修人員等有機協調、組合成為以客戶為中心的營運團隊。

一般而言，大多數中小企業最為關心銷售收入、銷售機會的獲取與把握，在行銷理念已經由產品為中心進入以服務為中心的時代，如何更好地服務客戶、管理客戶，成為中小企業尤為迫切並且該謹慎對待的問題。客戶關係管理將成為未來幾年中小企業應用信息化市場上最為重要的領域之一。客戶關係管理是深度競爭的產物。無論企業的規模大小，都需要公司行銷人員找到並鎖定合適的客戶，以合適的價格，在合適的時間，通過合適的渠道，提供合適的產品或服務，從而有效地滿足客戶的需要和願望，實現銷售。CRM 對中小企業的重要性和必要性體現在以下幾個方面：

（一）留住現有客戶，使企業營運成本節約化

儘管每天都會有新增顧客和流失客戶的事情發生，但是積極進取性的行銷成本遠遠高於被動性防禦性的行銷成本，保持顧客的成本將遠遠低於吸引新顧客的行銷成本。很多企業總是追求擴大顧客群體，卻忽略了保持老顧客，不得不說是

一種遺憾。

(二) 吸引潛在的客戶，實現利益最大化

企業可以通過對潛在的客戶進行全面的觀察和管理，更好地瞭解客戶的需要，對客戶及其前景進行有效的預測，對當前和潛在的利益進行科學的分析，並使從客戶身上獲得的利益實現最大化。

(三) 提高客戶的忠誠度，保持購買的持續化

客戶忠誠度越高，關係保留越久，購買的頻率就越高，數量就越多，因此就增加了銷售機會和顧客有生之年的商業價值。

(四) 判斷客戶的創利能力，實行服務個性化

企業不能對任何客戶都投入一樣的精力，實行一樣的行銷策略，牢記「二八」原則，瞭解哪些客戶是真正的創利客戶、哪些客戶是可以轉換的黑馬客戶、哪些客戶永遠無利可圖，據此有針對性地制訂一系列的行銷管理方案，實行個性化服務。

二、中小企業實施客戶關係管理的誤區及原因

(一) 中小企業實施客戶關係管理的誤區

1. 客戶關係管理片面軟件化

這個誤區是把客戶關係管理片面地等同於一套軟件系統，認為實施它就是花錢買來一套軟件系統，像財務軟件、ERP 軟件等一樣購買回來即可使用。其實 CRM 不僅僅限於技術，而是一種以現代化的信息技術為基礎的管理思想和方法。它以客戶為中心，來構架企業的業務流程，完善對客戶需求的快速反應以及管理者的決策，實現組織收益最優化、增加股東價值，其實質是管理，是對客戶資源的管理，對客戶信息的管理，對客戶關係的管理，對行銷業務流程的管理。因此客戶關係管理軟件僅僅是一個輔助的工具，沒有好的人員的安排、培訓、管理，再好的軟件也僅僅是擺設，是一個負擔。

2. 軟件選擇盲目化

部分中小企業在購買 CRM 軟件和進行 CRM 流程再造的時候，盲目追求大而全，結果是使管理費用昂貴，企業難以承擔，進而得到不宜實施的結論。其實不同規模的企業應該根據各自的具體的商業模式，選擇正確、合適的策略和經過培訓的思維敏捷的員工，加上好的業務流程，配置恰當的，哪怕是簡單的軟件，也會取得不錯的成效。目前，中國的很多軟件開發商也看到了這一市場，都紛紛研製出了適合中小企業的軟件供其選擇。

3. 項目實施難度擴大化

很多中小企業，對新生事物有一種與生俱來的恐怖心理，認為自己的企業小，人才與技術力量薄弱，實施新項目的難度將比大型企業實施難度要大。其實這是一個典型的誤區，中小企業對自己的「小」的優勢沒有清楚的認識。這些優勢主要表現在：①客戶數據更完整。規模較小，對於一個小公司來說，獲得數據、更

新數據、處理數據等成為一個時間優勢。②改革阻力相對較小。CRM 項目實施會帶來組織內部一系列的變革，對於中小企業來說，儘管他們投入的資源不多，但是基於「船小好調頭」的優勢，還是可以較快地調整策略且在實施過程中的遭遇的阻力較小。③CRM 實施花費時間相對較少。由於涉及的級別和人數較少，觀念和技術的轉變難度較小，流程改革也能以簡單得多的方式進行。

4. 項目投資回報近視化

許多中小企業無法正確看待 CRM 的真正價值及其能為企業創造的利潤，渴望能解決企業現在的不景氣問題，使企業起死回生，這是一種觀念近視、一種習慣性依賴。CRM 是隨著市場競爭的不斷加劇，行銷組合從「4P」到「4C」再到「4R」的市場行銷理論的消費者需求個性化、關係重要化的衍生產物。其目的就是幫助企業充分地利用客戶資源，使企業從「產品」到「關係」轉變，更加地貼近市場需求，提高客戶的滿意度，從中謀求企業的最大利潤。因此客戶關係管理力圖解決的最主要的問題是企業如何去贏得客戶、贏得關係、贏得市場的問題，而非解決諸如企業戰略選擇、文化塑造、制度確立、資金運轉等所有問題。

(二) 中小企業實施客戶關係管理的誤區的原因

1. 缺乏長遠眼光

中小企業沒有考慮企業不實施 CRM 的機會成本，即如果自己不實施，而競爭對手實施，則會與對手產生雙倍差距，以至於增加隱性競爭趕超成本。

2. 實施 CRM 程序主次不分

中小企業在實施 CRM 時，習慣上是先購買軟件，再開始圍繞軟件設計流程，再對人員進行培訓使他們熟悉軟件的界面和使用方法，明顯沒有抓住關鍵，完全將實施 CRM 的順序顛倒。應該提前重視整體策略、人員培訓和流程改造。

3. 企業行銷觀念滯後

中小企業普遍存在行銷觀念不能適應 CRM 的現象。隨著電子商務、IT 技術的發展，市場行銷觀念更進一步向全方位、及時性、滿足顧客個性要求發展，強調著眼於企業和客戶的互動和雙贏，從而爭取各自的長期利益。然而中國雖然在改革開放以來發展迅速，但總體上，大多數的中小企業的行銷觀念還是處於轉變和過渡時期，還需要一定的時間。所以說要立即理解和全面認識 CRM，從而正確地實施，還需要企業在行銷實踐中不斷地摸索和總結經驗。

4. 員工素質有待提高

CRM 是一套全新的理念和方法，不同於傳統的企業文化和工作模式。員工素質、管理人員的管理將直接關係到實施的成敗。

5. 實施主體缺失

中國中小企業的集權傾向或者分權傾向比較極端化，在 CRM 實施中經常出現包括高層人員在內的其他人員錯誤地認為 CRM 是行銷人員或客戶服務部門的事。在實施中應該強調實施主體是全體員工，而非哪個部門或哪個人，在具體的實施階段要形成一種全員參與的自下而上的推動力。

三、中小企業謹慎實施客戶關係管理的關鍵

針對前述誤區和原因，中小企業謹慎實施 CRM 的關鍵在於以下幾點：

(一) 針對企業發展的不同階段和不同模式選擇合適的客戶關係管理戰略

中小企業經營靈活，能快速適應市場變化，這對企業捕捉市場機會、調整產品結構和業務範圍是一個有利的條件，但部分中小企業過於強調追隨市場變化，適應市場變化，造成企業沒有一個明確的目的，盲目跟著市場走，成為「牆頭草」，最終也很難取得競爭優勢。絕大多數的中小企業仍然在發展的初級和發展階段，模式依然承接了傳統「產品中心型」的經營觀念，但是在實施 CRM 項目的時候不必拘泥於規範的流程構造等，可以考慮變通地採用以下途徑：①設立服務中心，為顧客提供服務支持，根據需要提供適應的服務，再逐漸向個性化關係行銷戰略轉變；②建立完善的數據庫，有效尋找目標客戶，將企業重心從單個的產品銷售轉向顧客，通過數據分析來加深對客戶的理解，向個性化關係行銷戰略轉變；③建立公司戰略研究機構，逐步利用 CRM 建設的機會改造企業結構。不同企業要根據自身產業特點和企業的市場定位選擇合適的戰略，從最開始就給自己的企業制定一個遠景規劃，採用循序漸進的方法達到有效地實施 CRM 的目的。

(二) 轉變企業行銷觀念和戰略導向

很多中小企業在發展過程中可能盲目跟進，激進變革；可能抱殘守缺，冥頑不化；更多的是隨波逐流，「摸著石頭過河」。一些中小企業經營產品線狹小，種類有限，缺乏市場競爭力，發展空間有限，更應該進行行銷創新。要逐步建立以客戶為中心的行銷管理模式，確立企業戰略導向，合理定位，舍求結合。只要有科學的行銷理念和正確的戰略支撐，不僅 CRM 可以順利實施，其他諸如 ERP 之類的先進營運模式也能逐漸配合，共同增強企業的競爭力。

(三) 明確 CRM 的實施步驟

1. 改革「人」

在實施 CRM 之前，必須改變「人」的思想，使 CRM 的實施與企業文化建設有機結合，在企業內部建立所有人都遵循的以客戶為中心的「文化」，進行通透式的「洗腦」。

2. 改革「結構」

合理的組織結構是成功實施 CRM 的保障。應及時對企業的組織結構進行適當的調整，使企業的組織結構能動態跟蹤客戶的需求和市場變化，並能更快地做出反應，讓個人在新的崗位上發揮更大的創造力。

3. 簡化「流程」

繁雜的流程是中小企業快速實施 CRM 的大忌。畢竟中小企業的競爭優勢之一就是管理簡單，因此，應該對內部和外部「流程」設計簡化，去掉流程中沒有增值的多餘部分，同時制定企業標準化的服務規範和制度。

4. 選對軟件

中小企業應對自己的企業進行反覆考察，找準合理定位，充分考慮企業的現在和科學規劃企業未來發展前景，圍繞「文化」「組織」和「流程」選擇正確的「軟件」。

(四) 選擇恰當的供應商

目前可供選擇的軟件供應商比較多，價格和服務也不盡相同。中小企業在自己選擇實施 CRM 時應該對投資規模、實施週期、投資回報以及失敗的風險有一個概念性的認識，根據自己的實際情況，選擇是否需要相對完善的管理和業務諮詢以及完全定制的 CRM。中小企業可以根據自身特點盡量選擇那些小型而靈活的公司，他們提供「部分解決方案」的 CRM 功能，其產品通常具有專業性，要麼為核心 CRM 系統提供附加產品和應用支持服務，要麼為企業分步實施 CRM 時提供專項的解決方案，這對資金缺乏的中小企業是一個不錯的選擇。當然，資金充裕、發展速度比較快、對客戶的反應比較敏感的中小企業也可以選擇那些有企業信息化實施經驗和背景的供應商或專門為 CRM 獨立成立的供應商。

綜上，中小企業在建立客戶關係管理體系時，既要抓住時機，大膽改革，又要謹慎分析，避開彎道；既要充分發揮自身優勢，積極進取，又要迴避自身劣勢，合理選擇匹配軟件和供應商；只有在戰略制定合理、組織結構科學、人員素質普遍提高、相關部門協調配合的前提下，才能發揮客戶關係管理的最佳管理效果。

參考文獻：

[1] 皮爾. 如何抓牢你的客戶 [M]. 李欣，戴迪玲，譯. 北京：中華工商聯合出版社，2004.

[2] 孫宗虎，李聰巍. 客戶關係管理流程設計與工作標準 [M]. 北京：人民郵電出版社，2007.

[3] 胡理增. 面向供應鏈的客戶關係管理 [M]. 北京：中國物資出版社，2007.

[4] 韓金鋼. CRM 大客戶關係管理教程 [M]. 北京：北京大學出版社，2006.

[5] 稻香. 中小企業客戶關係管理 [M]. 青島：青島出版社，2007.

[6] 李志剛. 客戶關係管理理論與應用 [M]. 北京：機械工業出版社，2006.

[7] 易明，鄧衛華. 客戶關係管理 [M]. 武漢：華中師範大學出版社，2008.

[8] 呂廷杰，尹濤. 客戶關係管理與主題分析 [M]. 北京：人民郵電出版社，2002.

中國旅遊企業電子商務成長性測度體系研究

鄧　健　張同建

摘要：旅遊電子商務是中國電子商務發展中最具有成就性的領域，十餘年來持續性地居於中國電子商務行業的首位。電子商務發展與旅遊業發展具有天然的融合性。中國旅遊企業電子商務成長性體系模型包括基礎設施建設、商務行為實施、戰略功能擴張和IT環境改善四個要素，基本上反應了中國旅遊企業電子商務發展的總體狀況。因子分析可以為理論模式的可靠性提供檢驗，從而深刻地揭示中國旅遊企業電子商務發展的成長性路徑機理。

關鍵詞：旅遊企業；電子商務；個性化服務；因子分析

一、引言

隨著信息化工程的推進，旅遊業在信息技術應用方面顯示出得天獨厚的優勢，從20世紀50年代美國航空公司使用計算機實施票務預訂開始，經過半個世紀的發展，信息技術已觸及旅遊業的各個角落，包括旅遊飯店、旅遊目的地、旅行社和旅遊交通等。互聯網的交互性、即時性、信息豐富性等優勢促使傳統的旅遊業迅速融入網絡經濟的浪潮之中。

目前，全球電子商務交易總額中，旅遊電子商務已占到1/5的份額，成為全球電子商務的第一行業。[1]用完整的電子商務的概念來衡量旅遊業電子商務發展的現狀與階段，已成為新時代的要求。因此，如何利用網絡資源的巨大潛力將企業的核心業務流程、客戶關係管理等延伸到網絡上面，使產品和服務更貼近用戶，讓旅遊信息網成為企業資源計劃、客戶關係管理及供應鏈管理的中樞神經，實現網絡對旅遊業的整合，將原來市場分散的利潤點集中起來，獲得一種成功的旅遊網站運行的商業模式，構建具有中國特色的旅遊電子商務平臺，具有重要的現實意義。

旅遊學界對旅遊電子商務的內涵存在不同的闡釋。王欣認為，旅遊電子商務是指以網絡為主體、以旅遊信息庫和電子化商務銀行為基礎，利用最先進的電子手段運作旅遊業及其分銷系統的商務體系。杜鑫昆認為，旅遊電子商務就是旅遊業以網絡、數據庫等信息手段進行旅遊系統中各個部門的營運與管理。楊宏偉認

為，旅遊電子商務可分為兩個方面：一是互聯網上的在線銷售，即旅遊網站即時在線為每一位旅遊者提高專門的服務；二是以整個旅遊市場為基礎的電子商務，泛指一切與數字化處理有關的商務活動。

據世界旅遊組織調查，人均國內生產總值達到 1,000 美元之後，大眾旅遊時代就要到來。[2] 2003 年中國人均國內生產總值已超過 1,000 美元，2007 年中國電子商務交易量排在前十位的行業中，旅遊電子商務居領先地位。據世界旅遊組織預測，2020 年中國將成為世界第一大旅遊目的國和第四大旅遊客源輸出國，所以中國正面臨發展旅遊產業的大好時機，從而為旅遊電子商務的發展提供了廣闊的空間。

近年來，中國旅遊企業與互聯網的結合速度也明顯加快，不僅是各種旅行社、景區、酒店紛紛創建了自己的網站，各級政府也積極地牽頭創建旅遊目的地網站來宣傳本地旅遊資源，還有第三方平臺式的旅遊網站也大量出現。中國的旅遊業正以整體電子商務化的模式與知識經濟日益接軌。

二、旅遊企業電子商務測度體系的設計

確切地說，中國的旅遊電子商務發端於 1996 年。當年，一些有條件的旅遊企業推出了自己的專業旅遊電子商務網站，開展查詢旅遊信息、預訂票務、購買和支付旅遊產品等旅遊電子商務活動。[3] 20 世紀 90 年代末，為了推動中國旅遊電子商務的發展，國家旅遊局著手建設面向國內外旅遊市場的公共商務網——「金旅工程」。「金旅工程」作為國家級的公共旅遊商務平臺和信息服務平臺開展旅遊電子商務公共服務活動，作為旅遊電子商務的應用服務供應商為旅遊企業提供了實施電子商務的業務平臺和實施方案，從而形成了中國旅遊電子商務的基本框架。

旅遊電子商務的基本應用模式為：旅遊企業在互聯網上設置網絡站點，同時將自己的數據中心建立在數據服務器上，把企業與產品信息置放在網站頁面上，選擇流行的瀏覽器作為主界面與消費者進行網上交流的工具，從而實現網上產品訂購與網上銀行結算。[4] 因此，旅遊電子商務的模式基本上應該是網上網下相結合的發展模式。一方面，旅遊企業在網上較快地擴展其影響力，並與此同時組建網站周邊線下單位，通過併購、合作、加盟、自辦等手段發揮整體優勢，實現規模效應和收益遞增；另一方面，旅遊企業在保留傳統經營長處的基礎上，運用高科技推出具有品牌優勢和核心競爭力的高附加值產品。

電子商務網站是企業開展電子商務的基礎性平臺。中國旅遊企業的網站存在著不同的分類：第一種分類方式是將旅遊企業網站分為第三方旅遊公共服務平臺、旅遊中間商網站、旅遊供應商直銷網站、政府旅遊機構網站四類；第二種分類方式是將旅遊網站分為旅遊產品直接供應商網站、旅遊仲介服務商網站、地方性旅遊網站、旅遊信息網站、政府背景類網站、門戶網站六類。

中國旅遊電子商務發展目前存在若干不利問題：①旅遊電子商務總體發展水準偏低。中國旅遊電子商務起步較晚，傳統旅遊企業還未與網絡完全接軌，在旅遊網絡的安全保障和電子支付方面還存在許多問題，國家的相關政策法規也未形

成完備的體系。②網站信息更新緩慢，服務項目單一。國內很多旅遊網站仍然停留在傳統的旅遊業經營模式上，服務項目單一。網站主動服務意識遠遠未能發揮出來，未能實現旅遊服務項目與旅遊消費者的自動化對接。③信息化、智能化程度不高。網站推出的服務不能結合用戶的個性化需求，用戶滿意度不高，針對性不強。[5]

根據以上分析，本研究確立了中國旅遊企業電子商務成長性測度體系，如表1所示：

表1　　　　　　　　中國旅遊企業電子商務成長性測度體系

要素名稱	指標名稱	指標意義
基礎設施建設 ξ_1	商務網站維護 X_1	旅遊企業能夠對電子商務網站實施持續性的維護
	專業人員配備 X_2	旅遊企業能夠為電子商務的實施配備合適的專業人員
	傳統業務繼承性 X_3	旅遊電子商務模式對傳統經營模式具有較高的繼承性
	內部資源整合 X_4	旅遊企業能夠充分利用企業內部的所有資源實施電子商務活動
商務行為實施 ξ_2	宣傳功能 X_5	電子商務行為增強了旅遊企業產品與服務的宣傳功能
	促銷功能 X_6	電子商務行為增強了旅遊企業的產品促銷功能
	客戶源開發 X_7	電子商務行為增強了旅遊企業的客戶開發功能
	CRM 實施 X_8	電子商務行為有效地促進了企業內部的 CRM 建設
戰略功能擴張 ξ_3	盈利模式創新 X_9	旅遊企業能夠不斷地實現電子商務盈利模式的創新
	個性化服務 X_{10}	電子商務行為促進了旅遊企業個性化服務的開展
	多樣化服務 X_{11}	電子商務行為促進了旅遊企業多樣化服務的開展
	信任機制約束 X_{12}	旅遊企業能夠不斷地加強網上營運的信任約束機制
IT環境改善 ξ_4	外部資源整合 X_{13}	旅遊企業能夠充分利用企業外部的資源來支持電子商務活動
	同業信息共享 X_{14}	旅遊企業在商務活動中能夠與同業網站進行信息共享
	商務策略借鑑 X_{15}	旅遊企業能夠不斷地借鑑同業中的電子商務成功經驗
	技術與業務融合 X_{16}	旅遊企業不斷地加強信息技術與旅遊服務業務的融合

三、模型檢驗

（一）預測試與先導測試

我們根據以上分析所建立的中國旅遊企業電子商務成長性測度體系進行問卷設計，然後在樂山師範學院旅遊學院選取3名具有豐富旅遊理論與實踐經驗的旅遊專業任課教師進行問卷的預測試。問卷的設計以表1得到的指標體系為依據，進行適當的動態化、大眾化、清晰化語義調整。預測試的目的主要是讓不同領域的被調查者從各自的專業領域角度對測試內容、題項選擇、問卷格式、題意的清晰性、

專業術語內涵等方面進行評價，以便繼續進行修改。3位回答者分別獨立完成了問卷，並提出了修改意見。在對反饋意見進行綜合分析的基礎上，我們對問卷進行了調整和修改。

在預測試之後，我們繼續對修改後的問卷進行先導測試，先導測試的對象是江蘇省旅遊系統的21名旅遊企業高級管理人員。被測人員都認真地填寫了問卷，並在問卷後附上了相應的改進意見。我們再次對問卷的題項進行了調整，使題項所描述的行為更適於觀察。同時，我們對這21份問卷進行了初步信度分析，利用Cronbach's α值來檢測問卷的信度，結果發現各變量的Cronbach's α值分佈在0.732,3~0.782,8。根據侯杰泰的建議，Cronbach's α值只要大於0.7，其信度即可接受。因此，可以判定本研究採用的問卷具有足夠的信度。

經過預測試和先導測試，本文仍然保留了16個題項，以測試中國旅遊企業電子商務成長性測度體系的四個要素，只是對題項的表述方式進行了修正和調整。

(二) 數據搜集

本研究採用7點量表對16個觀察指標進行行業數據搜集。通過雲南大學旅遊與管理學院、樂山師範學院旅遊學院、北京工商大學旅遊學院、淮海工學院旅遊管理系的2004級旅遊各專業學生畢業實習的機會，我們委託實習學生向所在的旅遊實習單位轉發問卷350份。樣本分佈於京、津、滬、豫、渝、蘇、浙、皖、川、滇、藏、內蒙古、陝、桂、湘15個省、市、自治區，基本上能夠在地域上代表中國旅遊企業的總體特徵。同時，樣本包括星級酒店、旅行社、會展公司、旅遊景區、專職旅遊運輸公司等企業，基本上能夠在行業上代表中國旅遊企業的總體特徵。數據調查與篩選時間自2008年3月23日起，至2008年5月1日止，歷時40天，共獲取有效問卷322份，樣本回收率為91%，滿足數據調查中樣本回收率不低於20%的要求。

(三) 單構面尺度檢驗

單構面尺度檢驗的目的就是檢測所使用量表的測量題項是否具有高質量的單構面特徵，即每一個測量題項必須顯著地與相對應的要素（潛變量）相關聯，且該題項只能與唯一的要素相關聯。單構面尺度檢驗的常用方法是探索性因子分析，其基本思想是：將相關性較高即聯繫比較緊密的變量分在同一類中，而不同類的變量之間的相關性則較低，那麼每一類的變量實際上就代表一個本質因子，或者一個基本結構。因子分析就是尋找這種類型的結構。[6]

在進行探索性因子分析之前，我們分別對四個要素進行了KMO測度和Bartlett球形檢驗。KMO值越大表示變量間的共同因素越多，越適合進行因子分析。侯杰泰指出，當KMO值小於0.5時，不適合進行因子分析。同時，Bartlett球形檢驗值的顯著性也是判斷樣本是否適合進行因子分析的條件。本研究結果顯示KMO值在0.718~0.820，且相關係數矩陣中存在大量顯著相關關係（由於篇幅原因，相關係數矩陣表略去），因此該樣本符合進行因子分析的條件。

探索性因子分析將獲得每個測量題項與因子之間（指標與要素之間）的因子

負荷量，因子負荷量越高，表明測量題項與因子之間的關聯性越強。本研究中因子提取方法為主成分法，旋轉方法為方差最大法，因子負荷截取點位 0.5，即對於任一因子上負荷都低於 0.5 或在多個因子上負荷都大於 0.5 的題項進行刪除。

本研究在總樣本中隨機選取 160 份樣本數據進行探索性因子分析，經過 6 次旋轉迭代，因子分析結果如表 2 所示：

表 2　　　　　　　　　探索性因子分析表

二級指標	因子 1	因子 2	因子 3	因子 4
商務網站維護 X_1	0.555	0.119	0.185	0.431
專業人員配備 X_2	0.598	7.60E-2	0.243	0.275
傳統業務繼承性 X_3	0.701	0.187	0.178	0.354
內部資源整合 X_4	0.634	0.217	5.23E-3	5.08E-2
宣傳功能 X_5	2.192E-2	0.703	0.329	0.316
促銷功能 X_6	0.222	0.596	0.169	0.187
客戶源開發 X_7	0.412	0.610	0.378	0.196
CRM 實施 X_8	2.955E-3	0.776	0.192	2.12E-2
盈利模式創新 X_9	0.480	0.115	0.734	0.421
個性化服務 X_{10}	0.289	0.204	0.689	0.153
多樣化服務 X_{11}	0.312	0.198	0.731	0.289
信任機制約束 X_{12}	0.423	2.121E-3	0.568	0.327
外部資源整合 X_{13}	3.454E-2	0.436	7.19E-2	0.604
同業信息共享 X_{14}	0.313	0.278	0.405	0.727
商務策略借鑑 X_{15}	0.290	6.587E-3	0.378	0.509
技術業務融合 X_{16}	0.109	0.356	0.367	0.783
Cronbach's α	0.771,7	0.765,5	0.737,6	0.710,0
累計方差（%）	20.376	40.008	68.568	76.552

研究結果表明：樣本結構的有效性較強，每個指標在相應因子上的負荷量均大於 0.5 的臨界值。

（四）信度檢驗

信度分析是為了驗證各個觀察指標的可靠性。可靠性是指不同測量者使用同一測量工具的一致性水準，用以反應相同條件下重複測量結果的近似程度。可靠性一般可通過檢驗測量工具的內部一致性來實現。信度檢驗的常用方法是 L. J. Cronbach 所創的 α 系數來衡量，α 系數值介於 0~1。一般認為，α 系數值大於 0.5

就是可以接受的，然而對有些探索性研究來說 α 值在 0.5~0.6 就可以接受。如果某一構面或因子的信度值非常低，則說明受訪者對這些問題的看法相當不一致。隸屬於各個因子的題項的分項對總項相關係數均應大於 0.4。由表 2 可知，因子的 Cronbach's α 最低值為 0.710,0，樣本信度較高。

（五）效度檢驗

效度檢驗的目的是衡量一個量表所測量的事物特徵是不是真正要測量的。效度檢驗的常用方法是驗證性因子分析。

驗證性因子分析是結構方程模型的一種特殊形式。結構方程模型是基於變量的協方差矩陣來分析變量之間關係的一種統計方法，是一個包含面很廣的數學模型，用以分析一些涉及潛變量的複雜關係。當結構方程模型用於驗證某一因子模型是否與數據吻合時，稱為驗證性因子分析。驗證性因子分析要注意兩點情況：樣本量與指標數之比應大於 5：1；用於驗證性因子分析的樣本集合與用於探索性因子分析的樣本集合的差異性越大，則因子分析的最終效果越好。因此，本研究在樣本集合的選取上嚴格遵從這兩項約束。

驗證性因子分析中，顯著性較低的因子負荷說明測度指標與潛變量之間缺乏相關性，即指標的變化對於潛變量的變化缺乏靈敏性。在弱系理論約束條件下，這說明該指標的特性超出潛變量內涵的理論約束之外，即將該測度指標納入相應的潛變量體系之中將會存在較大的非合理性與非理論支持性。在強系理論約束條件下，這說明指標狀態缺乏變異性，指標觀察值局限於狹隘區間，不能有效地反應潛變量的特性。對於管理學研究經驗而言，對因子負荷的實踐意義的判斷要密切聯繫現實的行業運作特徵，將行業數據搜集時的感性認識列為因子特性判斷的重要參考依據。因為管理學不僅是一門科學，同時也是一門藝術，是藝術和科學高度融合的學科。在強系統理論約束下的管理行為中，因子負荷缺乏顯著性往往反應兩種極端的狀態，即相應的管理行為在限定的行為空間內處於高度成熟狀態或高度匱乏狀態，而居於中間狹隘區域的概率相對較低，在常規管理活動中可以忽略。當然，最後的狀態判斷與選擇必須借助於研究主體的行業實踐經驗，並以現實的行業運作特性為依據。

本文採用了 SPSS 11.5 和 LISREL 8.7 進行驗證性因子分析（固定方差法），得到因子負荷參數列表，如表 3 所示（陰影部分為因子負荷缺乏顯著性的指標）：

表 3　　　　　　　　　　　　　因子負荷參數列表

因子名稱	X_1	X_2	X_3	X_4	X_5	X_6	X_7	X_8	X_9	X_{10}	X_{11}	X_{12}	X_{13}	X_{14}	X_{15}	X_{16}
因子負荷	0.29	0.24	0.73	0.21	0.27	0.24	0.37	0.22	0.33	0.26	0.79	0.17	0.24	0.23	0.23	0.21
SE	0.11	0.08	0.07	0.08	0.08	0.09	0.12	0.07	0.08	0.09	0.13	0.10	0.11	0.09	0.11	0.08
t	2.4	3.0	10.3	2.6	3.4	2.4	3.1	3.1	4.1	2.9	4.6	1.7	2.3	2.5	2.1	2.7

同時得到因子協方差矩陣如表 4 所示：

表 4　　　　　　　　　　因子協方差矩陣

	ξ_1	ξ_2	ξ_3	ξ_4
ξ_1	1.0			
ξ_2	0.70	1.0		
ξ_3	0.68	0.22	1.0	
ξ_4	0.21	0.19	0.28	1.0

得到模型擬合指數列表如表 5 所示：

表 5　　　　　　　　　　擬合指數列表

擬合指標	df	$CHI-Square$	$RMSEA$	$NNFI$	CFI
指標現值	159	232	0.039	0.977	0.902
最優值趨向	—	越小越好	<0.08	>0.9	>0.9

四、結論

（1）由擬合指數列表可知，模型的擬合效果較好。[7]因此，本研究設計的中國旅遊企業電子商務成長性理論模型具有較高的信度和效度，可以為中國旅遊企業進一步提高電子商務的運作效率提供現實性的理論指導。

（2）由因子協方差矩陣可知，基礎設施建設要素與商務行為實施要素之間具有較強的相關性，表明中國旅遊企業電子商務基礎設施建設的水準在很大程度上影響著電子商務行為的實施效果。同時，基礎設施建設要素與戰略功能擴張要素之間也存在較高的相關性，表明中國旅遊企業電子商務建設的戰略功能擴張在很大程度上依賴於電子商務基礎設施的建設水準。總之，中國旅遊企業電子商務活動過程中的基礎設施建設對於整體電子商務戰略實施而言具有重要意義。

（3）由因子負荷參數列表可知，指標 X_3、X_{11} 的因子負荷較高，與所屬因子的相關性較強。因此，旅遊企業電子商務基礎設施建設過程中，能否有效地吸收和兼容傳統旅遊產品或旅遊服務的內容具有重要的現實性。同時，多樣化服務是中國旅遊企業電子商務戰略功能擴張的一個重要領域，在很大程度上決定了旅遊企業電子商務功能擴展的成果。

（4）由因子負荷參數列表可知，指標 X_{12} 的因子負荷缺乏顯著性，表明中國旅遊企業的電子商務功能擴展過程中沒有足夠地重視網絡信任約束機制的建設，這也是中國電子商務建設過程中普遍存在的一個突出性問題。

參考文獻：

［1］徐春輝，楊露明，楊賀. 電子商務環境下的旅遊產業競爭力研究［J］. 江蘇商論，2007（4）：51-55.

［2］陳嵐. 電子商務環境下旅遊服務增值化探析［J］. 商場現代化，2008（4）：69-70.

［3］魏敏. 電子商務在中國旅遊業現狀及發展態勢構想［J］. 恩施職業技術學院學報（綜合版），2006（2）：44-47.

［4］張同建. 國有商業銀行信息技術風險控制績效測評模型研究——基於 Cobit 理論和 Ursit 框架視角的實證檢驗［J］. 武漢科技大學學報，2008（1）：39-45.

［5］張成虎，胡秋靈，楊蓬勃. 金融機構信息技術外包的風險控制策略［J］. 當代經濟科學，2003（2）：87-91.

［6］侯杰泰，成子娟，鐘財文. 結構方程式之擬合優度概念及常用指數之比較［J］. 教育研究學報（香港），1996（11）：73-81.

［7］侯杰泰，溫忠麟，成子娟. 結構方程模型及其應用［M］. 北京：教育科學出版社，2004.

中小企業外貿電子商務的應用研究

胡亞會　徐　麗

摘要：傳統的外貿交易主要是由少數大企業發揮主導作用，中小企業沒有能力和條件做全球貿易，只能成為國際供應鏈中的小環節，為跨國大企業服務。如今，隨著外貿電子商務的興起和不斷完善，中小企業發展外貿的門檻進一步降低，越來越多的中小企業通過外貿電商平臺，逐步參與到國際貿易中來，成為國際經濟中的新的驅動力量。本文圍繞中小企業外貿電商的應用，對中小企業應用外貿電商的背景條件進行分析，並對中小企業應用外貿電子商務帶來的效益加以闡述，最後指出了中小企業應用外貿電商的遇到的問題並提出了相應的對策，為中小企業發展外貿電商提供一定的參考。

關鍵詞：外貿電商；中小企業

一、中小企業應用外貿電商的背景條件分析

全球金融危機過後，中國外貿增速明顯放緩。出口導向型的企業，尤其是中小企業，面臨很大的壓力。由於自身產能過剩，加之直接面對消費者的能力較弱，所以為了尋求進一步的發展，這些企業開始謀求新的發展方式——通過新興的網絡銷售渠道開展外貿活動。此外，受到金融危機影響的境外的主流消費者，面對物價的上漲，也開始嘗試通過網絡獲取性價比高的商品來節省開銷。因此，在這兩者的雙重作用下，中國的第一波外貿電商企業就誕生了。

傳統的外貿交易鏈較長，環節複雜，專業化程度高，且商機大多數依賴線下的商務關係獲取，開展外貿門檻較高，成為大型跨國公司的專屬。未曾涉足過外貿交易的中小企業，往往由於缺乏外貿經驗，要弄清楚複雜繁瑣的出口流程需要耗費大量的時間。同時中小企業自身規模較小，難以應對複雜多樣的各國環境和較長的貿易鏈，所以這時中小企業對外貿就望而卻步。

然而在金融危機過後的經濟復甦期，國際市場增長乏力。外貿訂單呈現出小

基金項目：文章為中國對外貿易經濟合作企業協會課題「中小企業外貿電子商務應用研究」（編號：S-B-13014）成果。本文載於《產業與科技論壇》2017年第2期。

批量、多頻次的特點,「集裝箱」式的大額交易逐漸被取代,這時候中小企業成了滿足這些小單的主要力量。並且隨著互聯網技術的發展,越來越多的第三方外貿平臺興起,跨境物流和第三方電子支付手段不斷完善,網購被世界上越來越多的人所接受,這些都為中小企業在線上開展外貿活動提供了可能。

另外,自 2012 年以來,政府相繼出拾了多項關於外貿電商的利好政策,涵蓋電商發展大環境、物流通關、稅收優惠、配套服務等多方面的內容。政策體系不斷完善,外貿電商發展中面臨的支付、物流、報關、報檢等問題也在逐漸減少,外貿電商整體大環境在逐漸變好,為中小企業發展外貿電商提供了肥沃的土壤。

二、應用外貿電子商務為中小企業帶來的效益

(一) 幫助企業獲取到更多的商機

傳統貿易中外貿信息不對稱,商機只能依賴於線下的商務關係和展會來獲取。中小企業外貿訂單的獲取對品牌商、代理商和採購商依賴程度較大,而且中間環節較多,成本高,時間長。外貿電子商務則更加靈活、自由。它打破時間和地域限制,使中小企業可以通過外貿電子商務平臺在世界範圍內快速、低成本地發布自己的產品和服務信息。平臺利用技術手段可以實現買賣雙方的高效精準匹配,幫助企業最大限度地接觸到潛在的訂單和買家,大大降低了企業獲取商機的成本。

(二) 幫助企業打消「信任屏障」

中小企業自身實力較弱,再加上詐欺和質量糾紛問題日益突出,很難獲取到境外商家的信任。外貿電商平臺利用大數據技術,通過企業在平臺上累積的交易和信用數據對企業的信用狀況進行即時的評估,並逐步建立起全球網絡交易信用體系。平臺的信用保障體系,有效地保障了買賣雙方的權益的同時,間接地減輕了交易雙方的不信任感,為中小企業的在線外貿交易掃除了一定的信任障礙,極大地方便了企業開拓境外市場,同時對中小企業的信用起到了一定的監督作用,促進了中小企業外貿活動中信用的良性發展。

(三) 使企業參與外貿更加便利化

外貿綜合服務通過提供「通關+結匯+退稅」基礎服務,以及物流、金融增值服務,使企業享受專業的出口一站式服務,讓對外貿易變得更加簡單和透明,為中小企業發展外貿提供了極大的便利。

外貿電子商務平臺提供的專業化服務減少企業在外貿流程方面的時間耗費,讓企業有更多的精力專注於企業的核心部分,降低了企業應對外貿流程的成本。同時平臺提供的專業服務也可以使企業減少對貿易、金融、外語等專業人才的人力成本投入,使企業應用外貿電子商務的成本進一步降低。外貿綜合服務的其他創新服務也從不同的側面和角度助力中小企業外貿電商的發展。

(四) 助力企業的品牌打造和轉型升級

中小企業通過第三方外貿電子商務提供的平臺,可以使消費者直接接觸到企業的產品,增加了消費者對產品的瞭解,便於培養顧客的忠誠度,樹立消費者的

品牌意識，更有利於中小企業打造境外自主品牌，擺脫代工和價值鏈低端的困境；同時企業可以通過第三方外貿電子商務平臺與消費者進行直接的互動並獲取到用戶對產品和服務的最直接和真實的反饋，有利於企業及時捕捉到市場的新變化並根據境外消費者的需求情況對自身的產品和服務進行相應的調整和優化，激勵企業的創新和研發，這對企業的轉型升級有重要意義。

三、應用外貿電子商務面臨的問題及對策

（一）企業自身的問題及對策

1. 缺乏創新和品牌打造及對策

外貿電子商務平臺為企業提供專業的一站式出口服務的同時，使得中小企業發展外貿的門檻降低，企業蜂擁而入。據不完全統計，目前電子商務企業已超過5,000家，境內通過各類平臺開展跨境電子商務業務的外貿企業已超過20萬家。但是絕大多數企業產品的差異化程度不高，導致產品同質化現象嚴重，而且大多都是配件類、邊緣化、非主流的產品，以低價來吸引客戶。

與此同時，歐美各國處於經濟復甦期，消費者購買商品時，已經不像金融危機剛剛來臨時對價格那麼敏感了，更注重產品的品質和品牌。

所以中小企業應該積極把握消費者需求和購買驅動力的變化，加大對產品升級改造和新產品開發的投入，充分利用現有的社交媒體和網站以及直播平臺，著力於已有商品的品牌、渠道的建設，突出自己的特色，把握核心的技術和功能，走小而美的發展路線，從而在競爭中贏得一定的優勢。

2. 營運能力欠缺及對策

中小企業由於資金、技術、人才的缺乏，搭建自主平臺難度較大，所以大多數都選擇在第三方平臺上開展外貿電子商務。但一些中小企業在具體的營運過程中未能及時轉變觀念，依舊沿用傳統的貿易模式，只將外貿電子商務作為展示商品信息的窗口，缺乏行銷、引流等方面的意識。

單單就商品信息的展示方面，也存在一些問題。首先要將所銷售的產品、技術細節等具體信息，用英文簡潔、直觀、準確地表達出來，對一些企業來說也是非常現實的挑戰。不僅要對宗教信仰、風土人情、文化風俗有一定瞭解，而且要順應當地的語言習慣，以免出現外國消費者因購買前未能很好地理解關於商品的說明，影響產品的正常使用，從而產生本不必要的外貿糾紛。

所以關於中小企業外貿電商的營運方面，除了企業決策層有一定的認識之外，還需要一個強有力的外貿電商營運團隊作為後備力量。充分重視營運的作用，以數據為驅動，細分渠道、市場和用戶，深入瞭解用戶的特性及需求，把握住用戶的核心需求並進行定制化的內容展現，以期用最小的投入獲得較高的轉化率。

（二）外部環境的問題及對策

1. 通關問題及對策

外貿電子商務的訂單較小而且分散，通關效率較低，通關過程的繁瑣使得商

品在通關時耗時長，因此精簡外貿通關流程勢在必行。

所以應進一步加強信息系統建設，利用信息化的手段對涉及的海關、國檢、國稅、外管等各個部門及相關企業之間的流程進行優化，企業跨境電子商務的訂單、支付、物流、質量安全等信息集整合成綜合通關數據進行匯總申報，實現中小企業出口貨物申報、海關申報監督等程序一體化、流程化，以期達到企業所有申報只通過一個平臺、一次性填寫和上交全部申報信息和材料，有關部門的處理狀態通過單一的平臺反饋給申報企業。

此外，加強海關、國檢、海事、商檢等部門之間的協作，推動國家間、地區間檢驗標準的互認，減少不必要的時間投入，使中小企業外貿的通關流程更加順暢和高效。

2. 物流問題及對策

中小企業沒有足夠資金搭建自己的物流體系，只能借助第三方物流進行商品配送。跨境物流成本較高，占總成本的20%~30%，而且時效較長，嚴重影響了消費者跨境購物的體驗，成為制約外貿電商發展的一大難題。

國際物流快遞公司如聯合包裹（UPS）、敦豪快遞（DHL）、天地快運（TNT）等物流配送效率高、服務質量高，但是價格相對較高；國內主流物流公司的國際業務的發展仍處於起步階段，難以擔任較大的角色，所以目前大部分物流配送服務還是由國際物流快遞公司承擔。

所以應積極扶持國內物流公司國際業務的發展，使其逐步成為具有國際競爭力的高水準物流企業。另外，要加快跨境電商物流基礎設施建設，如加大對海外倉的建設和投入；積極推動「一帶一路」沿線國家城市物流的對接，優化區域內物流資源配置；加大物流新技術的研發和推廣應用；加強物流人才的交流合作及培養等。從各方面努力，並不斷探索跨境物流模式，提升物流效率，為中小企業提供快捷、安全、實惠的物流解決方案。

3. 支付問題及對策

支付是外貿電子商務中不可或缺的一個環節。目前，中國主流的支付平臺支付寶和財付通等，雖然在國內占據著較大的市場份額，但在國外尚未被廣泛地接受。所以，中小企業參與外貿時大多使用歐美企業的支付體系來應對支付難題，如PayPal，WorldFirst等。但是在支付過程中，這些平臺的支付成本非常高，對於淨利潤在5%~10%的企業來講，光支付成本就可能占到3%，高昂的支付成本的確成為這些企業發展外貿電商的一大痛點。而且因為國內和境外的金融支付體系的差別較大，大量時間耗費在兩個支付體系間的資金流動中，導致企業資金週轉較慢。此外，由於中外金融監管的差異，資金的回收還存在不安全因素。

所以應積極推動中國支付平臺的國際化，打造一批具有國際影響力的支付服務企業，增強中國在國際支付領域的話語權，從而保障中國從事外貿活動的企業的合法權益。應加強國內銀行業與國際第三方支付機構的合作，進一步完善跨境電子商務支付、清算、結算服務體系，同時加強對銀行機構和第三方跨境支付業

務的規範和監督，推動國內跨境支付業務的良性發展。

參考文獻：

[1] 張孟才，劉陽. 中小企業發展跨境電子商務的研究 [J]. 中國商貿，2014（20）：22-24.

[2] 張瑋瑋. 淺談中小企業發展跨境電商的機遇與挑戰 [J]. 中小企業管理與科技（上旬刊），2014（12）：17-18.

[3] 席波. 中小企業開展跨境電商業務的機遇與對策探討 [J]. 電子商務，2015（3）：27-28.

品牌行銷專題

從旅遊視角看郭沫若文化資源品牌設計與塑造

楊小川

摘要： 文章在深入分析郭沫若文化資源品牌發展現狀的基礎上，指出應當充分發掘沫若文化內涵，從核心產品、形式產品、延伸產品三個方面精心設計品牌，從旅遊行銷定位、CIS 體系建設等各個方面全方位塑造名人文化資源品牌，使名人文化資源的品牌發展能更好地服務於地方旅遊經濟發展。

關鍵詞： 旅遊；郭沫若；文化資源；品牌

郭沫若文化資源品牌是郭沫若文化物化系列產品共性與個性的統一，是一種無形資產，具有確定性和排他性。精準的沫若文化資源品牌設計與塑造能直接影響其在包括旅遊等方面的利用和發展。

一、郭沫若文化資源品牌發展現狀

郭沫若是中國傑出的作家、詩人、戲劇家、歷史學家、古文字學家、書法家，又是革命的思想家、政治家和社會活動家。郭沫若一生，學貫中西，著述頗豐，是中國不可多得的百科全書式的科學文化巨匠、世界文化名人，是與魯迅齊名的現代文豪，具有唯一性和不可替代性。

目前眾多本地學者從不同角度對郭沫若文化資源發展均有不同的獨到論述。譚繼和教授提出的樂山旅遊發展的「詩遊」就是充分闡釋沫若文化的一種意境。他建議應將這種意境借助「名山」峨眉山、「名佛」樂山大佛知名度，「借勢」建設沙灣「名人故里」。李鴻儒也曾提出將郭沫若文化融入生態旅遊，使自然和人文景觀相映生輝，利用郭沫若的名詩、名劇、名著等搞碑刻、雕塑，使遊人在寄情山水之中受到名人文化的薰陶和感染。儘管如此，郭沫若文化資源品牌化發展，特別是應用於當地旅遊經濟的品牌發展情況卻不容樂觀。

造成郭沫若文化品牌化發展滯後的原因較多，樂山師範學院陳曉春教授認為，原因之一是時代風氣使然。在當今大眾文化時代「知道趙薇的多，知道趙丹的少」

基金項目： 本文系四川郭沫若研究中心立項資助課題「郭沫若文化資源品牌化與促進樂山旅遊發展研究」（編號：GY2009L16）研究成果之一。

「知道劉德華的多，知道劉天華的少」，普通大眾對郭沫若文化一知半解，人雲亦雲，以訛傳訛，郭沫若文化被遮蔽，不難理解。原因之二是歷史的誤解與偏見。過去所謂「御用文人」「風派人物」等言論使人們對郭沫若的反應相當冷淡。原因之三是庸俗文化當道，高雅文化讓路的社會現狀使然。郭沫若文化本質上作為觀念性、精神性的名人文化，屬於陽春白雪的高雅文化範疇，普及難度頗大。作為郭沫若文化主要載體的幾十卷《郭沫若全集》及其書信集、譯著等的各種典籍，一般比較抽象、艱深，閱讀對象需要一定的層次。

二、充分挖掘沫若文化內涵，奠定沫若文化資源品牌化基礎

所謂郭沫若文化，是指郭沫若自己提出並身體力行的人格理想、人生價值以及貫穿郭沫若一生中最突出的思想、行為特徵。目前為止對郭沫若文化內涵提煉最恰當的代表是稅海模教授的三個向度：球型發展、與時俱進和人民本位。陳曉春教授增加表述郭沫若文化的核心為詩化想像的浪漫氣質。

郭沫若自青少年起就崇拜孔子與歌德，並以之為楷模，把自己塑造成像他們一樣全面發展的「球型天才」。這在以後的歲月中逐步得到證實：他是開一代詩風的先鋒詩人、中國馬克思主義歷史學派的拓荒者、著名的古文字學家和考古學家、著名的書法家、社會活動家、和平戰士、民間外交家、教育家和翻譯家等。

郭沫若複雜的經歷也印證著其「與時俱進」，領導時代新潮流的特質。任何時候，郭沫若幾乎總是走在時代的前面：「五四」時期，是領導新詩潮的先鋒詩人；「大革命」中，是出入北伐軍總司令部的戎馬書生；1928年新文學轉向，又成為倡導革命文學的先驅者；20世紀30年代，以《中國古代社會研究》開中國馬克思主義歷史學派的先河；抗戰爆發後出任軍政部第三廳廳長，主持全國的文化抗戰；中華人民共和國成立後，作為中國文聯主席、中科院院長。如此這些都印證了其與時俱進的行為準則。

人們總是對郭沫若「御用文人」等持有偏見，卻總是忽視郭沫若文化的「人民本位」實質。1925年郭沫若剛接受馬克思主義，即決然表示要「犧牲自己的個性，犧牲自己的自由，以為大眾請命，以爭回大眾人的個性與自由！」這就意味著，郭沫若從此告別「五四」時期的個人本位價值觀，而轉變為人民本位的價值觀。其後他參加北伐戰爭、抗日戰爭，目的都在救亡，拯救國家、人民於水火之中。即便是20世紀40年代參加國統區民主運動，他也明確提出「以人民為本位」的概念，以文學創作批判醜惡現實，踐行他「為大眾請命」的承諾。

三、精心設計品牌，最大限度利用沫若文化資源

（一）確立體現沫若文化深度和廣度的核心產品

最能體現郭沫若文化的核心產品包括以下幾個「問題」：

（1）如何解決「人與自我」關係問題。這對應於沫若文化的第一個向度「球型發展」。強調全面發展個性和尊崇自由，以不妨礙他人的個性發展與自由為限

度，這值得教育界推而廣之，值得每一個學生、家長及教育主管部門借鑑。

（2）如何解決「人與時代」關係問題。這對應於沫若文化的第二個向度「與時俱進」。古人說，「識時務者為俊杰，不識時務者為聖賢」，對我們解放思想，用自己的眼睛觀察現實，用自己的頭腦思考新問題，大有啓迪意義。

（3）如何解決「人與社會」關係問題。這對應於沫若文化的第三個向度「人民本位」。這一點特別值得我們認真思考、繼承。可以說，我們社會上出現的不少問題，諸如環境污染問題、社會分配不公問題、幹部腐敗問題，等等，無不與「人民本位」向度的缺位有關。

（二）完善體現沫若文化資源豐度及強度的形式產品

從旅遊角度看，形式產品是實現核心產品的具體形式，是針對整個旅遊目標市場需求制定的旅遊產品品牌架構體系。只有將作為觀念性文化的沫若文化轉化為具有審美性的物化形態，才能和普通大眾親近，才能使普通大眾樂於接受。譬如作為文化景點，供當地人瞻仰、休閒，吸引外地遊客前來觀光旅遊；製造文化製品讓人睹物思人，記住郭沫若文化的精神、理念及其歷史貢獻等。

首先，要創建旅遊產品的品牌。所有利用郭沫若文化資源開發的產品都應該打上鮮明的郭氏品牌烙印。有必要在著手做好故居的原貌恢復工作的同時，打造郭鳴興達號商鋪、郭家糧倉、郭家烤酒房等。也可根據郭沫若作品中的記敘，依託本地資源開發命名一批特色食品。

其次，還應該將整個郭沫若出生的地方——沙灣，進行包裝。包括沙灣區賓館飯店的命名、外牆裝修、內部公共設施裝飾及菜品創新命名等均與郭沫若相關。將所有涉及文化資源開發利用的窗口給予鮮明的特徵。如樂山的幾個廣場、樂山到沙灣的道路兩側、沙灣火車站、公共汽車、出租車及三輪車等交通工具等都是很好的宣傳媒介。

最後，要將體現郭沫若文化資源的產品式樣多樣化，盡可能多地整合郭沫若文化資源，讓人們全面、清楚地瞭解郭沫若生平、事跡、為人、成就。更多開發沫若文化旅遊產品和紀念品，如郭沫若所著及相關各類書籍、字畫、戲劇、電影光盤、紀念章、文具等；更進一步挖掘提煉沫若文化旅遊文藝娛樂節目，如《沫若·女神》《銅河秋韻》，以及遊客參與性、互動性強的小話劇、情景劇（如郭沫若拜師、郭沫若偷花孝母）等；輪流排演他的大型歷史劇《屈原》《虎符》《孔雀膽》等，為其文化旅遊產品的開發提供了豐富的源泉；配合樂山發展「文旅旅遊目的地」建設方向。

（三）精選並整合能張揚名人文化的郭沫若故居區域文化延伸產品

名人文化和名人所在地的其他文化相結合是目前發展地方旅遊的常用策略。紹興文理學院經濟與管理學院王好在研究魯迅文化資源利用時就提出文化價值應當結合名人文化、水鄉文化、民俗文化、古城文化、宗教文化等。郭沫若是沙灣的，更是世界的。要讓郭沫若文化走向世界，單靠郭沫若文化還不行，需要讓所有遊客在體驗郭沫若的同時感受到郭沫若故土的其他附加利益和服務，即延伸

產品。

郭沫若文化資源發展也應當充分利用銅河文化（銅河號子、銅河花燈、銅河山歌），以及郭沫若自傳中提及的「天後宮」以及「祛魅」文化。

四、充分運用旅遊行銷理論，塑造沫若文化資源品牌

（一）尋求名人文化資源的合理定位

（1）領先定位。所謂領先定位就是指要先闖入旅遊消費者心裡，確定「第一」，能創造「第一效應」。名人旅遊開發從某種意義上講，是變名人資源為旅遊資本，變潛在經濟價值為現實經濟價值。四川樂山沙灣包含郭沫若故里、故居、紀念地、貢獻地四種名人資源類型，如果用郭沫若的生活成長經歷等線索將這些資源串起來，就是中國獨一無二的資源，具有典型的領先性和唯一性。

（2）借勢定位。借勢定位是以消費者熟知的品牌形象為對照，反襯自己特殊地位、形象。而郭沫若文化資源所在地可以借峨眉山和樂山大佛世界雙遺產得天獨厚之「勢」進行合理宣傳、造勢。

（3）文化基點定位。文化是一個城市的最根本的靈魂，是最活躍的競爭力的標誌性元素，是旅遊城市的根本依託。郭沫若是一度與魯迅齊名的一代文豪，其獨特的沫若文化是集文學、考古、翻譯、思想等於一體的集大成者，具有不可替代性，不用豈不暴殄天物。

（二）持續錘煉沫若文化資源的核心價值

（1）繼續張揚個性。從旅遊角度發展沫若文化資源，必須與其他名人文化資源競爭者形成差異化，達成「萬綠叢中一點紅」的效果。城市旅遊業的興旺在於其個性的張揚，威尼斯是「水上之都」，巴黎是「時裝之都」，而魯迅故里紹興是以魯迅文化為龍頭的、以魯迅其人和作品為線索反應出紹興山水文化、建築文化、民俗文化等許多文化形態的組合體。郭沫若故居可以定位成詩文化、佛文化、山文化和水文化的組合體，亦具有難以複製的個性。

（2）持久錘煉價值。郭沫若的文學作品、學術著作，自問世以來就對我們的思想觀念、文學創作、學術研究、精神生活等具有深刻影響。可以肯定地說，郭沫若一生為中華民族所做的貢獻，是會名垂青史的。認識到這一點，沫若文化資源的經營價值就是不可估量的。地方政府、旅遊主管部門、旅遊投資企業及相關利益群體一旦認定就應「咬定青山不放鬆」，堅持錘煉，堅持弘揚。

（3）形成遊客心理共振。沫若文化資源品牌核心不是一個僵死的概念，而是一個活生生的生命形象，應該具有精神魅力和智能魔力，吸引、溝通和感召遊客，並且與遊客之間形成「利益共鳴點」「形象共振點」「精神共振點」。郭沫若文化資源可以按照遊客類型進行細分，分別針對考古愛好者、文學愛好者、詩歌愛好者、戲劇愛好者、史學愛好者以及經歷革命歲月的大齡遊客等來深度挖掘郭沫若文化的閃光點，形成心理共振，提升認同度。

（三）利用 CIS 體系促進沫若文化資源品牌形象塑造

（1）精確理念識別（MI）。可以召集全國大範圍討論準確界定郭沫若的三個向度精神、郭沫若詩歌文化、戲劇文化、考古文化等等。

（2）正確行為識別（BI）。開展樂山全市範圍的教育培訓，沫若故居故里以及相關旅遊景區範圍的禮儀規範、公關公益等活動，使全市人民的行為活動以動態形式將郭沫若文化理念外化。

（3）充分視覺識別（VI）。面向全社會公開徵集沫若故里景區標志；根據郭沫若性格、作品等制定景區標準色；再選擇設計通俗易懂、朗朗上口，同時代表郭沫若精神的廣告，對郭沫若延伸旅遊產品進行特色設計；借鑑中山市、左權縣、香格里拉縣等更名的成功經驗，將沙灣區更名為沫若區。刺激人們的視覺神經，使其在大腦裡迅速形成永久記憶。

（4）輔助聽覺識別（AI）。集中開發郭沫若戲劇、詩歌進行包裝宣傳，再根據郭沫若經歷、精神創作景區歌曲、形象音樂、廣告音樂等，輔助以銅河（大渡河）文化（民間文化及藝人、號子、山歌、川戲等等）。以聽覺的傳播力來感染媒體，把郭沫若理念和文化等抽象事物轉化為具體的事物，用音樂的手段塑造沫若故里形象。

參考文獻：

[1] 稅海模. 沫若文化的三個向度及其開發 [J]. 郭沫若學刊，2004（1）：12-17.

[2] 譚繼和. 沫若文化資源與城市文化資本 [J]. 郭沫若學刊，2003（4）：9-15.

[3] 李鴻儒. 弘揚沫若文化 發展沙灣旅遊 [J]. 郭沫若學刊，2003（4）：20-21.

[4] 王好. 紹興旅遊建設中的文化資源開發 [J]. 華東經濟管理，2003（6）：24-27.

[5] 陳昆. 打造沫若故里文化城的總體構想 [J]. 中共樂山市委黨校學報，2006（5）：33-34.

[6] 楊勝寬. 關於經營沫若文化資源的思考 [J]. 郭沫若學刊，2004（1）：1-6.

[7] 陳曉春，甘時勤，稅海模，等. 關於開發郭沫若文化資源的思考 [J]. 郭沫若學刊，2004（4）：1-7.

[8] 章玉均. 開發文化名人資源 鑄造沫若文化品牌 [J]. 郭沫若學刊，2003（4）：1-5.

打造四川歷史文化名人品牌群
——以「沫若」品牌為例

任文舉　周彥杉

摘要：成立專業的品牌研究和開發機構，充分利用四川豐富的歷史文化名人資源，大力發掘歷史文化名人資源的現代價值，全面打造四川歷史文化名人品牌族群，使其作為一個良好的傳統文化傳承和時代文化傳播的媒介和平臺，能夠極大地服務於當下中國文化建設的實踐和加快實現中國夢的步伐。

關鍵詞：品牌化發展；歷史文化名人；沫若品牌；四川

歷史文化名人作為中華民族傳統文化的結晶和典型符號，民族文化和地方文化特色鮮明，其名人效應經過歷史長河的大浪淘沙，本人及其作品和其他聯繫物有很多代表性符號能夠契合當下中國市場的聚焦點，引起消費者的強烈共鳴。大力發掘歷史文化名人資源的現代價值，將歷史文化名人品牌族群全面打造為一個良好的媒介和平臺，能夠傳承中國優秀的傳統文化，抗擊西方商業文化對中國文化的侵蝕，引導公眾強化文化自信和民眾自信，加快實現中國夢。

一、歷史文化名人品牌開發的意義

（一）實現中國夢的需要

實現中國夢，建設現代化強國，既需要「經濟能量」，更需「文化能力」。當前，中國進入社會轉型期、改革攻堅期，精神力量、文化力量的作用也愈加凸顯。在實現中國夢的過程中，中華民族要實現偉大復興，中國文化要走向世界，務必大力弘揚優秀民族文化，按照建設中國特色社會主義文化的要求，重新審視中華優秀傳統文化的時代情懷和世界意義，用一系列標誌性的符號、代表性的人物和具體性的中國元素來展現中華文明歷程，自覺實現民族文化現代化的轉換。對歷史文化名人資源的充分開發和品牌化發展，能夠最大限度地弘揚和展現優秀民族文化，無疑能強化中國夢實現的文化土壤和氛圍。

基金項目：文章為四川郭沫若研究中心課題「沫若品牌規劃與設計系統研究」（編號：GY2014B02）成果。

(二) 抵抗西方商業文化侵蝕的需要

如今，我們到大商場隨便逛逛，會發現各種商品的品牌名字和標示等洋味十足。在中國消費市場上，基於各種動機，消費者和企業品牌崇洋媚外的現象很嚴重。在大多數情況下，消費者競相追逐國際名牌，甚至寧願購買假冒國際名牌或仿冒國際品牌。國內企業在利益驅使下，大多喜歡給自己的產品設計一些容易誤導消費者聯想到是國外品牌的標示等，在品牌命名和設計上洋味十足，如直接用讓人雲裡霧裡的洋文、「韓××」「歐××」，等等。企業不注重對中國眾多的歷史文化名人、名物資源的挖掘和開發，長此以往，勢必影響國民的文化自信心和民族自信心。因此，挖掘歷史文化名人豐富多元的現代商業價值，開發大量基於歷史文化名人的商業品牌，對重塑公眾的文化自信心具有非常重要的現實意義。

二、四川歷史名人品牌開發現狀及問題

(一) 四川歷史文化名人資源豐富

四川歷史文化悠久，人文薈萃，資源豐富，形態紛呈，層次多樣，各種文化資源因為歷史文化名人而更加生動活潑、豐富多彩。四川歷史文化名人資源類型豐富，適合各類商業活動的廣泛開發利用。有文學藝術型的，如偉大的浪漫主義詩人李白和現實主義詩人杜甫；有科學家型的，如天文學家落下閎、袁天罡；有政治家型的，如中國第一位女皇武則天；有企業家型的，如傳奇的巴寡婦清；有思想家型的，如廖平；有革命家、軍事家型的，如朱德、陳毅等；有複合型的，如百科全書式人物蘇東坡和偉人鄧小平。四川要實現從文化大省向文化強省跨越，必須借助市場的力量把文化資源轉變為文化資本和世界性的文化品牌。

(二) 四川歷史文化名人資源品牌化發展滯後

我省各地對歷史名人本人及其作品的理論研究多，開發應用研究少。各地歷史文化名人資源商業開發觀念上不夠重視，大多數是自發行為，旅遊開發多，其他商業活動開發少；單純利用歷史名人名字的多，深入挖掘本人及其作品商業元素的少，對符合現代商業社會契合點的挖掘基本未起步；自發性的商業利用行為簡單化，沒有進行全面、專業、深入的研究開發，品牌識別系統殘缺不全。

比如，對歷史文化名人郭沫若本人及其作品的理論研究已經比較深入，但對沫若品牌的研究和開發利用還遠遠不夠。學校等文化場所、街道等公共場所自發利用「沫若」名字的居多；商業開發以對沫若故里的沫若故居、沫若博物館等旅遊開發為主；其他商業開發有房地產領域的「沫若公館」「女神苑」「女神裝修」，銷售服裝服飾的「沫若良裝」「天街」，住宿餐飲領域的「女神賓館」（已註銷）、「大沫賓館」（已註銷）。初看起來商業開發已經起步，但實質上只是單純利用沫若的名字，屬於自發性、簡單化的商業利用行為，缺乏較為完整的品牌識別和形象系統，公眾和消費者對這些品牌的認知度極低。

由於中國歷史文化名人的屬地專有特徵並不明顯，很多地方都能發現他們的足跡和遺留物，都能發現關聯點和聯想點，都可以自發或自覺地開發利用。其他

省份對歷史文化名人品牌化發展已經開始覺醒，四川如果發展較慢被其他省份搶先一步，未來將難以打造拿得出手的與歷史文化名人相關的商業化品牌，會極大地浪費我省豐富的歷史文化名人資源，弱化從文化大省向文化強省跨越的驅動力。

三、打造四川歷史文化名人品牌群對策

（一）成立專業的品牌研究和開發機構

四川省已經有專注於歷史文化名人研究的機構，如省教育廳下面的研究基地郭沫若研究中心、李白研究中心、思想家研究中心、大千研究中心等，對歷史文化名人的理論研究和資源開發利用已經有一定基礎，但沒有獨立的或掛靠在這些研究機構下的歷史文化名人品牌研究和開發機構。可以先在這些研究機構下面設立當地的歷史文化名人品牌研究機構和開發實驗室，整合歷史、文學、美術、經濟等方面的人才，進行品牌開發研究、設計、傳播和推廣，打造一批高度商業化和市場化、有較高知名度的品牌，使消費者和公眾廣泛接受，充分發揮歷史文化名人的現代價值。在具有一定基礎和經驗後，可以成立專門的四川歷史文化名人品牌研究機構和品牌實驗室。

（二）系統規劃與開發

研究機構和開發實驗室成立後，可以從三個方面來系統地開展工作：一是充分發掘歷史文化名人資源的現代價值，如郭沫若本人身上及其作品裡面，有很多元素十分契合現代商業價值，適合高度品牌化運作，但是還需要深入挖掘。二是系統規劃與開發，按照品牌設計、傳播、推廣與管理的一般規律進行科學的、全面的規劃，根據不同的市場需要進行多維度的開發，而不是過去低層次、不系統、無統領的開發。三是充分利用現代信息技術和網絡渠道，創新觀念與方法，充分利用互聯網、移動互聯網、物聯網等途徑與渠道，加快歷史文化名人品牌打造的過程，力爭在全國範圍內形成一批高知名度和美譽度的歷史文化名人品牌。

「非遺」老字號餐飲企業經營思維研究

楊小川

摘要：在經濟飛速發展、消費者品位多元化、外來餐飲文化強力衝擊的背景下，入選地方「非遺」的老字號餐飲企業要想延續過去的輝煌，保持持久、健康發展，須具備正確的經營思維。要構建明確的品牌識別系統，完善競爭體系；改變餐飲產品特性，延長市場壽命；腳踏實地勇於創新，贏得市場和政府支持；傳承傳統「非遺」文化的同時，吸納外來餐飲文化；提供本土特色服務，嘗試體驗行銷策略；將「非遺」文化與旅遊較好結合，獲得品牌和利益雙豐收。

關鍵詞：非物質文化遺產；老字號；餐飲企業；經營思維

中國目前入選各級「非遺」目錄的老字號餐飲企業，大都是經過數十年甚至上百年風風雨雨，歷經磨難遺留下來的本土老字號知名品牌，這些餐飲企業多數能熬過上百年的洗禮，卻經受不住經濟飛速發展、消費者忠誠度快速轉換以及洋品牌的衝擊。外資、外企的湧入，在衝擊中國餐飲市場的同時，也豐富了中國餐飲業的市場經營業態、經營品種、服務內容。一些跨國連鎖餐飲企業集團在中國發展，他們的先進管理模式、行銷理念、標準體系、人力培訓、連鎖發展、相關的保障系統都為中國餐飲現代化發展提供了很多可以借鑑的經驗，所以遺留下來的「非遺」老字號餐飲企業既面臨嚴峻的生存考驗，又面臨難得的發展機遇，要想在未來競爭中持久、健康發展，延續老字號的文化生命，抓住新機遇，實現快速與時俱進的增長，擁有正確的經營思維是關鍵。

一、構建品牌識別系統，完善企業競爭體系

（一）構建品牌識別系統

常用的品牌識別系統是進行企業形象識別系統（CIS）策劃，對餐飲企業而言，至少應該包括對餐飲品牌的識別層、附屬層、文化層的統一構建。構建目標是在消費者心中樹立起的品牌形象，使消費者建立起品牌聯想，最終形成一種被認

課題項目：本文系川菜發展研究中心課題「樂山特色飲食文化品牌化與促進旅遊發展研究」（編號：CC12S24）研究成果之一。

可的無形資產。「非遺」老字號餐飲企業品牌識別層設計要從品牌名稱、標示、視覺和聲覺上下功夫。

入選四川樂山本土「非遺」名錄的著名老字號餐飲名食「蹺腳牛肉」在這方面的做法有所欠缺。在整個四川乃至省外部分市縣都能看到「蹺腳牛肉」的身影，但是卻沒有一個能叫得響、影響巨大的「蹺腳牛肉」餐飲企業品牌。儘管也有企業如「周村古食」利用央視平臺的《走遍中國》《中國古鎮》欄目進行了宣傳，品牌知名度有所提高，但是卻沒有很好地在品牌識別上下功夫，在CIS體系設計中幾乎處於空白，最後也只能淪為地方名食，而無法真正走出區域限制。

(二) 完善企業競爭體系

完善企業競爭體系就必須要做好品牌餐飲企業的差異化經營策略。一般來說能入選地方「非遺」名錄的餐飲品類都具有中國傳統飲食文化特色。廣大的消費者對中華美食的偏好能長久支撐餐飲品牌可持續發展。如果將餐飲品種設計出科學的工藝流程，形成適合於工廠化生產的現代化經營的品種，將本土「非遺」老字號餐飲企業進行連鎖經營，那麼並不比洋品牌差。遺憾的是絕大多數的「非遺」老字號餐飲企業並不能很好地在技術和工藝流程上做出適合標準化生產的創新，以至於難以做大做強。四川樂山的「蹺腳牛肉」整個行業中有近十家進行了連鎖經營，但是就因為標準化難以實現，所以保持長久的生命力就成為奢侈的想法。品牌的知名度是一個動態概念，它具有很強的時效性，與市場狀況有著高度的關聯性，一成不變的產品很難持久地吸引消費者。而同樣地處西部的「羅城牛肉」和「張飛牛肉」等老字號品牌就從產品品種、風味、文化內涵、行銷策略等諸多方面隨著市場及產品生命週期的變化而創新，從而賦予產品高度差異性，使品牌具有較強的市場控制力與壟斷力，使事業越做越大。

二、改變餐飲產品特性，延長產品市場壽命

一般而言，餐飲企業的餐飲產品具有有形與無形結合、時限性、消費地點限制性、消費重複性、消費心理易變性和需求持續性等特點。所以只有充分深入分析餐飲產品特點，才能有效延長餐飲產品的市場壽命，為企業帶來絡繹不絕的回頭顧客，保證穩定盈利空間和時間。「非遺」餐飲老字號企業，可以利用其「非遺」文化宣傳來滿足顧客精神文化需求。

要延長餐飲產品的市場壽命，不僅要靠本土長期支持的「粉絲」類顧客，還需要「過客式」旅遊消費者的口碑宣傳。現在的城市人口流動性大，一旦有好的能留下深刻印象的餐飲名食，通過遊客們口口相傳，會帶來潛在的外地消費群體。很多人出差旅遊的時候不僅自己現場進行體驗，品嘗美食，還想與家人朋友分享。所以老字號的餐飲企業不妨在方便帶走的產品創新上下功夫，將產品銷售渠道線拓展延長。北京烤鴨已經名滿神州，北京的市場上早就出現了專門提供給遊客帶回家的成品烤鴨和配料，到四川樂山旅遊的可以帶走真空包裝的「甜皮鴨」「羅城牛肉」，成都的「龍抄手」「韓包子」等餐飲老字號則提供半成品銷售，這樣傳統

餐飲企業「消費地點固定性和消費時限性」特徵就會發生變化，經營形式也從餐飲店面銷售向半工業化轉化，有助於延長餐飲產品的生命週期和市場壽命。

三、腳踏實地勇於創新，贏得市場和政府支持

在傳統文化面臨考驗、中國特色的市場經濟環境背景下，要想將傳統的飲食文化繼承並發揚光大，難度極大。在邊遠的西部三線城市如樂山，中華人民共和國成立時尚存十幾家老字號，目前僅有「遊記肥腸」「寶華園」「古市香」「方德西壩豆腐莊」等寥寥幾家地方老字號傳統飲食文化代表。無論城市大小，經濟發達與否，包括「非遺」餐飲在內的本土傳統美食老字號餐飲企業大都逃不脫被市場殘酷折磨，甚至「死亡」的結果。剩餘的「非遺」老字號餐飲企業要想繼續立足並大力發展，必須依靠政府政策支持，借助政府發展文化產業、振興傳統文化的東風，通過創新，贏得市場認可，才可能渡過難關。

老字號餐飲企業的創新還要從改變菜品結構和配方創新上著手。餐飲企業的創新行為普遍呈現低端化、模仿化、同質化、個體化、偶然化等共性。一些老字號的創新更多的是「口號越位、行動缺位」，菜品同質化，生命週期短。當然政府在餐飲技術創新方面的法律保障不完善、信用環境差也是重要因素之一。到四川樂山旅遊的遊客會被滿街的所謂「正宗蹺腳牛肉」「正宗西壩豆腐」所困惑，如果加上導遊的忽悠，絕大多數的遊客不能品嘗到地道的「非遺」老字號美食。只要有創新即被快速模仿，以致擾亂市場秩序，影響品牌信譽，這會大大打擊老字號餐飲企業的創新熱情。儘管如此，有發展眼光的老字號還是不斷推出創新產品，如「周村古食」就推出具有蘇稽古鎮特色自成一體的全牛席：牛肉、牛舌、牛肝、牛耳、牛肺、牛心、牛肚、牛腸、牛百葉、牛筋、牛腩、牛腦、牛骨、牛髓、牛鞭、牛血、牛卵……總之，就是要吃盡牛身上的所有東西，什麼都不落下。現在的湯鍋在加入各種特殊的中藥材佐料後更是鮮美異常，其煮出來的牛雜更加爽口，而且秉承養生的模式，對人體也有很大的益處，從式樣、品類和配方上不僅保留，而且大大增強了蹺腳牛肉的「湯鮮味特、牛雜細嫩、滋補強身、美容養顏和吃法多樣」五大特色。創新的菜品搭配和具有養生作用的中藥配方讓企業生意日漸興隆，成了到樂山旅遊的遊客品嘗特色傳統「非遺」餐飲文化美食的首選。

四、傳承傳統「非遺」文化，吸納消化外來文化

入選「非遺」的老字號餐飲企業之所以能延續到現在，必然有理由，比如「與眾不同的飲食文化特點，獨特的管理理念與管理方法，長期形成而被公眾普遍認同的，以價值觀念為核心的企業價值體系以及與之相適應的制度、組織結構」等，這是這些餐飲企業競爭力中最具活力、最具穩定性、最具個性化、最具滲透力、最不易被競爭者模仿的因素。當受到現代餐飲文化和外來飲食文化衝擊的時候，它就會顯現出其優越的一面。比如用經過長期累積的「重義輕利」的企業價值觀和「誠信為本」的企業理念，以應對目前經常出現的一些餐飲企業在短期物

質利益與長期社會效益的抉擇中，失去清醒的頭腦，追逐短期利益甚至欺客宰客的行為。類似海南天價海鮮宰客和四川樂山杜撰「三江魚」蒙混遊客的事件不會在「非遺」老字號餐飲企業中出現，畢竟傳承上百年的金字招牌容不得半點玷污。

　　當然僅僅傳承傳統文化還不能保證企業可持續發展，畢竟現在的消費者和過去已經不可同日而語，無論在消費觀念、價值觀念、營養觀念、環保觀念、產品質量觀念還是在口味等方面都發生了翻天覆地的變化。老字號應當主動迎上去面對外來文化的衝擊，積極學習和吸收外來文化的精髓，對不同民族、不同國家、不同地區的宏觀文化進行吸納。老字號還應在企業制度建設、質量標準細化、口味創新、菜品搭配、營養配置、就餐環境改造、連鎖經營規模化經營理念等方面進行變化和提升。條件許可的，有必要吸收、學習、借鑑國外餐飲企業的先進文化，使本土老字號餐飲企業文化與世界餐飲企業優秀文化接軌，與時俱進，形成本土老字號餐飲企業的新文化。

五、提供本土特色服務，嘗試體驗行銷策略

　　喜歡到「非遺」老字號餐飲企業用餐的顧客，絕大多數不是為了滿足口腹之欲，而是帶有強烈審美意識和審美觀以及對傳統文化享受的消費群體。隨著經濟水準提高、文化融合、消費者平均受教育程度提高，消費者的自我意識不斷增強，不僅導致消費需求的個性化、多元化，而且促使賓客在消費過程中更加注重消費體驗，所以在經營服務中提供體驗式行銷策略和具有濃鬱傳統色彩的特色服務顯得更加必要。

　　本土文化特色可以通過餐飲企業的裝修環境、服務流程、餐具風格、服務員服裝、牆壁壁畫和掛件設計等來體現。如四川樂山的「古市香」和「周村古食」將建築設計成民國時期庭院式格局，清一色仿古建築和餐具，庭院中有展示「蹺腳牛肉」傳說和創始人的泥塑，還有從過去到現在成一條發展變化主線的廚具和輔助工具。包間牆上使用泥坯裝飾，包間名稱採用不同傳說中的人物和故事來命名。員工基本上以本地人為主，身穿20世紀二三十年代農村流行的年輕女性服飾，儘管本身學歷不高，但是經過持續不斷的培訓，可以同時用標準的樂山本地方言和流利的普通話，滿足不同人群的諮詢需求。這些讓進餐的顧客一下就回到了過去，享受著美食的同時還享受著具有濃烈地方色彩的地方「非遺」文化特色服務。該企業還主動和樂山師範學院旅遊遺產研究所合作，對「遺產」中的文化部分進行開發和包裝，不斷完善，更進一步提升服務的內涵。

　　能入選「非遺」名錄的老字號餐飲企業一般在餐飲產品的配料或製作上有自己的獨到之處。習慣上都會在廚房掛上「廚房重地，非請勿入」字樣，拒顧客於千里之外。有自信或有遠見的企業不妨採用體驗行銷方式，邀請有時間並有需求的顧客參與部分菜品的製作，品嘗自己親手製作的菜品，或者至少可以提供一些半成品，讓顧客自己為自己服務，體驗過程。雲南的正宗過橋米線就讓顧客自己來完成最後的程序，讓顧客在進餐時學習和感受這些特定的社會民族文化的氛圍中長期積澱形成的飲食思想、飲食心理、飲食習慣、飲食哲學、烹飪技術，讓顧

客完成「感官、情感、思維、行為和關聯」的全程體驗。

六、「非遺」文化結合旅遊，品牌利益雙重豐收

在旅遊行業快速發展的今天，將「非物質文化遺產」與旅遊結合，讓「非遺」品牌升值獲利，是所有「非遺」老字號餐飲企業應該具有的思維。不能獲利就很難保護，不能保護就會失去特色，失去特色就會發展受限。為提升四川省樂山市級「非遺」餐飲美食——「蹺腳牛肉」文化品位，突出美食文化特色，2010年9月21日10時，由樂山市中區人民政府主辦的蹺腳牛肉美食文化節在蘇稽鎮開幕。該美食文化節作為樂山首屆「金秋之旅」中秋國慶文化旅遊套餐活動之一，在節日期間吸引了眾多遊客和市民品嘗「蹺腳」美食，享受假日休閒時光。在美食文化節上，樂山市中區嘉州旅遊協會蘇稽餐飲分會正式成立。「非遺」代表性餐飲企業「周村古食」成為協會領銜企業之一，獲得樂山市四星級農家樂稱號，可謂大出風頭。在周村古食和其他蹺腳牛肉館支持下，美食節上進行了四川流傳多年的民俗表演——「牛兒燈」，用舞蹈形式來表現牛犁田、戲水、爭鬥等場景，幽默有趣的表演，不僅逗得食客們捧腹大笑，還將飲食和農耕文化緊密結合在一起。隨後進行的「牛腰絲穿針」、「全牛『1+1』」、全牛席、壩壩宴等更是將文化節推向高潮。旅遊文化與樂山市本土非物質文化遺產結合，助推旅遊升級，包括眾多外國友人在內的食客們如潮水般湧來。

保護好老祖宗留下的餐飲類老字號「非物質文化遺產」不僅是企業的責任，也是所有不想中國上千年文化消失的有識之士的責任。調整好老字號餐飲企業經營思維不僅能讓傳統餐飲文化傳承和發揚光大，還能通過第三產業的發展為全面建成小康社會，提高廣大普通消費者的物質生活質量和滿足精神享受提供微薄的力量。「非遺」老字號餐飲企業要想在未來發展中繼承並逐漸壯大，還有很多的路要走。需要從自身餐飲產品設計創新、經營模式創新、管理規範、消費者心理分析、餐飲專業人才培養、市場行銷和品牌建設、資本營運、合作夥伴選擇、同業競爭規範化、文化積澱與創新等各個方面努力，同時還需要政府稅收優惠政策、衛生監督與管理、餐飲協會服務、高校、餐飲研究機構等大力支持。只有企業、市場、政府通力合作，才能讓「非遺」老字號繼續傳承，繼續「老」下去。

參考文獻：

［1］李曉英，周力. 本土餐飲企業系統化品牌經營策略分析［J］. 企業改革與發展研究，2007（2）：104-106.

［2］黃明超. 餐飲產品生命週期初探［J］. 商業研究，2003（13）：173-177.

［3］張玉鳳. 北京「老字號」餐飲企業生存現狀分析與成長機制研究［J］. 旅遊學刊，2009（1）：48-54.

［4］楊銘鐸，邵雯. 餐飲企業的文化傳承戰略研究［J］. 商業研究，2006（20）：189-190.

［5］張麗娟，王美萍. 基於「服務交互」視角「中國服務」的餐飲特色培育研究［J］. 江蘇商論，2012（6）：32-35.

郭沫若品牌開發現狀及對策研究

任文舉　謝　暉

摘要：沫若品牌是樂山一種不可多得的稀缺資源。但樂山沫若品牌開發還處於初級階段，在意識、戰略與規劃方面還存在很多問題，不利於沫若品牌價值的全面利用和提升。沫若品牌開發要結合當地實際情況，進行統一的戰略規劃與實施，提高品牌知名度，從而促進本地歷史文化名人產業全面發展。

關鍵詞：沫若品牌；品牌價值；現狀；對策

沫若品牌是一個多維度、寬領域的世界性品牌，但沫若品牌開發現狀不容樂觀，還存在很多問題。全面開發沫若品牌、經營好沫若品牌，不但可以直接為樂山的經濟、文化教育和社會發展事業服務，而且還可以為其他地區的歷史文化名人品牌開發利用提供借鑑。

一、沫若品牌開發現狀

（一）利用沫若品牌的意識自發形成

作為世界聞名的旅遊目的地和全國歷史文化名城，樂山各級政府和各種組織越來越認識到經營好文化旅遊資源對本地區實現可持續和跨越式發展的重要性。這種觀念的形成有利於統一思想和行動，是制定文化資源開發戰略的思想基礎和認識前提。在歷史文化名人薈萃的樂山，郭沫若作為一個代表性的人物，對當地各個領域都有著其他歷史文化名人無法比擬的影響力。無論是官方還是民間，都借用郭沫若的名字或名義，對沫若品牌進行了最原始、最初級的開發利用，如文化教育領域的沫若中學、沫若圖書館、沫若博物館、沫若藝術團、各種「沫若杯」比賽等，經濟開發領域的沫若舊居旅遊景區、「沫若公館」公寓住房、大沫賓館、沫若良裝、女神裝飾等，社會發展領域的沫若廣場、沫若街區等。

（二）研究沫若品牌的隊伍初步形成

郭沫若研究是與郭沫若的文學創作同時起步的。改革開放以來，經過多年的

基金項目：文章為四川郭沫若研究中心資助研究項目「沫若品牌價值及其開發戰略研究」（編號：GY2011C06）成果。

培育，樂山官方和民間已經形成了一些不可忽視的郭沫若研究力量。郭沫若研究及其發展變化，不僅鮮明地映照出郭沫若作為文化名人自身的意義和價值，而且還在相當深廣的層面上體現出整個20世紀中國文學與文化歷史進程中的某些重要足跡。官方以四川郭沫若研究中心、四川郭沫若研究學會和樂山市及沙灣區政府宣傳部門為主，民間研究力量多是一些各自為政的研究力量。掛靠在樂山師範學院的四川郭沫若研究中心，其研究專刊《郭沫若學刊》已經成為四川乃至全國郭沫若研究的一支重要力量。雖然郭沫若研究主要集中在郭沫若本人及作品上，但對沫若品牌的論述隨處可見，同時也帶動和引導了相關領域人員對沫若品牌的研究的熱情，在經營沫若文化資源戰略和發展沫若品牌方面發揮了重要作用。隨著四川郭沫若研究中心和四川郭沫若研究學會各種研究工作的開展，加之樂山經常開展郭沫若研究學術活動和沫若品牌宣傳推廣活動，樂山正發揮著郭沫若研究基地的重要作用。

（三）沫若品牌資產初步形成

品牌資產是指只有品牌才能產生的市場效益，它是品牌的名字與象徵相聯繫的資產（或負債）的集合。品牌資產是與品牌、品牌名稱和標誌相聯繫，能夠增加或減少所銷售產品或服務的價值的一系列資產與負債。品牌資產主要包括五個方面，即品牌忠誠度、品牌認知度、品牌感知質量、品牌聯想和其他專有資產，這些資產通過多種方式向客戶和組織提供價值。歷史文化名人品牌源於地域的獨特個性特色和深厚的文化底蘊，是城市發展與宣傳的一張最重要的名片。「古有蘇東坡，今有郭沫若」，樂山城市在國內外擁有較高的知名度，正是因為在歷史上有以蘇東坡為代表的許多文化名人的遊歷宣傳、流連忘返，在近現代有以郭沫若為代表的諸多文化名人的頌揚傳播。政府和民間對沫若品牌長期自覺或不自覺的使用和經營，促進了沫若品牌的品牌忠誠度、品牌認知度、品牌感知質量、品牌聯想和其他專有資產的累積和提升，沫若品牌無形資產也初步形成，沫若名人效應也逐漸形成。

一、沫若品牌開發存在的問題

（一）沫若品牌開發總體情況不太理想

現階段，樂山市政府和民間對沫若品牌的價值利用還遠遠不夠，還處於最原始、最初級的開發利用。大多數情況是簡單利用「沫若」的品牌名字，如沫若中學、沫若圖書館、沫若博物館、沫若藝術團、沫若公館、沫若良裝、沫若廣場等。對與沫若品牌緊密相關的沫若作品的深度挖掘和開發較少，如女神裝飾、女神賓館則是淺嘗輒止。增加品牌形象記憶和感知深度的標示基本上沒有。對沫若品牌的行業集成應用和綜合開發利用都有待深入。從旅遊的角度來看，沫若文化資源已物化為旅遊觀光景點的只有沙灣的郭沫若舊居、大佛寺的沫若堂和新建的沫若博物館等。

(二) 對沫若品牌價值的認識有待深化

因為名人的瑕疵或在特定歷史階段、特定歷史情況下的問題，無論是在民間還是政府層面對歷史文化名人的品牌價值總存在一些誤區。人無完人，站在現階段看歷史文化名人，以現在的眼界和標準去衡量歷史文化名人，這本身就不是科學的認識觀。如果我們不能以歷史唯物主義和辯證唯物主義的視角來對待，將對沫若品牌的全面綜合開發以及弘揚光大造成極大阻滯。此外，由於不正確的政績觀，在地方政府層面現在逐漸形成了一種看法，就是地方經濟要實現跨越式發展必須依靠大工業、大投入；而旅遊業發展、歷史文化名人品牌開發則是一個長期投入過程，短期不能迅速帶動地區生產總值增長，因此在這方面的熱情和投入都會下降。同時，發展大工業，必然會帶來污染，也必然會侵蝕歷史文化名人品牌開發和旅遊業發展的基礎。

(三) 缺乏沫若品牌開發戰略

長期以來，由於對沫若品牌的開發利用都是處於最原始、最初級的階段，樂山各級政府和各種團體對於經營以沫若為代表的歷史文化名人品牌缺乏總體的經營理念，沒有科學高效的市場行銷策劃手段，沒有進行有效的品牌整合，缺乏沫若品牌綜合開發利用的戰略規劃。現階段，基於跨越式發展的地方發展戰略和基於地區生產總值的政績觀，地方政府的熱情和投入集中在大工業上，也不會花費很多資金和精力來做地方歷史文化名人品牌發展的長遠戰略規劃。在如此的不良循環下，沫若品牌利用成效並不明顯，而且將來還有可能成為雞肋。

三、沫若品牌全面開發對策

(一) 深化對沫若品牌及其價值的全面認識

菲利普·科特勒指出，品牌是一個名稱、名詞、符號或設計，或者是它們的組合，其目的是識別某個銷售者或某群銷售者的產品或勞務，並使之同競爭對手的產品和勞務區別開來。品牌包括顯性品牌要素和隱性品牌要素。品牌作為一種無形資產之所以有價值，不僅在於品牌形成與發展過程中蘊涵的沉沒成本，而且在於它是否能為相關主體帶來價值，即是否能為其創造主體帶來更高的溢價以及未來穩定的收益，是否能滿足使用主體一系列情感和功能效用。無論是從宏觀層面的中國歷史文化名人綜合研究，還是地方層面的歷史文化名人綜合研究，沫若品牌都具有重要的理論和實踐價值。無論從文化教育領域，還是經濟領域，尤其是當前的文化體制和文化產業改革與發展，沫若品牌都具有重要的理論和實踐價值。樂山要深入研究和挖掘沫若品牌及其價值，在顯性品牌要素及其價值背後，發現深層次的隱性品牌要素及其價值，讓政府和民眾都能夠更深入地認識沫若品牌的全貌及其全面價值。在此基礎上，樂山市及沙灣區政府及相關部門應該通過大量公關宣傳活動與日常文化活動宣傳和普及人們對沫若品牌及其價值的全面認識，為沫若品牌全面開發奠定思想意識基礎。

(二) 制定科學的、統一的品牌戰略

品牌戰略就是將品牌作為核心競爭力，以獲取差別利潤與價值的經營戰略。品牌戰略是實現品牌快速發展壯大的必要條件。全面開發利用沫若品牌必須要有一個總體的戰略構想和戰略目標。沫若品牌開發利用的總體戰略目標應是全方位、多維度打造歷史文化名人品牌標杆——沫若品牌，全面研究和制定沫若品牌發展策略，以沫若品牌為標杆帶動其他歷史文化名人品牌發展，促進歷史文化名人資源開發產業的發展和進步，真正使沫若精神融入人民大眾的心中，真正使沫若文化融入市民的文化行為中，形成寶貴的無形的城市文化資本。只有在這一戰略目標指引下，才能進行科學合理的沫若品牌設計和制定品牌發展戰略與策略。

品牌戰略，包括品牌化決策、品牌模式選擇、品牌識別界定、品牌延伸規劃、品牌管理規劃與品牌遠景設立六個方面內容。品牌化決策解決品牌的屬性問題，沫若品牌是既存品牌且有一定品牌基礎。品牌模式選擇解決沫若品牌的結構問題，是選擇綜合性單一品牌還是主副品牌。品牌識別界定確立沫若品牌的內涵，也就是公眾認同的品牌形象，是品牌戰略的重心。它從沫若品牌的理念、行為與符號識別三方面規範了品牌的思想、行為、外表等內涵，其中包括以沫若品牌的核心價值為中心的核心識別和以沫若品牌承諾、品牌個性等元素組成的基本識別。品牌延伸規劃對沫若品牌未來發展領域做出清晰界定，明確品牌未來適合在哪些領域、行業發展與延伸，以謀求品牌價值最大化。品牌管理規劃從組織結構與管理機制上為沫若品牌建設保駕護航，為品牌的發展設立遠景，並明確品牌發展各階段的目標與衡量指標。品牌遠景是對沫若品牌的現存價值、未來遠景和信念準則的界定。

(三) 沫若品牌及其價值開發策略

以沫若故里文化旅遊城為載體，開發商業價值，打造強勢商業品牌。沫若故里文化旅遊城應以沙灣沫若舊居為中心，整合相關文化旅遊景點，加強以樂山大佛景區的沫若堂和峨眉山景區郭老題寫的「天下名山」牌坊為窗口的宣傳功能，構建「沫若名人文化」特色旅遊景區，打造|沫若品牌」強勢主導品牌。沫若故居周邊環境原貌恢復、博物館、文化廣場、文化街區和分散景點開發全部使用統一的沫若品牌及規劃統一的品牌標示。鼓勵相關道路、街區、社區、路標路牌、臨街建築外貌裝飾、賓館飯店、旅遊紀念品等實體載體大力開發和利用沫若歷史和作品作為子品牌，再現沫若品牌的豐富多彩。

以基於沫若文化的各種活動為載體，開發非商業價值，打造文化教育強勢品牌。出版沫若作品及其作品中的故事、「弘揚沫若文化叢書」和「郭沫若建設叢書」等。在全市中小學增設與郭沫若相關的課程，從其著述中選出若干名篇，作為鄉土教材，讓郭老家鄉的孩子們走近和瞭解郭沫若。進一步挖掘提煉沫若文化文藝節目，如《沫若·女神》《銅河秋韻》，以及參與性、互動性強的小話劇、情景劇等。在廣場和沿江兩岸用雕塑小品、浮雕藝術牆等，表現沫若歷史與文化。舉辦沫若文化藝術節，承辦一些全國性的會議，擴大沫若文化和精神的傳播以提

高樂山知名度。

(三) 成立文化傳播公司經營沫若文化品牌

在樂山市政府層面或沙灣區政府層面成立一個專門經營沫若品牌的文化傳播公司，並在涉及的相關政策和部門方面提供支持。公司運作的資金由樂山市政府或沙灣區政府的財政資金和民間資金如文化旅遊公司、高等院校和研究機構等共同出資。公司管理人員應在文化傳播和品牌經營方面具有豐富經驗，熟悉地方文化與環境；同時公司還應有專職或兼職的專門研究沫若文化、沫若品牌的專家。公司經營內容包括沫若品牌設計、制定和完善品牌戰略、品牌戰略實施和品牌管理等品牌開發與利用的所有事務。

黑竹溝旅遊形象策劃

鄧　健　惹幾爾布

摘要：黑竹溝集原始、神祕、清幽於一體，是品位極高、極具開發價值的旅遊勝地。本文針對黑竹溝獨特的旅遊資源，進行了有效的形象策劃。

關鍵詞：黑竹溝；旅遊形象；策劃

一、黑竹溝景區概況

黑竹溝位於四川省樂山市峨邊彝族自治縣境內，面積約 838 平方千米，生態原始，物種珍稀，景觀獨特神奇，於 2000 年 2 月 22 日被國家林業局批准為國家級森林公園。

黑竹溝是目前國內保存最完整、最原始的生態部落之一，是一處集世所罕見的動物景觀、植物景觀、地質景觀、氣象景觀以及人文景觀於一體的風景絕佳地，具有不可多得的高品位旅遊價值。黑竹溝是一片未開發的原始森林，海拔高度 1,500~4,288 米。景區風景環境類型多樣，分佈廣泛，特徵突出，品位價值極高，經專家分類、分級、分層評價，具有世界遺產價值和世界奇跡般吸引力的特級景點 5 處，具有國家重點保護價值和吸引力的一級景點 20 處，具有省內保護價值和省內吸引力的二級景點 40 餘處，是中國西南山地自然風光的精華和傑出代表。

二、黑竹溝旅遊形象策劃

旅遊形象策劃是受企業形象策劃的影響帶動，在國內旅遊業的迅猛發展和激烈的市場競爭等綜合因素的作用下，在對旅遊地的傳統意義的認識基礎上形成的一種全新的形象識別和行銷系統。實施旅遊形象策劃，塑造良好的和特色鮮明的旅遊區形象，有利於提升旅遊地的知名度和美譽度，增強對旅遊者的吸引力，拓展客源市場。

（一）黑竹溝景區旅遊形象定位

旅遊形象定位是通過對旅遊地旅遊資源的整合、提煉與加工，塑造其個性化的、對旅遊者具有強烈吸引力的形象。成功的旅遊形象定位應符合以下三個原則：唯一性、排他性和不可替代性。

黑竹溝景區與其他景區的不同在於：它不是以其原始森林的自然風光與其他景區媲美，而是要充分提煉其獨特旅遊資源，與其他景區區分開來。我們認為對黑竹溝進行形象定位一定要注意以下兩點：

1. 神祕的地理位置

黑竹溝所處的緯度和聳人聽聞的百慕大、神奇無比的埃及金字塔相似，這是探險家稱的「死亡緯度線」。

2. 獨特的旅遊資源特色

黑竹溝景區最吸引遊客是它的「神祕」，黑竹溝景區充滿了各種詭異的離奇傳說，還擁有神奇的五大謎團：緯度之謎、神祕失蹤之謎、彝族祖籍之謎、野人之謎和幽谷奇霧之謎。由於過去長期處於封閉狀況，不少地區長期無人涉足或對其研究程度較低，因此景區擁有一批具有極高科考價值的神祕性景觀資源，如「巨鳥」「野人」「死亡谷」「七大迷蹤」「三大險境」等傳說，通過新聞界傳播出去，引起了轟動效應。

因此，綜合考慮黑竹溝旅遊資源特色、地理位置，我們認為可以採用領先定位法和比附定位法，將黑竹溝旅遊總體形象定位為——「陸上百慕大」。

（二）黑竹溝景區形象系統

黑竹溝景區形象系統塑造是一項系統工程，包括黑竹溝景區精神感受系統、風情感受系統、視覺感受系統、消費感受系統、形象傳播系統五個方面。

1. 黑竹溝景區精神感受系統

這是指黑竹溝景區的精神理念所產生的系統形象效應，它是黑竹溝景區的精神支柱。黑竹溝，至今能親臨其境的遊客甚少，由於媒體的披露，人們時有所聞，它以其新、奇、險的特點，吸引著為數眾多的攝影家、科學家組成的考察隊深入其中探險揭祕。有人說它是「恐怖魔溝」。境內重巒疊嶂，迷霧繚繞，給人一種陰沉沉的感覺，這裡地理位置特殊，自然條件複雜，生態原始，加之彝族古老的傳說和彝族同胞對這塊神奇土地的崇拜，並且曾出現過數次人、畜進溝神祕失蹤事件，於是給人一種神祕莫測之感，也產生了眾多的令人費解之謎。它的神祕吸引著越來越多的世界各地的遊客。

（1）緯度之謎。黑竹溝地處「死亡緯度線」。黑竹溝的最高峰馬鞍山主峰東側，有一座海拔 3,998 米的山峰，其上部呈三稜形，酷似埃及金字塔，在陽光照耀下，金光四射，形成一個神奇無比的夢幻世界，成為一座以假亂真的耀眼金山，黑竹溝「金字塔」不僅具有極高的科考價值，而且是極為難得的觀景臺。

（2）神祕失蹤之謎。人畜進入黑竹溝屢屢出現失蹤和死亡事件，很多媒體也都披露過，但人進去後是怎樣失蹤的，至今還是個謎。據不完全統計，自 1951 年至今，川南林業局、四川省林業廳勘探隊、部隊測繪隊和彝族同胞曾多次在黑竹溝遇險，其中三死三傷，二人失蹤。因此，這裡留下了「恐怖死亡谷」之說。

（3）地名之謎。這是一個值得考證的謎。現在的斯和鎮原名斯豁，即死亡之谷，「黑竹溝」為漢人定的名。由於黑竹溝藏有不少未解開的謎，當地彝漢人民把

黑竹溝稱為南林區的「魔鬼三角洲」。

（4）野人之謎。黑竹溝有野人之說，也是個謎。當地群眾曾發現野人的蹤跡，許多人至今說到野人，仍然心有餘悸。黑竹溝有一個地名就叫「野人谷」。

所以，黑竹溝的精神感受應該是以其神祕來吸引旅遊者，吸引更多的人來探險和科學考察。

2. 黑竹溝景區風情感受系統

風情即風土人情。一個景區的風土人情往往就是這個地區特定形象的風韻所在，其個性色彩最為濃烈。它包括景區內的風俗習慣、文化傳統、名勝特產、俚語方言等，是激發遊客對景區形象意識最敏感的部分。

黑竹溝位於小涼山，勤勞勇敢的彝族人民世代在這裡生活耕耘，彝漢人民共同攜手開發，形成了獨特的小涼山彝族文化。景區內還能隨時看到身著彝族服飾的人們，初到此地的遊客一定會被這裡獨特的彝族風情所吸引。彝族是中華民族中最古老的一員，當地彝族人民能歌善舞，有豐富多彩的民族民間音樂舞蹈藝術，每逢佳節，都要載歌載舞，抒發情懷。此外，他們還有獨特的飲食、居住、婚喪、服飾、待客以及慶典儀式，其歡樂、喜慶氣氛對中外遊客都具有強烈的吸引力。黑竹溝的彝族風情感受系統主要包括以下幾個方面：

（1）待客習俗。彝族是一個文武並重、講究文明禮貌的民族。長幼之間，不許直呼姓名。在特殊的公共場合裡，就座排位要以輩數大小排列，長輩在場時發言不搶先。凡有客人來，必須讓位於最上方，至少也要菸茶相待。

黑竹溝彝族民間素有「打羊」「打牛」迎賓待客之習。凡有客至，必殺牲待客，並根據來客的身分、親疏程度分別以牛、羊、豬、雞等相待。在殺牲之前，要把活牲牽到客前，請客人過目後宰殺，以表示對客人的敬重。酒是敬客的見面禮，只要客人進屋，主人必先以酒敬客，然後再製作各種菜肴。待客的飯菜以豬膘肥厚大為體面，吃飯中間，主婦要時時關注客人碗裡的飯，未待客人吃光就要隨時加添，以表示待客的至誠。

（2）婚俗。跳舞和唱山歌是彝族人民從古至今相沿成習的文藝活動，人人喜愛。黑竹溝彝族在一些重大的節日和喜慶場合，如嫁娶、蓋新房等活動中，都喜歡跳左腳舞和唱山歌，且往往通宵達旦，盡情歡樂。姑娘和小伙子們都喜歡通過唱山歌和跳舞來相識、戀愛。跳歌場在彝族青年男女的相識和戀愛中，佔有獨特和重要的地位。黑竹溝彝族男女青年訂婚之後，便要進行婚宴的準備。婚宴多用豬肉、雞肉，一般不用羊肉（喪事則用羊肉），在出嫁前邀集男女夥伴聚餐痛飲；凡娶親嫁女，都要在庭院裡或壩子，用樹枝搭棚，供客人飲酒、吸菸、吃飯、間坐。

（3）食俗。黑竹溝大多數彝族人民習慣於日食三餐，以雜糧面、米為主食，午餐以粑粑作為主食，備有酒菜。在所有粑粑中，以蕎麥面做的粑粑最富有特色。據說蕎麵粑粑有消食、化積、止汗、消炎的功效，並可以久存不變質。肉食以豬肉、羊肉、牛肉為主，主要是做成「坨坨肉」、牛湯鍋、羊湯鍋，或烤羊、烤

小豬。

（4）服飾文化。彝族服飾是彝族文化中最精彩、最耀眼的組成部分，是彝族文化的一枝奇葩。彝族支系繁多，各地服飾差異大，服飾區別近百種，琳琅滿目，各具特色。彝族傳統的服飾只使用紅、黑、黃三種色，彝族人民認為紅色象徵勇敢、熱情，黑色代表尊貴、莊重，而黃色表示光明和美麗。而黑竹溝彝族服飾在彝族傳統的「黑、紅、黃」的三色中增加了「綠」，創造了別具特色、端莊、大方、種類繁多、絢麗多彩、異彩紛呈的「黑竹溝彝族服飾」。

（5）節慶。彝族民間傳統節日很多，黑竹溝彝族最主要的節日是彝族年。在不同的地區，往往是一個家族或一個村寨經過選擇節日確定。彝族年節期5~6天，多在農曆十月擇吉日舉行。節日裡要殺豬、羊，富裕者要殺牛，屆時要盛裝宴飲，訪親問友，並互贈禮品。

3. 黑竹溝景區視覺感受系統

視覺感受系統是景區最直觀的部分，一切視覺景觀都可以成為形象的直接體現，能使人強烈地感受到這一景區形象的魅力。

（1）幽谷奇霧。黑竹溝由於山谷地形獨特，植被茂盛，再加之雨量充沛，濕度大，山霧是這裡的特色，經常迷霧繚繞，濃霧緊鎖，使溝內陰氣沉沉，神祕莫測。此處的山霧千姿百態，清晨紫霧滾滾，傍晚菸霧滿天，時近時遠，時靜時動，忽明忽暗，變幻無窮。考察者分析，人畜入溝死亡失蹤，迷霧造成的可能性很大，人進入這深山野谷的奇霧之中，又不熟悉地形，很難逃脫這死亡谷的陷阱。

（2）黑竹溝天然溫泉。黑竹溝景區內沿官料河兩岸有200多個天然的溫泉。黑竹溝溫泉擁有其獨有的特徵，水溫常年保持在48~62攝氏度，水色透明，含硫少，據專家稱其含有許多重要的對人體有利的微量元素，對皮膚病和減輕遊客疲勞有極大的幫助。

（3）交通工具。由於各種限制因素，黑竹溝景區交通不便，車輛不能到達景區內。我們認為可以發展最原始的彝族交通工具，如牛車、馬車。古老的牛車在這裡大有用武之地，特別是彝族趕牛車的歷史已十分久遠，代代相傳，沿襲至今。牛車似乎在訴說彝族村寨悠久的生存歷史，遊客可以通過趕牛車，充分領略彝族風情。

（4）杜鵑花。黑竹溝的杜鵑花，花色豔麗多彩，種類達四十多種，面積上萬畝（一畝約為666.67平方米），為世界之冠。其中有兩種為中國新發現的品種。

4. 黑竹溝景區消費感受系統

消費感受系統實質是景區所提供的旅遊服務感受，往往是最涉及遊客利益的，通常是直接反應最強烈，印象最深刻。分析黑竹溝景區資源優勢，應突出其原始的、生態的、民族的消費特點。

（1）飲食文化。黑竹溝景區處於彝族地區，勤勞樸實的彝族人民世代在這裡生活，形成了獨特的彝族風俗習慣和生活方式。當地的彝族人大多生活在山林中，飲食較原始，砣砣肉、蕎麥粑、烤乳豬、玉米、土豆、干酸菜和泡水酒是其獨特

的飲食。

（2）景區服務。黑竹溝景區有各種旅行社、賓館、飯店，其服務一定要體現迴歸自然、返璞歸真。黑竹溝景區處於偏僻落後的邊遠山區，景區消費水準相對較低，遊客到這裡期望的是享受到淳樸純真的消費，如果不考慮實際情況，而一味追求高消費和星級服務，不但收不到預期的效果，反而會破壞景區的淳樸風味。

（3）價格策略。由於黑竹溝景區處於落後的彝族地區，當地消費水準較低，那麼景區消費總體價格應該適應當地消費水準，價格應該與市場行情相適應。要區別不同的市場對象，制定不同的價格，對不同收入的遊客實現內外有別，區別對待的具有彈性和靈活性的價格，既能吸引更多的遊客，又不至於使所有人都享受到最便宜的價格而使收入降低。

（4）黑竹溝旅遊紀念品。旅遊購物是遊客旅遊經歷的重要組成部分，當遊客見到自己在旅遊中所購買的具有特色的物品或紀念品時候，就會回憶起在旅遊過程中的種種經歷。黑竹溝的特殊的旅遊紀念品是「彝族漆器」。彝族漆器的作品包括杯、盤、碗、酒壺等小型生活用具，也有桌、椅等大型家具和手鐲、髮簪等裝飾品。至今黑竹溝的彝族群眾和許多漢族群眾生活中都喜愛使用這些獨具特色的漆器產品。可以在景區建設購物一條街，主要賣彝族漆器和各種有彝族特色的首飾、服飾、樂器等吸引遊客，讓其永遠記住此次愉快的購物經歷。

5. 黑竹溝景區形象傳播系統

（1）旅遊地名稱。任何一個旅遊地都必須有一個個性化（地方特徵）的名稱，以區別於其他旅遊地。這一名稱一旦確定便不得輕易變動，長時間高頻率的出現有助於深入人心。黑竹溝旅遊形象的對外名稱應以強調其神祕的特點和獨特的彝族風情這兩個核心因素為主體，以「黑竹溝——陸上百慕大」為基本口號，有利於對外促銷。

（2）旅遊標示。旅遊標示是旅遊形象的典型代表或濃縮，具有獨特性、客觀性和美觀性，是一種或多種標志性景觀或文化的濃縮。黑竹溝旅遊資源的標示應該以倒立的金字塔為主體、以樹林為背景進行構圖設計，來突出它獨特的地理特性。

（3）旅遊吉祥物。旅遊吉祥物旨在加深遊客對旅遊區的認識，起到強化旅遊形象的作用。黑竹溝20世紀80年代曾發現過翼展達一米多的巨鳥，有專家指出可能為幸存的翼龍，這可能是全世界唯一的，我們認為可以選取巨鳥形象進行一定的卡通式加工後定為旅遊吉祥物，也可作為旅遊工藝品出售。

（4）國際探險。黑竹溝至今仍然是一塊處女地，人類從來沒能真正進入和徵服它，這正給了探險者們一個挑戰自己的舞臺。我們認為可以組織各種探險隊，讓國內外那些熱愛探險的人們挑戰自我，揭開黑竹溝的神祕面紗。這樣可以極大地提高其知名度。

基於歷史文化名人的品牌形象識別設計研究
——以歷史文化名人郭沫若為例

任文舉　張仁萍

摘要：在當前中國經濟發展轉型過程中，各種組織應當大力發掘歷史文化名人資源的現代價值，充分利用歷史文化名人資源豐富的內涵，結合品牌營運當下的市場環境、信息傳播環境、消費者的文化和消費心理及消費行為，進行歷史文化名人品牌整體形象設計。應將品牌的文化與個性予以提煉和科學、系統的規劃，將抽象的品牌文化和品牌個性通過創意設計轉化為具象的識別符號，借助品牌形象識別系統這一特殊的載體向目標受眾傳遞組織或品牌的相關信息。

關鍵詞：品牌；品牌形象識別；歷史文化名人；郭沫若

一、基於歷史文化名人的品牌名稱設計

研究發現，國內外的成功品牌都有一個適當的、受消費者認可的品牌名稱，能夠給目標受眾留下深刻的印象。知名品牌的命名方法和策略為沫若品牌名稱設計提供了獨特的視角和借鑑。在符合相關法律的前提下，在有利於進行市場行銷的基礎上，沫若品牌名稱設計的語音和語義必須有利於識別與記憶。在語音上讀起來朗朗上口、清晰準確，而聽者也能準確理解、過耳不忘，同時應盡量避免使用方言、土語和生僻拗口的字詞。

（一）利用歷史文化名人的名字

歷史文化名人的名字有原名、字、號、筆名、化名等很多形式，往往根植於中國深厚的傳統文化，有著特別的文化意蘊。郭沫若，四川樂山人，原名郭開貞，字鼎堂，號尚武。筆名、化名很多，沫若、麥克昂、石沱、高汝鴻、楊伯勉、白圭、羊易之等，用得最多的是「郭沫若」這個筆名。郭沫若家鄉四川樂山有兩條水：一條是沫水（即大渡河），另一條是若水（即青衣江）。他少年時飲二水長大，所以後來發表新詩時，就用了「沫若」這一筆名。從知名度的角度看，可以用「沫若」「沫」「若」或「開貞」等作為品牌名稱。

基金項目：文章為四川郭沫若研究中心課題「沫若品牌規劃與設計系統研究」（編號：GY2014B02）成果。

(二) 發掘歷史文化名人的作品

歷史文化名人作品豐富，作品的名字、作品中的典型角色和作品中的典型符號等都可以作為品牌名稱使用。郭沫若是著名文學家、劇作家、詩人、歷史學家、古文字學家、書法家、學者、社會活動家、中國新詩奠基人，是繼魯迅之後公認的文化領袖。其著述頗豐，主編《中國史稿》和《甲骨文合集》，全部作品編成《郭沫若全集》38卷。郭沫若代表作如表1所示。「女神」「天狗」「鳳凰」「天街」「春鶯」「霽月」等可以作為品牌名稱使用。

表1　　　　　　　　　　　　郭沫若代表作

詩集專著	《女神》《長春集》《星空》《潮汐集》《駱駝集》《東風集》《百花齊放》《新華頌》《迎春曲》
詩歌代表作品	《天狗》《筆立山頭展望》《鳳凰涅槃》《戰聲》《罪惡的金字塔》《天上的街市》《駱駝》《晨安》《夜步十里松原》《黃浦江口》《血肉的長城》《太陽禮贊》《春鶯曲》《鶯之歌》《立在地球邊上放號》《詩的宣言》《爐中煤》《霽月》《郊原的青草》
歷史劇本	《屈原》（已拍攝發行）《虎符》《棠棣之花》《孔雀膽》《南冠草》《卓文君》《王昭君》《蔡文姬》《武則天》《蠶繭》《高漸離》
專著	《中國古代社會研究》《甲骨文研究》《卜辭研究》《殷商青銅器金文研究》《十批判書》《奴隸制時代》《文史論集》《郭沫若文集》等

二、基於歷史文化名人的品牌標示設計

品牌標示作為一種特定的符號，實際上已經成為品牌文化、個性、聯想等的綜合與濃縮。一個優秀的品牌標示往往非常簡潔、單純，富有靈性，並在視覺上具有強烈的可識別性和衝擊力。品牌標示設計是在一定原則的前提下，選擇特定的表現元素，結合創意手法和設計風格而成。典型的設計方法有兩種：文字和名稱的轉化、圖案的象徵寓意。它們可以組合裂變為四種不同風格的標示設計：字體型、象徵型、抽象型和具象型。

(一) 字體型標示設計方法

字體型標示設計方法是以文字（包括西方文字和中國漢字）符號或以品牌名稱的字母符號作為標示圖形，構成設計元素。所採用的字體符號可以是品牌名稱，也可以是品牌名稱的縮寫或代號。在進行相關的設計時，可以選擇「郭沫若、GUOMORUO、GMR」「沫若、MORUO、MR、MORAL」「女神、NUSHEN」「天狗、TIANGOU」「鳳凰、FENGHUANG」「天街、TIANJIE」「春鶯、CHUNYING」「孔雀翎、KONGQUELING」等字體型標示為基礎，進行近似的變化設計和延伸。

(二) 象徵型標示設計方法

象徵型標示設計方法採用自然界的客體圖形作為標示設計的主要構圖元素，以期通過這類圖形所象徵的寓意向目標受眾傳達品牌商品的類別、性能等相關特徵，如圖1。自然客體的圖形所傳遞的視覺意念較容易被受眾所理解，但難以在視

覺上形成獨特性和專有性，在商標註冊和保護上常常會有爭議。

（三）抽象型標示設計方法

抽象型標示設計方法在構圖上大膽地擺脫了具象的自然形態的約束，善於歸納和提取事物現象的本質規律與基本特徵，將複雜的事情簡單化，運用抽象的幾何圖形或在此基礎上加以組合，畫龍點睛地向目標受眾傳達出品牌商品的核心價值和意義，如圖2。相對於具象設計而言，抽象型設計方法雖然也借助「形」來表現品牌所需要傳達的內涵，但這個「形」卻遠遠超越了具象實體的長度、寬度和高度，從而顯示了一種在思維方式上的意向轉換。使用抽象型設計的品牌標示，更具有現代感、信息感、商業感。

圖1　沫若品牌象徵型標示設計示例　　圖2　沫若品牌抽象型標示設計示例

（四）具象型標示設計方法

具象型標示設計方法是以具象的自然形態為構圖原型，在此基礎上進行概括、提煉、取捨、變通、組合，最後形成品牌標示設計所需要的視覺圖形，如圖3。自然界的一切元素，包括人物、動物、植物、山水、風景等都是具象型標示設計原型取之不盡的設計素材。採用具象型設計方法所設計的品牌標示，其優點是直接、明了，便於目標受眾對品牌的內涵與意義予以識別、理解和記憶。

三、基於歷史文化名人的品牌視覺形象設計

作為信息表象的視覺要素，既是反應各種不同事物間不同屬性的視覺符號，也是人與人之間接受與傳達信息的工具和載體，是構成視覺語言的基本符號。視覺設計的基本元素主要由色彩、形式、縱深和位移構成。

（一）色彩

對於色彩的描述通常有三種不同的方法：客觀法、比較法和主觀法。與現實形象或媒介形象的其他屬性相比，色彩往往更能喚起受眾的情感反應。色彩是一種高度主觀且極具影響力的與人溝通和交流的手段，如圖4。美術專業人士很早就發現暖色（紅色和黃色）比冷色（藍色和綠色）顯得距離更近，淺色使人們感覺比較柔和、愉快，深色則帶有生硬、陰鬱的情感色彩。

基於歷史文化名人的品牌形象識別設計研究——以歷史文化名人郭沫若為例

圖3 沫若品牌具象型標示設計示例

圖4 沫若品牌色彩設計示例

（二）形式

形式包括點、線、形三個組成部分，可以決定一個物體的外部形態和內部結構，如圖5。一個圖框中處於任何位置的一個點都會立即引起人們的注意。線條總能在受眾心中激起某種感情，不同的線條能夠帶來不同的視覺感受。形狀有方形、圓形和三角形三種基本形態，形狀以平面的形式出現在視野中，規定了物體的外部輪廓。和其他視覺屬性一樣，每種形狀都被賦予了特殊的文化意義。

（三）縱深

畫面的縱深感實際上是由人的兩只眼睛所觀察到的景物有細微的差異而造成的，被視景物分別被投射到人眼的兩個二維視網膜熒幕上，這兩路信號到達大腦之後，由大腦將兩者的差異解讀為縱深感。構成縱深主要有七種因素：空間、大小、色彩、光線、介入物、時間和透視效果，如圖6所示。

圖5 沫若品牌形式設計示例圖

圖6 沫若品牌縱深設計示例

四、基於歷史文化名人的品牌商品包裝設計

商品的包裝設計是品牌理念、產品特性、消費心理的綜合反應，它直接影響到消費者的購買決策判斷。包裝設計指選用合適的包裝材料，運用巧妙的工藝手段，為包裝商品進行的容器結構造型和包裝的美化裝飾設計。構成包裝設計的主要有外形、構圖和材料三大要素。

（一）外形要素設計和材料要素設計

外形要素指商品包裝的外形，包括展示面的大小、尺寸和形狀。包裝的形態主要有圓柱體類、長方體類、圓錐體類等各種形體，以及有關形體的組合和因不同切割而成的各種形態。在進行沫若品牌商品的包裝設計時，設計者必須熟悉形態要素本身的特性及特徵，按照包裝設計的形式美法則，結合各種產品自身功能

133

的特點,將各種因素有機、自然地結合起來,以求得完美、統一的設計形象。同時,外形要素設計和材料要素設計要結合起來思考,根據材料質地、材料表面的紋理等運用不同的材料,並妥善地加以組合配置,可以使商品包裝產生完全不同甚至是天壤之別的視覺效果,如圖7所示。

（二）構圖要素

構圖是將商品包裝展示面的商標、圖形、色彩和文字等組合排列在一起,構成一個完整的畫面和包裝設計的整體效果。沫若品牌相關商品需統籌考慮政治、經濟、文化、法律以及風俗等各種影響因素,通過完美的工藝美術方法進行標示設計,並在商品包裝上顯眼位置展示商標。通過對沫若品牌商品性質、商標內涵、品名含義及同類產品包裝設計風格等諸多因素深入研究,設計精美實物圖形和其他輔助裝飾圖形,把各個沫若品牌商品形象內在外在構成因素表現出來,以視覺形象形式把信息傳達給消費者。為了讓消費者準確而深刻地理解和銘記沫若品牌的形象和特質,還需要通過文字設計進一步傳達思想、交流感情和信息、表達某一主題內容,包括商品包裝上的牌號、品名、說明文字。在進行沫若品牌商品包裝文字設計時,文字內容應簡明、真實、生動、易讀、易記;字體設計應反應商品的特點、性質,有獨特性,並具備良好的識別性和審美功能;文字的編排與圖形設計及包裝的整體設計風格應和諧一致。色彩以人們的聯想和色彩的習慣為依據,是美化和突出產品的重要因素。在進行沫若品牌商品包裝色彩設計時,要綜合考慮工藝、材料、用途和銷售地區等各種因素,滿足醒目、對比強烈、有較強的吸引力和競爭力等基本要求,與整個畫面設計的構思、構圖和諧統一,如圖8所示。

圖7　形狀和材料要素設計示例　　圖8　商品包裝的構圖要素設計示例

五、結語

歷史文化名人作為中華民族傳統文化的結晶和典型符號,民族文化和地方文化特色鮮明,其名人效應經過歷史長河的大浪淘沙,本人及其作品和其他聯繫物有很多代表性符號能夠契合當下中國市場的聚焦點,引起消費者的強烈共鳴。大力發掘歷史文化名人資源的現代價值,充分利用歷史文化名人資源豐富的內涵,

結合品牌營運當下的市場環境、信息傳播環境、消費者的文化和消費心理及消費行為，進行品牌整體形象設計，在極大地促進中國民族品牌做大做強的同時，能夠傳承中國優秀的傳統文化，抗擊西方商業文化對中國文化的侵蝕，引導公眾強化文化自信和民眾自信，加快實現中國夢。

參考文獻：

[1] 鄧經武. 名人故居的旅遊品牌行銷——以樂山「郭沫若故居」為例 [J]. 郭沫若學刊，2005（3）：35-38.

[2] 周曉雲，沈赤兵. 歷史名人沈萬三的旅遊文化品牌價值 [J]. 當代貴州，2003（5）：22-24.

[3] 章玉鈞. 開發文化名人資源 鑄造沫若文化品牌 [J]. 郭沫若學刊，2003（4）：1-5.

[4] 程宇寧. 品牌策劃與管理 [M]. 北京：中國人民大學出版社，2011.

[5] 朱立. 品牌管理 [M]. 北京：高等教育出版社，2010.

[6] 黃維，聶曉梅. 行銷視野下的品牌形象識別理論發展軌跡 [J]. 裝飾，2012（7）：47-50.

[7] 王麗. 品牌形象識別中的色彩構建方法初探 [J]. 美與時代（上），2012（2）：27-30.

基於名人文化資源品牌化的旅遊行銷模式研究
——以郭沫若文化為例

楊小川

摘要：文章通過分析郭沫若文化資源品牌化發展的現狀及存在的問題，針對性地提出一些實用的行銷模式以求文化資源的品牌提升能與地方旅遊經濟的發展相互促進、相互轉化。

關鍵詞：名人文化；郭沫若；品牌化；旅遊行銷模式

一、郭沫若文化資源品牌化發展背景

（一）各地名人文化資源品牌發展現狀

利用名人文化資源發展地方旅遊經濟，國內外均有成功例子。魏瑪因文化名人歌德而名聲大振，成為歐洲的文化首都；義大利佛羅倫薩因達‧芬奇、米開朗琪羅這樣一些文化巨人，便成為世界旅遊經久不衰的熱點。目前全國上下也興起一股爭奪並利用名人文化資源發展地方旅遊經濟的熱潮，諸如李白故里、楊貴妃故里、貂蟬故里、西施故里、趙雲故里、曹操故里，甚至子虛烏有的西門慶故里、孫悟空故里都在爭奪。

浙江紹興不僅盡量恢復魯迅故里歷史街區的文化風貌，重建與故里風格協調、內容豐贍的魯迅紀念館，把魯迅作品中提到過的店鋪如「咸亨酒店」和小商品如「茴香豆」作為品牌來經營，而且新建「魯鎮」主題公園，把魯迅文化語境中的虛擬世界還原為現實，讓遊人置身於孔乙己、祥林嫂等的環境氛圍中。[1]

曲阜市利用孔子的名人效應通過實施旅遊品牌塑造、旅遊市場行銷、旅遊秩序整治三大工程，給古城注入了新的活力，激活了該市旅遊市場。明故城（三孔）升級為國家5A級景區，順利通過省級旅遊標準化示範景區驗收，年旅遊總收入超過20億元。

（二）郭沫若文化資源品牌發展現狀

郭沫若是中國傑出的作家、詩人、戲劇家、歷史學家、古文字學家，又是革

基金項目：本文系四川郭沫若研究中心立項資助課題「郭沫若文化資源品牌化與促進樂山旅遊發展研究」（編號：GY2009L16）研究成果之一。

命的思想家、政治家和社會活動家，一生學貫中西，著述頗豐，是中國不可多得的百科全書式的科學文化巨匠、世界文化名人。

本地眾多學者從不同角度對郭沫若文化資源發展均有獨到論述，譚繼和教授建議將郭沫若的「詩人」意境結合「仁者樂山，智者樂水」的佳言，借助「名山」峨眉山、「名佛」樂山大佛知名度，「借勢」建設沙灣「名人故里」。[2]李鴻儒也提出將郭沫若文化融入生態旅遊，使自然和人文景觀相映生輝，利用郭沫若的名詩、名劇、名著等搞碑刻、雕塑，使遊人在寄情山水之中受到名人文化的熏陶和感染。[3]儘管目前理論豐富，但是郭沫若文化資源品牌化發展，特別是應用於旅遊經濟的情況卻不容樂觀。

二、郭沫若文化資源品牌化存在的問題

（一）公眾對郭沫若及其作品認識不充分，研究有限

與同時代的魯迅相比，郭沫若可謂「相形見絀」，網上搜索「魯迅」出現文獻條數遠超出「郭沫若」的文獻條數。並且研究沫若作品、沫若文化的資料相當部分都出自《郭沫若學刊》，這也說明深入研究者及研究機構有限，研究人數還不夠多，表明公眾郭沫若及沫若文化認識不充分，同時反應出對沫若文化仍有很大潛力可挖。

陳曉春教授認為公眾對郭沫若認識不深的重要因素包括：一是時代風氣使然。在當今大眾文化時代，「知道趙薇的人多，知道趙丹的少」，普通大眾對郭沫若一知半解，人云亦云，以訛傳訛，郭沫若文化被遮蔽，不難理解。二是歷史的誤解與偏見。過去所謂「御用文人」等言論使人們對郭沫若的反應相當冷淡。[4]

（二）沫若文化資源品牌化程度太低

除少數專職研究沫若文化的專家學者外，絕大多數人僅僅停留在知道「郭沫若」是個名人的認知階段，而對於郭沫若的生平、經歷、作品、文化內涵及精神知之甚少。郭沫若文化本質上作為觀念性、精神性的名人文化，屬於陽春白雪的高雅文化範疇，普及難度頗大。郭沫若文化的主要載體包括幾十卷《郭沫若全集》及其書信集、譯著等的各種典籍，一般比較抽象、艱深，閱讀對象需要一定的層次。可見目前將郭沫若文化資源做成一個全國知名品牌尚有距離。

（三）郭沫若文化資源開發利用的市場化程度低

沫若文化資源的開發利用與促進樂山旅遊市場的行銷推廣少，品牌塑造不成功。除單純研究沫若作品及沫若文化外，幾乎都停留在名人文化資源保護的理論研究階段，沒有將郭沫若文化資源進行品牌化、市場化整體包裝，缺乏更多相關旅遊產品開發，推向全國甚至走出國門的行銷策劃意識也不足。

（四）樂山旅遊四大名片聯動不夠

樂山旅遊的四大名片中，「名山」和「名佛」通過「第一山」和「第一佛」的品牌設計和塑造，成功申報世界遺產，市場化和品牌化成效明顯，目前已經成為四川旅遊的一面旗幟。在利益驅動下，「名城」已經被破壞得只剩下「美好的願

望」。「名人」品牌卻一直沒有大的運作，後續想像空間巨大，應該對本土專家學者的沫若文化資源保護的真知灼見進行整體規劃，利用市場行銷手段，使用「借勢行銷」思路來進行品牌化聯動運作與推廣。

三、郭沫若文化資源品牌化條件下的樂山旅遊行銷模式

（一）整合行銷模式

王世德指出可以利用沫若文化搞活旅遊，創建「沫若文化城」，該文化城要突出弘揚郭沫若的文化精神，符合文藝審美規律，核心是在比較中突出個性，即郭沫若文化的唯一性。[5]在保持唯一性的前提下還需要整合各種相關資源為其所用。可以在樂山舉辦一些關於郭沫若的論壇或研討會。研究中不局限於郭沫若本身，而是參照彭邦本教授提出的抓住「古」「今」「中」「外」這四個字做文章，抓住郭沫若與中國優秀的傳統文化、巴蜀文化、世界文化的關係做文章，通過討論，通過比較，更多地從他的著作和廣闊生涯中尋找多樣化的開發素材和形象，提煉出若干對發展郭沫若文化富有創意的開發主題。

從整合行銷的角度可以參考楊勝寬教授對如何經營沫若文化資源的觀點。第一，用市場經濟的眼光認識和解讀郭沫若文化資源的價值。不能再單純考慮其文學價值、古文字貢獻等等，而是從市場利用方面來提煉可增值的亮點，服務地方經濟。第二，要找準其看點與賣點，用市場策劃的手段進行盤活。而賣點不是等來的，要靠比較、宣傳。第三，比較的目的是發展。[6]應當借鑑他人的整合行銷思維，構建多方參與的文化資源經營體制，將郭沫若故居周邊，樂山所轄的諸多自然旅遊資源加以整合，通盤規劃開發沫若文化、銅河文化等人文資源及沙灣石林、溶洞、美女峰等自然旅遊資源，將其融入樂山旅遊圈群落。

（二）借勢行銷模式

繼續發揚譚繼和教授提出的樂山「詩遊」意境[7]，借勢「名山」峨眉山、「名佛」樂山大佛建設沙灣「名人故里」之外，最重要的是借峨眉山—樂山沿峨眉河開發建設「慢城」休閒度假區的「文旅旅遊目的地」的機會，將郭沫若的詩人浪漫情懷與「慢城」休閒有機結合，讓郭沫若文化資源成為「文旅」中最閃耀的有機構成之一。可以在適當的時候申報「世界文化遺產」，與樂山大佛和峨眉山世界自然與文化雙遺產形成「三角式」文化遺產資源集團。

借勢行銷的另一種形式是「名人行銷」，即借名人，談名人。曲阜市成功舉辦了「2007曲阜春季旅遊推介會暨於丹教授孔子故里再談《論語心得》」活動，於丹來到曲阜，並受聘曲阜榮譽市民和孔子修學旅遊節形象大使。該市將春季旅遊推介會、於丹教授曲阜之行和旅遊演藝項目啟動三大內容有機結合，引起了社會各界的廣泛關注，達到了借助名人實現對外宣傳的良好效果。樂山沙灣的郭沫若故居、沫若文化城的宣傳，郭沫若文化的弘揚急需這樣的「名人」談郭沫若的宣傳形式。

(三) 話題行銷模式

可以運用包括「用科學發展觀看待郭沫若的一生」「用與時俱進的視角研究郭沫若作品」[8]等類似的話題，讓郭沫若家喻戶曉。從旅遊行銷角度看，我們需要的是高知名度，是焦點和關注。從某種意義上講，旅遊經濟就是一種「眼球經濟」。

(四) 晚會行銷模式

品牌推廣要突破「酒香不怕巷子深」的被動模式，採用「好酒還要勤吆喝」的主動宣傳方式。在沙灣「旅遊目的地」品牌推廣上也可借鑑其他成功經驗。比如2009年春節前中央一臺「魅力金口河」的歡樂中國行節目，為金口河大峽谷帶來了極高的知名度，僅五一勞動節3天時間，就有數萬人自駕遊金口河大峽谷，「沫若故居」缺少這樣的品牌化推廣的大手筆策劃。

(五) 競賽行銷模式

在全國範圍內組織以沫若故居、沫若作品、沫若文化為主題的會展、競賽、研討會、論壇，充分運用事件行銷、競賽行銷等常用行銷手段，借弘揚沫若文化之機，行發展地方旅遊之事。競賽的主題、形式很多，諸如賽詩、賽文章、攝影、古玩收藏、古文字研究，等等，都可以以「沫若杯」冠名。借助主流媒體新聞報導還可以免費進行宣傳，吸引參賽者、參賽主題的愛好者光顧旅遊。優秀作品可留存下來展覽。

山東曲阜「三孔」景區就曾在文化節期間，創新思維，推出首屆儒家文化國際視覺設計大展。與中國美術家協會聯合舉辦了全國第一個以儒家文化為主題的大賽，邀請了海內外頂級設計大師參加，有效擴大了曲阜的影響力，增加了新的旅遊品牌看點，為遊客提供了全新的旅遊景點。

(六) 影視行銷模式

在品牌化運作中，影視行銷也是常見手法之一。《神祕的大佛》、《風雲》系列劇對宣傳樂山大佛做了很大貢獻。郭沫若文化資源品牌化可借鑑並深化、泛化。目前已經排演的《沫若·女神》劇，以及由樂山市作家賴正和創作的傳記文學《風流才子郭沫若》第一部《女神之吻》的出版發行必將為沫若文化品牌化發展及樂山名人文化資源發展添磚加瓦，開個好頭。據悉，《風流才子郭沫若》的第二部《北伐時期的郭沫若》和第三部《戰爭時期的郭沫若》還會陸續出版。可以借助文化公司的力量來將這些作品改編成或續編成系列影視劇，取景多利用樂山自然資源、郭沫若故居等，這樣還可以將文化資源和自然資源進行有機結合。一旦郭沫若的知名度再次提高，研究人員自然就會增加，研究的深度和廣度也會有所突破。這樣形成良性循環，不愁郭沫若故居旅遊不振興。

影視行銷中可著力於幾點：第一是以郭沫若成長經歷、求學經歷、從軍從政經歷、趣聞逸事等為題材編系列影視劇；第二是以郭沫若作品為素材，開發科普讀物，建立郭沫若文化推廣信息中心，以擴大郭沫若影響；第三是以樂山、沙灣為背景，提供給其他影視劇作為背景，或製作風光影片、開發音像製品等擴大其知名度。

（七）體驗行銷模式

利用文化資源的旅遊行銷可以學習宋城集團經驗。宋城讓遊客穿著古裝，將鈔票兌換成古錢幣，穿梭於由打鐵、刺繡、蠟染、制錫、活字印刷、彈棉花、磨豆腐、耍猴及皮影戲等幾十種民間作坊表演所展現的市井百態，在遊覽線路上點綴以開封盤鼓、楊志賣刀、王員外招親、梁紅玉擊鼓抗金、汴河大戰、水滸好漢劫法場等雜藝表演，再現了南宋時期的風俗場景，給遊客以「給我一天，還你千年」的消費體驗，也讓潛在的文化資源成為可供大眾消費的文化產品[8]，讓悠久的建築文化、飲食文化、婚俗文化、軍事文化、作坊文化、市井文化、服飾文化等變得時尚而鮮活。沙灣郭沫若文化城也可以讓遊客根據郭沫若作品人物來參與體驗，感受郭沫若內心世界，重新認識郭沫若和郭沫若文化。[9]

總之，利用名人文化資源，在郭沫若文化資源品牌化的基礎上，發展樂山地方旅遊經濟需要集思廣益，單獨或同時採用多種行銷模式，讓名人文化資源的品牌提升與旅遊發展相互促進，相互轉化，才能達到共同和諧發展的目標。

參考文獻：

[1] 王妤. 紹興旅遊建設中的文化資源開發 [J]. 華東經濟管理，2003（6）：24-27.

[2] 譚繼和. 沫若文化資源與城市文化資本 [J]. 郭沫若學刊，2003（4）：9-15.

[3] 李鴻儒. 弘揚沫若文化 發展沙灣旅遊 [J]. 郭沫若學刊，2003（4）：20-21.

[4] 陳曉春，甘時勤，稅海模，等. 關於開發郭沫若文化資源的思考 [J]. 郭沫若學刊，2004（4）：1-7.

[5] 王世德. 弘揚郭沫若的文化精神——對打造「沫若文化城」建言獻策 [J]. 郭沫若學刊，2005（1）：68-70.

[6] 楊勝寬. 關於經營沫若文化資源的思考 [J]. 郭沫若學刊，2004（1）：1-6.

[7] 稅海模. 沫若文化的三個向度及其開發 [J]. 郭沫若學刊，2004（1）：12-17.

[8] 徐鳳蘭. 地方文化資源與創意經濟發展——以浙江宋城集團為例 [J]. 浙江社會科學，2008（9）：63-66.

[9] 陳昆. 打造沫若故里文化城的總體構想 [J]. 中共樂山市委黨校學報，2006（5）：33-34.

基於商業企業視角的卷菸品牌形象傳播通路研究

任文舉　周彥杉　於素君

摘要：在做大做強品牌的戰略方針指導下，中國菸草企業正逐步走向品牌競爭時代，卷菸品牌及形象的強弱將決定企業在市場競爭中的競爭地位和競爭實力。卷菸品牌形象是一個特殊的商品品牌形象，其構成具有差異性，經由商業企業、零售戶、媒體、公關活動等通道向公眾傳遞品牌形象的過程具有自身特點，各種品牌形象傳播通道的效率和效益也存在差別。針對目前中國卷菸品牌形象及其傳播通路存在的一些問題，本文創造性地提出了傳播通路效率和效益提升的一些對策。

關鍵詞：卷菸品牌；品牌形象；傳播通路

在國內外社會環境壓力日趨加大、市場競爭日益激烈的新形勢下，為了行業的持續發展壯大，推動中國菸草從產品時代走向品牌時代，國家菸草專賣局 2002 年提出了「大市場、大品牌、大企業」行業發展戰略，2006 年提出了「兩個十多個」的行業發展方向，2010 年又提出了「532」和「461」的品牌發展目標。這一系列一脈相承的發展戰略，終極指向無疑都聚焦於塑造良好品牌形象和做大做強品牌，直指品牌競爭時代的核心焦點。本文基於商業企業視角對新形勢下的卷菸品牌形象傳播通路及其有效利用進行初步研究。

一、卷菸品牌形象及構成要素

（一）卷菸品牌形象的概念

卷菸品牌形象是一個特殊的商品品牌形象，是存在於人們心裡的關於卷菸品牌的各要素的圖像及概念的集合體，主要是卷菸品牌知識及人們對卷菸品牌的主要態度。卷菸品牌形象是一個綜合性的概念，是卷菸行銷活動渴望建立的，受形象感知主體主觀感受及感知方式、感知前景等影響，而在消費者心理上形成的一個聯想性的集合體。[1]

（二）卷菸品牌形象構成要素

由於菸草行業和卷菸商品的特殊性，菸草工業企業並不直接面對消費者銷售

商品，而是通過菸草公司經由零售戶向消費者提供商品。因此，卷菸商品品牌形象要素除了包含一般的顯性要素和隱形要素外，商業企業附加在卷菸商品上的服務要素也應當成為卷菸商品形象的重要構成要素。

1. 顯性品牌形象要素

卷菸品牌的顯性品牌形象要素是指卷菸品牌外在的，具體可見的，可以直接給予消費者、菸草商業企業和零售戶等受眾感官衝擊的品牌視覺識別形象要素，主要包括卷菸品牌的名稱、標示與圖標、標記、標志字、標志色、標志包裝等。

2. 隱性品牌形象要素

卷菸品牌的隱性品牌形象要素是指卷菸品牌內含的因素，難以被消費者、零售戶甚至菸草商業企業等受眾直接感知的品牌理念形象要素。它存在於卷菸品牌的整個形成過程中，是卷菸品牌形象的精神與核心。卷菸品牌的隱性品牌形象要素主要包括品牌承諾形象、品牌個性形象和品牌體驗形象。

3. 附加服務品牌形象要素

在中國，卷菸商品要到達消費者手中，必須要通過菸草公司這一唯一渠道。消費者或零售戶在通過菸草公司感知菸草工業企業提供的顯性和隱性品牌形象要素的同時，必然也會直接感知菸草公司的服務方式、服務態度等品牌行為形象要素，如果這種直接感知長期發生在某種品牌上，消費者或零售戶就會把這種感知印象固化在這種品牌形象上面。這種服務品牌形象要素往往對品牌形象的顯性和隱性要素造成重大影響，因而絕對不能忽視。[2] 附加服務品牌形象要素主要包括服務理念、服務行為（如服務方式、服務態度等）和服務視覺感受等。

二、卷菸品牌形象傳播通路

企業品牌形象要傳遞給消費者，往往需要一定的渠道；能夠順利地把品牌形象傳遞給消費者的渠道，就是品牌形象傳播的通路。在中國，菸草工業企業生產出來的卷菸商品要順利到達消費者手中，有且只有一條渠道，就是通過菸草公司經由零售戶這條渠道才能送達。因此菸草公司和零售戶是極其重要的品牌形象傳播通路。但同時，在不違背國家相關法規政策和《世界衛生組織菸草控制框架公約》的情況下，菸草工業企業還可以運用媒體、公關活動作為品牌形象的傳播通路，也可以以自己的行銷力量建立最為直接的品牌形象傳播通路（如圖1所示）。

（一）菸草公司通路

菸草商業企業通過設置專門的品牌管理崗位來進行品牌行銷，宣傳品牌形象，引導消費者和市場向骨幹品牌集中，提高卷菸品牌集中度以優化整合品牌，進一步提高市場控制力。但由於商業企業和工業企業對市場需求和消費者認知的理解有可能不一致，商業企業的品牌管理與行銷同現代企業的品牌管理與行銷還存在一定差距，也由於本身利益的存在，因此，商業企業是否把重點放在開展骨幹品牌宣傳活動和提供優勢服務具有不確定性。

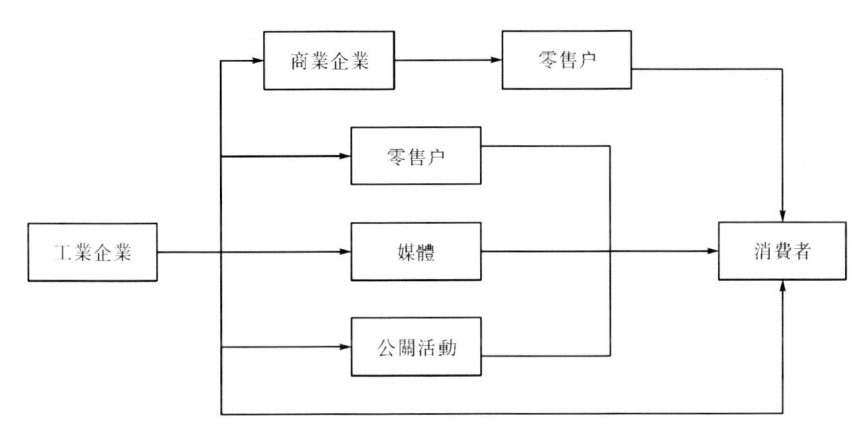

圖 1　卷菸品牌形象傳播通路

（二）零售戶通路

菸草零售戶由於文化水準的參差不齊、資金規模的大小不一以及區域差距等原因，對卷菸品牌形象的理解往往難以達到菸草企業的要求，在傳播卷菸品牌形象的時候也就難以與菸草企業保持高度一致。因此，菸草工業企業行銷人員也會不定期地上門向零售戶傳播品牌形象，張貼品牌形象傳播廣告，散發品牌形象傳播資料，加深他們對卷菸品牌形象的理解和認識，以利於他們向消費者傳播品牌形象。

（三）媒體通路

提高品牌知名度，塑造品牌形象，必須從廣告宣傳上下功夫，加大廣告宣傳力度和投入，提高廣告製作水準和技巧，通過「廣而告之」的廣告手段和成功的廣告宣傳活動產生「轟動效應」，將品牌推向大眾，品牌的知名度、美譽度、市場佔有率會不斷擴大。廣告按媒體種類有電視廣告、電影廣告、廣播廣告、報紙廣告、雜志廣告和戶外路牌廣告等。

但《中華人民共和國廣告法》和《菸草廣告管理暫行辦法》禁止菸草企業利用廣播、電影、電視、報紙、期刊發布菸草廣告或變相發布菸草廣告，禁止在各類等候室、影劇院、會議廳堂、體育比賽場館等公共場所發布菸草廣告。菸草廣告禁令的存在，使菸草企業廣告贊助日益受限，對於媒體的利用空間越來越狹小，同時也激發了菸草企業的行銷創新精神。

出於菸草工業企業多元化發展以及規避禁止菸草廣告的法律法規的需要，近年來菸草企業突破政策管理瓶頸，企業的整體品牌形象廣告成了宣傳自身形象的主要手段之一。菸草工業企業品牌形象廣告的媒體投放，電視臺以中央電視臺為主，衛視中以鳳凰衛視為主。菸草工業企業通過該通路及其相關傳播方式，塑造了一批良好的品牌形象。[3]如「紅塔」的「山高人為峰」，「白沙」的「鶴舞白沙，我心飛翔」，「嬌子」的「中國嬌子，前進前進」等。

另外，菸草工業企業還可以通過在中央一級的大型媒體上投放公益廣告來傳

播品牌形象。廣告片中雖然只有倡導公益的主題和贊助企業的名稱，但對於菸草企業來講就可以直接標明卷菸生產廠家，這在企業的品牌形象廣告中是絕對不被許可的；而且廣告主也只需支付廣告片的製作費用，播出大多是免費的。

（四）公關活動通路

大多數企業也選擇通過各種公關活動來傳播品牌形象。體育、文化等方面的公益活動和慈善活動等公關活動既能夠吸引公眾的眼球，也能夠吸引媒體的關注，無疑是傳遞品牌形象的良好通路。

首先，菸草企業積極性最高的是贊助體育賽事、支持體育事業，因為體育是禁菸廣告法規中給菸草企業留下的唯一缺口。與國內企業的冷淡態度相比，外國的菸草公司熱衷於贊助體育賽事。國外菸草公司認為，體育比賽與其品牌有著極為密切的關聯，不僅可以體現品牌在形象上的定位，還可以提高品牌知名度。贊助體育賽事的案例有菲利浦・莫里斯公司贊助萬寶路足球甲級聯賽，英美菸草贊助「555」港京拉力賽、「555」中國汽車拉力賽、「555 杯」名人橋牌邀請賽、「555」精英網球賽等，日本菸草國際株式會社贊助的「七星國際越野挑戰賽」，紅塔集團贊助的「紅塔體育中心」、雲南紅塔足球俱樂部、第五屆全國少數民族傳統體育運動會等。[4]

其次，菸草企業通過贊助文化、娛樂、藝術類的演出、比賽和競技類的表演性活動來傳播品牌形象。如上菸集團出資協辦「中華杯」上海國際服裝設計大賽和主辦「中華大獎第二屆上海國際芭蕾舞比賽」，寧波卷菸廠贊助「大紅鷹杯」大連市第四屆青年歌手大賽，白沙集團贊助的張家界特技飛行表演活動，安徽中菸邀請國際知名球員舉行 2008 年「黃山杯」斯諾克國際明星對抗賽，等等。

再次，菸草企業通過捐資助學、改善部分地區醫療衛生條件和支援受災地區等慈善活動來傳播品牌形象。如紅塔集團建立了中國第一個「救助貧困地區失學少年基金」以及在 1998 年洪災中積極捐款，上菸集團通過設立「中華慈善教育基金」先後向上海市慈善基金捐款 3,300 萬元，寧波卷菸廠在延安設立「大紅鷹」獎學金，川渝中菸在汶川大地震後的「5/12 中國愛・中國嬌子・愛心行動」慈善活動，等等。

最後，菸草企業還通過志慶或與重大時事相聯繫的活動來傳播品牌形象。如英美菸草公司利用成立百年慶典和標示更新二合一事件，曾在全球範圍展開規模空前的「555」品牌大型宣傳。

（五）直接通路

菸草工業企業還利用自己的行銷力量向消費者傳播品牌形象。菸草企業現場禮品、贈品派送促銷，在國外相當流行。禮品、贈品的設計和開發是國際著名的菸草公司做品牌推廣、促銷其產品的主要手段之一，英、美、日等菸草公司一般是按照菸品市場價值之的 25% 來核定贈品和廣告費的預算，由專業機構設計、開發一系列人見人愛的贈品隨菸贈送，如印有其產品標示的帽子、T 恤衫、雨傘、打火機、箱包、鑰匙扣、手錶等精美禮物。[5]

三、卷菸品牌傳播通路存在的問題

(一) 品牌形象在傳播過程中存在衰退效應

卷菸品牌形象在直接或間接傳播到受眾的過程中存在明顯的衰退減弱現象。引起這種現象的原因是多方面的：一是受眾認知的差異和市場的區域性、層次性差異；二是品牌形象傳播到受眾的過程中存在的各種噪聲和信息衝突；三是通過商業企業和零售戶的通道傳播中，商業企業和零售戶對品牌管理不力；四是媒體通道和公關活動通道效果的不確定性；五是缺乏對通道的維護和品牌形象力度的持續性不夠。

(二) 品牌形象傳播過程中存在信息衝突

卷菸品牌形象在傳播到受眾的過程中，存在著導致品牌形象衰退的各種各樣的信息衝突：一是菸草工業企業缺乏長期品牌資產管理戰略，品牌戰略性信息的不完整、不清晰，導致短期品牌戰略變化多端的信息衝突；二是菸草工業企業與商業企業之間的品牌形象認知不一致的信息衝突；三是消費者從各種通路接收到的品牌信息不一致的信息衝突。

(三) 品牌形象傳播過程中存在定位錯位

卷菸商品品牌定位，就是指根據顧客對於某種卷菸屬性的重視程度，在消費者頭腦和消費者市場中給卷菸產品確定一個市場及品牌位置，讓它對某一個群體的消費者出售，以利於與其他卷菸品牌競爭，目的在於為卷菸品牌培養一定的特色、鮮明的個性，樹立獨特的市場和品牌形象，來滿足消費者的某種需要和偏愛。一般來說，品牌定位策略劃分為功能定位、品位定位和是非定位等幾種類型。[6]正確的品牌定位，可以鑄造出成功的卷菸品牌，飽含特色、獨具風格，自然能夠在卷菸品牌戰中佔有一席之地。

卷菸商品品牌定位存在著明顯的錯位現象：一是誤用定位理論，簡單地想一句廣告語或一個口號，不管受眾接不接受，有沒有共鳴，就認為定位成功了；二是定位更換頻繁，定位不清，讓受眾難以適應；三是定位同質化，沒有結合消費者心理及本品牌自身的特點對品牌進行準確的定位，使消費者不清楚本品牌與其他品牌的區別；四是盲目開發形象品牌，導致品牌個性在市場和消費者心目中難以建立較為穩定的品牌形象，投入巨大，收效甚微。

四、卷菸品牌形象傳播通路提升對策

(一) 全面有效利用各種通路

中國菸草正逐步從產品時代走向品牌時代，品牌將成為決定企業在競爭中成敗存亡的關鍵因素之一，因此，品牌的塑造建立就成為市場行銷的核心任務。

一方面，塑造良好的品牌及其形象要求改變過去菸草企業在傳播上慣於使用單一手段的現象，要對各種傳播通路及其傳播手段和工具加以整合，充分運用整合行銷傳播的理論和方法。整合行銷傳播就是要求充分認識用來制訂綜合傳播計劃時所使用的各種帶來附加價值的傳播手段，如普通廣告、直效廣告、銷售促進

和公共關係，並將之結合，提供具有良好清晰度、連貫性的信息，使傳播影響力最大化。整合行銷傳播的目的在於使菸草企業所有的行銷活動在市場形成一個總體的、綜合的印象和情感認同。這種消費者建立相對穩定、統一的印象的過程，就是塑造品牌，即建立品牌影響力和提高品牌忠誠度的過程。

另一方面，菸草工業企業通過各種通路傳播給受眾的品牌信息必須和諧一致，消費者對一個公司及其各個品牌的瞭解與保留的品牌形象印記，來自他們接觸到的各類信息的綜合（包括媒體廣告、價格、包裝、售點布置、促銷活動、售後服務等）。與此同時，在各種通路中傳播品牌形象信息的具體活動和行為也應該保持一致性。

（二）加強品牌形象傳播培訓

菸草工業企業品牌形象傳播培訓的內容應該包括宏觀政策環境、品牌形象內涵、品牌形象傳播主體（即各種通路從事品牌形象傳播的相關工作人員）、終端零售戶、消費者中的意見領袖等。

宏觀政策環境培訓主要應著眼於影響卷菸品牌發展與傳播的有利因素和不利因素。品牌形象內涵培訓主要著眼於卷菸品牌的顯性、隱性和附加服務要素，也就是品牌視覺識別形象、品牌行為形象和品牌理念形象的全面深度楔入。菸草工業企業應該對各種通路從事品牌形象傳播的相關工作人員加強卷菸品牌傳播戰略、傳播理論和各種傳播工具的培訓。終端零售戶和消費者中的意見領袖的培訓主要是為了他們對卷菸品牌形象的深度認知和接受。

（三）科學管理品牌形象傳播終端

菸草企業需要充分適應經濟、社會發展形勢和充分利用現代信息電子技術打造超級品牌形象傳播終端。

首先，商業企業應建設面向零售戶、消費者的網站，宣傳法律法規、行銷政策、菸草文化等資訊，同時，聯合工業企業專門傳播品牌形象，讓零售戶、消費者隨時隨地都可以認識和瞭解品牌形象。

其次，企業可以探索實施用現代零售先進技術管理零售終端，採用終端售貨機器及軟件，即零售戶進銷存通過終端機進行掃碼管理，所有的數據與商業企業的網絡相連接，既可以實現商業企業對零售戶銷售信息的即時監控，進行自動配貨，又可以讓工業企業瞭解到各品牌和各規格的對應銷售場所。

再次，企業可以開展零售戶實施品牌形象傳播積分制度管理。商業企業根據品牌規劃，為不同的品牌規格設定不同分值，零售戶按照購買數量進行積分。商業企業定期對零售戶的積分情況進行匯總排序，通過積分甄別出對「532」「461」品牌戰略積極性高、貢獻度大的零售戶，對其進行表彰獎勵或優先提升客戶等級，從而激勵零售戶參與到「532」「461」品牌中去，提高零售戶對大品牌進行品牌推廣的積極性。並且選擇積分低的零售戶，有的放矢地開展品牌培育培訓，增強其品牌意識。同時，企業在進行品牌推廣時，優先選擇積分高的客戶進行首批推廣，更易於獲得零售戶的支持，取得更好效果。[7]

最後，企業可以為消費者辦理卷菸消費VIP卡。企業可以對消費者，尤其是

重點的消費群體和消費者中的意見領袖發放 VIP 卡，在消費者辦理聯網的 VIP 卡時，獲取消費者的職業、年齡、經濟狀況等基礎信息。消費者在任何地方購菸都可以通過終端機刷卡積分。這既是對他們的消費行為進行監控，也可以加強在銷售和品牌方面與消費者的溝通。

（四）打造品牌形象傳播體驗中心

菸草企業可以借鑑國外菸草企業的經驗，在大城市、重點城市或節點城市建立自己的品牌體驗中心，探索具有中國特色的體驗行銷模式。品牌體驗中心可以自建，可以菸草工商企業共建，也可以與高檔酒類品牌旗艦店合建，進行品牌全方位傳播，實現與消費者的深度溝通。國外菸草企業通過建立品牌專店融通公眾，讓公眾積極參與體驗企業的品牌。「品牌專店」作為一種特意安排的推廣計劃，在品牌形象店鋪裡出售的並非該品牌的香菸，而是提供休閒生活的消費服務，通過別具一格的感受，在公眾心目中仍然推廣了品牌，並借此提升了品牌的社會形象。[8]例如，日本「萬事發」在都市中建立「MILD SEVEN TIMES」——「萬事發休閒生活館」提供休閒生活消費服務，以表面上與卷菸沒有直接關係的平和的方式、滲透的方法推廣了品牌形象。

菸草工商企業協同在公共場合建立專門的吸菸室，既可以積極支持國家控菸政策，又可以在此開展精確的品牌形象傳播。近年來禁止在公共場所吸菸的規定越來越嚴、輿論壓力越來越大，公共場所禁菸已是大勢所趨。商業企業可以通過自辦、與菸草工業企業協辦的形式，建立公共場所吸菸室，通過銷售卷菸和廣告代理的方式獲取利潤，維持其運行。

參考文獻：

[1] 範亮. 透析菸草品牌與菸草行銷［EB/OL］.（2012-07-08）. http://www.emkt.com.cn/article.

[2] 李景武. 菸草企業如何進行品牌戰略管理［EB/OL］.（2011-04-14）. http://www.globrand.com/special/yancao.

[3] 鐘山. 菸草品牌整合傳播全攻略［EB/OL］.（2012-03-24）. http://www.globrand.com/special/yancao.

[4] 孟躍. 菸草品牌傳播突圍［EB/OL］.（2012-04-27）. http://www.globrand.com/special/yancao.

[5] 趙龍. 提升蕪湖卷菸廠品牌市場競爭力策略研究［D］. 南京：南京理工大學，2003：92.

[6] 邰凡. 快遞服務中影響顧客購後行為的因素研究［D］. 杭州：浙江大學，2008：79.

[7] 楊濤. 混合型卷菸「都寶」的市場策劃［D］. 南京：南京理工大學，2004：102.

[8] 席雲峰. 河南中菸工業公司黃金葉行銷策略研究［D］. 西安：西安理工大學，2010：87.

沫若文化旅遊品牌發展研究

王　嫻

摘要：近幾年來，隨著國民經濟的不斷提升，人民生活水準的不斷提高，人們對精神文化的追求，對旅遊品牌的需求也發生著改變。據有關統計顯示，文化體驗已經成了人們旅遊動機中的首位。鑒於文化旅遊日益重要的地位，我們就不得不對其加以分析。本文主要對旅遊業的行業特點、文化旅遊的概念、發展趨勢進行瞭解，同時在此基礎上為樂山的沫若文化旅遊品牌發展制訂了方案，以此吸引更多的旅遊消費者。

關鍵詞：郭沫若；文化；文化旅遊

近年來，隨著旅遊業的快速發展，消費者對旅遊種類的多樣性需求也越來越高，文化體驗已經成了人們旅遊動機中的首位。說到文化旅遊，其根本還是為了滿足精神財富的累積需求。中國文化旅遊的發展還不成熟，景區也還存在許多問題，如景區、景點單調，文化主題不夠突出，遊客難以從中體會到文化的內涵及韻味。這些情況都在一定程度上影響並阻礙了旅遊業的可持續發展。鑒於此，為了進一步地感受文化旅遊的魅力和價值，我們就以郭沫若的文化作為對象，對其進行一系列的分析與探討。

一、文化旅遊

（一）文化旅遊概念

文化旅遊是當代一種行為過程，是通過旅遊的方式來達到人類文化的感知、認識和瞭解的目的。多數表現為到一個實際的地點進行參觀、拜訪，在實際中感受文化名人的思想或者當地的民俗風情等。當下，文化旅遊已然成了一種新的時尚。

文化旅遊根據其不同的依據和角度有著不同的定義，它都是旅遊經營者創造的不同於以往旅遊形式的一種消費方式，在這樣的方式下遊客得到了文化與旅遊

課題項目：本文由四川郭沫若研究中心 2014 年課題「沫若文化旅遊品牌發展研究」（編號：GY2014B03）資助。本文載於《經營管理者》2015 年第 16 期。

的雙重體驗。

中國的文化旅遊存在許多層面，大致可以分為歷史、現代、民俗以及道德倫理文化層。歷史文化層中的代表有文物、遺址等，現代文化層中的代表是技術藝術、現代文化，民俗文化層中的代表有祭祀、生活習俗等，道德倫理文化層的表現是人際交流。

(二) 文化旅遊的發展趨勢

隨著旅遊產業的快速深入發展，文化旅遊以其獨特的方式存在著，並且正在成為我們當代旅遊業發展的一個大的趨勢，能夠完全地體現出旅遊地區的文化差異性和獨特性，具有大量利用價值和經濟潛能。旅遊業的文化性可以促進文化與旅遊業的互動與融合發展。

二、沫若文化旅遊 SWOT 分析

所謂 SWOT 分析，它是一種態勢分析，其中包括內部的優勢 S (strengths)、劣勢 W (weaknesses) 以及外部的機會 O (opportunities) 和威脅 T (threats)。

(一) S——優勢分析

現如今，文化旅遊已經成為現代旅遊業發展的必然趨勢，文化是旅遊的靈魂，一定要把旅遊與文化有機地結合起來。樂山旅遊以「沫若文化」為主，有一定的優勢。

樂山打造沫若文化，主要優勢在於沫若文化本身的獨特魅力，中國科學網評這樣評論郭沫若：郭沫若，是 20 世紀以及中國歷史上的文化巨人。像郭沫若這樣在五四運動後依然在許多的方面都能夠取得許多成就的人是不多的，這可以用奇才這個詞語來形容。他在學術界的若干領域，尤其是在中國詩歌史上，在中國古代史的研究、古文字研究等方面所取得的成就，這些都是無人能及的。

郭沫若曾任職中國科學院院長、文化教育委員會主任、中國科學技術大學校長等，同時他在書法藝術上也得到了社會的承認，我們可以利用這一點優勢，在樂山的某些地區創立專門的沫若書法學校、書法院等，以此來吸引遊客。

郭沫若的名氣較大，文化底蘊好，相對地對文人的吸引力較大。每年定期或者不定期地舉行關於沫若文化的「旅遊文化節」，以此可以吸引大批遊客到樂山旅遊。

他的名人效應的影響，可以在很大程度上提升樂山的文化旅遊附加值，推動樂山旅遊的其他方面的知名度提升。

(二) W——劣勢分析

1. 距離較為分散

大多數的遊客到樂山旅遊主要是因為「峨眉山」和「樂山大佛」，但是郭沫若故居在樂山沙灣區，位置距離較遠，由於交通和時間問題，很多遊客也不會專門去沙灣。

2. 樂山的沫若文化開發仍處於初級階段

樂山的旅遊業現在仍然是以「名山、名佛」為主，不僅在國內享有盛名，在國外也具有一定的知名度，很多外國遊客都慕名而來，但鮮少有人知道郭沫若。即使有人知道，但對於郭沫若也沒有進行專門的研究，對於他的一些作品也很難深入瞭解。從整體來說，樂山旅遊關於沫若文化的開發還處於一個初級階段。

雖然說以打造「沫若文化」旅遊為主會吸引大批的遊客到樂山旅遊，但是不可避免的是仍有絕大部分的人對中國的文人並不感興趣，特別是一些外國的遊客，他們可能對郭沫若都不是很瞭解，所以樂山的旅遊以「沫若文化」來做行銷策劃案也存在一定的弊端。

3. 對郭沫若本身具有一些負面的評價

雖然郭沫若已逝世多年，但是社會上對他的評價很多都還沒有定論，特別是針對他的人格問題。近年來，對於郭沫若的批評之聲，有符合事實的，也有的是在歪曲事實。這些新的看法和批評都證明了學術界的發展以及批判的進步。總之，在評價學者的時候，應該用一種科學的態度去對待及研究。

不管怎樣，我們不能否認郭沫若給中國近現代新文學的發展做出的創造性重大貢獻。

(三) O——機會分析

在旅遊日趨成熟的今天，文化旅遊的發展以及趨勢都關係著旅遊業的重點，也是愛好文化、尋求文化之旅的旅遊者的關注點。郭沫若的文化地位對於後世的影響仍然存在，並且仍舊作用巨大，在經濟開發的價值上也是不可小覷的。其發展的機會表現在以下兩個方面：

1. 政府對於文化旅遊產業的支持

在歷史長河中，四川是個人才聚集的地方。眾多的歷史人物出生在四川，成長於四川，又在蜀地為官，遊覽於蜀地，多數有遺址、紀念物留存，並留下了千古佳句和著名詩篇。他們光耀著四川這片浪漫的古蜀大地。因此在此基礎上，沫若文化有其特殊性，加上政府在文化旅遊上的投入，更加加大了沫若文化發展的機會。

2. 2015 年亞太旅遊協會年會的舉辦將推動沫若文化旅遊發展

2015 年 4 月亞太旅遊協會（PATA）年會將在樂山舉辦。屆時協會會先派人到樂山實地進行考察，並且會與樂山市政府進行交流。樂山市旅遊局局長也表示對於此次會議在樂山舉行很有信心，他相信以樂山優越的地理條件、健全的公共服務和完善的設施等定會讓此次亞太旅遊協會取得圓滿的成功。這也是樂山旅遊業發展的一個契機。

(四) T——威脅分析

1. 全國競相打造文化旅遊城市

打造文化旅遊城市可以提升一個城市的知名度、美譽度以及經濟收入。因此，近幾年來，全國各地競相打造文化旅遊城市，這在一定程度上對沫若文化旅遊造

成了威脅。

2. 國際旅遊對國內旅遊的衝擊

在國內旅遊存在一些價格漏洞的同時，國際旅遊開始成為人們出遊的一項選擇。出國旅遊以其價格低，極具吸引力的景點迅速在人們心中占據了一定地位，因此，近年來，出國旅遊也成了人們的選擇之一，這就在一定程度上衝擊了國內的旅遊業，尤其是對發展並不是特別成熟的文化旅遊行業，更是一種威脅。

三、沫若文化品牌形象

(一) 沫若品牌的現狀分析

對於現階段的樂山沫若文化旅遊來說，沫若品牌沒有一個明確的LOGO，樂山政府對沫若品牌的價值利用還很小，沫若品牌的自身開發還處於一個初級階段，樂山大多數對沫若文化的開發只是簡單地利用「沫若」這個品牌名字，比如樂山的沫若廣場、郭沫若舊居博物館、郭沫若紀念館、沫若公館、沫若良裝、沫若中學以及樂山師範學院裡面的沫若圖書館等。還有一些從郭沫若自身引申出來的一些品牌，如女神裝飾、女神賓館，但是大多數人對這些品牌都沒有一個基本的瞭解。

(二) 沫若品牌的開發策略

樂山沫若文化旅遊要打造一個專屬於樂山的沫若品牌，首先就要以沫若故里文化旅遊城為載體，發展樂山獨特的沫若文化。

沫若故里文化城主要以樂山沙灣沫若舊居為中心，對周邊的環境進行一個整體的修整，主要包括沫若廣場、博物館、文化街道等，盡可能地還原原貌。樂山政府以及當地旅遊局應該大力開發和利用郭沫若文學作品來作為一個新的品牌，以此來體現沫若品牌的多樣性。

可以在各學校增設關於郭沫若的相關課程，還可以在樂山開展關於「沫若印象」的大型文化活動，舉辦沫若文化旅遊節、週年慶典、討論會、演說等來擴大沫若文化以及精神的傳播，使消費者更好地瞭解樂山的沫若文化，提高沫若品牌知名度。

四、加強沫若文化旅遊品牌，形成具體實施方案

(一) 郭沫若文化旅遊的發展背景

在當今文化產業盛行的背景下，任何一個城市旅遊業的發展都必須要規劃好文化旅遊，要把代表當地的文化背景和旅遊活動結合起來，因為這同樣可以吸引一些遊客來當地追尋文化的根源，為旅遊業的發展開拓一個新的渠道。景區景點也可以同時聯合當地政府一起專做一個本地名人文化的研究，營造一個良好的文化教育環境，給旅客帶來一個全新的體驗。

樂山的旅遊有很好的文化旅遊資源條件，當地旅遊局應當重視郭沫若的文化旅遊開發與宣傳，充分挖掘郭沫若文化旅遊資源的價值。

因此，基於以上的一些分析，為了推動沫若文化旅遊的發展，我們做了以下的關於沫若文化旅遊的策劃：

（二）STP 分析

STP 分析即市場細分 S（segmenting）、目標市場 T（targeting）和產品定位 P（positioning）。

1. S——市場細分

根據旅遊業近年來的發展，遊客年齡以及受教育程度等因素，將市場細分為以下幾個部分：

（1）學生群體。在一些高校，學習相關文學專業的學生需要到一些文化旅遊地實地感受文學的氣息，那麼學校就會組織班集體集中游覽，或者學生自己結伴前往，這對於他們的專業鞏固有著重要意義。

（2）剛接觸社會的年輕人。一些剛接觸社會的年輕人，壓力大，為了減壓會選擇在節假日到周邊或者一些有名的文化旅遊地遊玩。也有的還沒完全脫離學校的書卷氣，需要繼續感受文學的魅力。

（3）年輕的家庭。一些剛組建家庭的年輕人，經濟能力以及其他方面受限制，會選擇這樣一種旅遊節出遊，既省錢又有益於身心的壓力釋放。

（4）高收入群體。隨著中國經濟的不斷發展，人民的收入越來越高，人們在越來越忙碌的同時也渴望找到一個安靜的能夠放鬆身心的地方，能夠豐富自己的精神世界。因此，高收入人群也逐漸抽空前往一些文化旅遊地感受文化的氛圍和氣息。

（5）愛好文學人群，尤其是愛好研究沫若文學的部分群體。可能大多數的人對郭沫若瞭解得並不多，但是也有許多人在用自己的精力和時間去研究他，因此，推出沫若文化節肯定會吸引沫若文學愛好者、研究者們前往，也更有利於沫若文化的傳播。

2. T——目標市場

根據以上所細分出來的市場，樂山打造以「沫若文化」為主題的目標市場的選定主要應該針對文學愛好群體和各大高校的學生，特別是文學專業方面的學生群體。

3. P——產品定位

（1）差異化定位。因為在市場細分中，我們將市場分成了五大塊，所以在產品的定位上我們採取的就是有針對性的、有差別的定位方法，這樣更加面面俱到。

（2）重新定位。我們推出的策劃方案是在結合景區自身的情況下和文化相結合的一條全新的，以前從未涉及過的一個定位方法。這樣更具有吸引力，同時也避免了其他成熟的、有實力的策劃方案。

（三）行銷策略

1. 產品策略——打造全新的文化旅遊

在樂山當地舉行「郭沫若文化旅遊節」，在旅遊節期間，大量地展覽郭沫若的作品，並舉行郭沫若研究會的研討會，同時免費開放郭沫若故居博物館和郭沫若

故居，以此來吸引大量的遊客和中國文學專業性的學術人才到樂山旅遊觀光。

樂山沙灣政府應極力向全國推廣「郭沫若故居」。中國有兩處郭沫若故居被列為全國重點文物保護單位，樂山沙灣就是其中之一。沙灣政府現在的宣傳力度不夠，以後應著重加強本地郭沫若故居的宣傳與建設，吸引全國各地的遊客，讓其不僅到樂山大佛和峨眉山旅遊，同時增加到沙灣旅遊的人口數量，使旅遊的流動人口增加，帶動樂山沙灣區的旅遊經濟發展。

文化旅遊是一種新型的體驗型旅遊活動，不同於自然風光、人文環境的旅遊方式，在進行各式各類的廣告宣傳等方面一定要把關於當地旅遊的各類信息（特別是包括郭沫若的文化產業）全方位的傳遞給受眾，才會引發遊客前往旅遊的動機。

2. 價格策略

針對樂山各個景點門票的價格，主要可以採取差別定價策略。目前國內的旅遊產業定價的方式主要採用差別定價策略，其中包括遊客差別定價和時間差別定價。

（1）遊客差別定價策略。不同的消費需求導致了消費者的消費期望、消費過程等不一樣，要通過細緻、深入的市場調查，針對不同的遊客制定不同的消費價格。在提供不同的產品服務價值的時候，一定要盡可能地滿足遊客的預期價值。

遊客差別分為散客出遊、家庭團體出遊、學校內部組織出遊等。針對不同的出遊方式，樂山當地旅遊局應做出相應的門票價格調整：對於散客出遊的，可以贈送一些合理價格的小禮品；對於家庭團體出遊的，可以制定一個針對出遊人數的折扣價格；對於學校內部組織的出遊，校方可同旅遊景點的負責人做協調工作。

（2）時間差別定價策略。大多數的旅遊景點都會根據時間季節的不同來調整景點門票價格，但是對於沫若文化這一文化旅遊來說，季節影響因素雖然不大，但是仍舊可以做小幅度的變動。

當地旅遊局也可以在郭沫若的生辰或者特別紀念日的當天做門票的優惠活動。以此來吸引更多的遊客來樂山旅遊。

3. 渠道策略

（1）活動宣傳渠道。在樂山開展關於沫若文化旅遊的相關活動，舉辦沫若文化旅遊節、沫若生平展覽、週年慶典、討論會等，通過形式較豐富多樣的旅遊活動來吸引遊客。

（2）網絡媒體宣傳渠道。當地旅遊局應通過互聯網、微信、微博等媒體來對樂山沫若文化旅遊進行宣傳，可以在全國範圍內起到一個良好的宣傳效果。

（3）行銷宣傳渠道。當地旅遊局應積極參加各城市的旅遊行銷會，大力宣傳樂山的沫若文化旅遊，並且設計出幾條經典的旅遊路線，拍攝旅遊宣傳片，出版旅遊宣傳畫冊、郵票等，進一步提升樂山的沫若文化旅遊價值。

參考文獻：

[1] 畢緒龍. 文化旅遊發展政策及其趨勢 [J]. 河南教育學院學報，2013（5）：19-23.

[2] 畢勁. 論文化在文化旅遊中的價值 [J]. 當代經濟，2008（7）：40-41.

企業領導者人格魅力對企業形象塑造的作用

鄧 健　　夏 麗

摘要： 文章通過對企業領導者人格魅力的含義、特徵的分析，指出企業領導者人格魅力在企業形象塑造過程中具有很重要的作用，企業領導者人格魅力不但造就了企業的形象，而且能有效地提高企業的知名度、美譽度，增強企業的和諧度，使企業形象得到昇華。文章提出了通過塑造企業領導者人格魅力來提升企業形象的觀點。

關鍵詞： 企業領導者；人格魅力；企業形象

在經濟全球化、市場競爭差異條件制約日趨縮小的時代背景下，在現代企業管理模式中，越來越多的中國企業已經開始走上了品牌化管理——注重企業形象塑造的道路，並取得了一定成效。但是，效果不是太理想，成功的典範不多。究其原因，企業在注重形象塑造時忽略了非常重要的一環，那就是企業領導者形象的塑造。一個成功的企業背後，必定有一支優秀的領導團隊，在市場經濟條件下的今天，決定企業成敗的一些物質資源「硬實力」，已經逐漸被人的因素，主要是領導團隊人的領導力這一「軟實力」所取代。就如同人們提到通用電器公司自然會與韋爾奇的領導團隊聯繫在一起，同樣，說起中國的優秀企業海爾集團，就不能不談張瑞敏。在企業形象塑造中一個很重要的環節就是企業領導者形象的塑造，而決定企業領導者形象的關鍵因素就是企業領導者人格魅力。企業領導者人格魅力對企業形象的塑造有著不能忽視的作用。

一、企業領導者人格魅力的內涵

（一）企業領導者人格魅力的含義

在管理學界對「領導者」的定義有不同的說法，綜合幾種觀點分析，我們認為，所謂「領導者」，就是指身居領導崗位、能夠對組織制定目標和實現目標的全過程施加巨大影響的人。

從漢語辭典《詞源》的解釋中可以知道，「人格」是指人的整體精神面貌，它是人的性格、氣質、能力等特徵的總和。它體現著個人的道德品質以及人能作為權利、義務主體的資格。因此，所謂「人格魅力」主要是指對人的精神層面上是

否具有很大吸引力、感召力和親和力的人性評價。

由此可見,「企業領導者人格魅力」的含義是:企業領導者所具有的在精神層面上對他人形成巨大吸引力、感召力和親和力的總體的人性評價。

(二) 企業領導者人格魅力的特徵

1. 企業領導者人格魅力具有超越性

所謂超越性,是指思想上的前瞻性和行動上的先進性。首先,思想上的前瞻性就是要創新,創新就是要打破常規的思維模式,用全新的思維模式和理念來領導管理企業。其次,行動上的先進性就是要務實,領導者應該真抓實幹,腳踏實地干事業,這樣可以為企業員工指明方向。每一個領導都應該是企業發展前進的先鋒,只有領導者具有超越性,企業才可能站在時代浪尖。

2. 企業領導者人格魅力具有實在性

實在性的含義包括兩個方面:一是這種領導者人格魅力是實實在在地建立在領導者與被領導者以及廣大群眾的利益、目標一致的基礎之上的。領導者個體若是切切實實地做到了這一點,那麼其魅力形態必然就是真實的。二是這種領導者人格魅力是實實在在地存在於領導者與被領導者及人民群眾的實際態度之中,而並非領導者的虛假掩飾、自我標榜或自己操控的輿論宣傳。

3. 企業領導者人格魅力具有長效性

所謂長效性,是指領導者的人格魅力由於具有真實、健康、自然的特性,不論其魅力形態怎樣發生變化,但其順應歷史發展的客觀規律、與社會歷史發展的方向相一致、與廣大人民群眾的根本利益相一致的魅力實質卻是不會改變的,對企業的發展尤其是未來發展起到長期的效用,有的甚至會持續到永遠。例如,雖然松下幸之助已經去世,但以他為代表的松下精神還在,並將長期存在,它將對松下集團未來的發展起到長效的影響。

4. 企業領導者人格魅力具有巨大的感召力

所謂感召力,是指領導者的人格魅力對被領導者或廣大群眾有巨大的吸引力、凝聚力和感染力。這種吸引力便被領導者不自覺地被領導者影響,對領導者形成一種崇拜心理。這種凝聚力使被領導者緊密地團結在領導者周圍,與領導者凝聚在一起,並非常自覺地執行領導者的命令。這種感染力使被領導者在思想上、行為上都深受領導者的影響和感染。這樣領導者就不需要用很複雜的程序而用簡單的方式就能表達重要目標,以達到較高的期望。

5. 企業領導者人格魅力具有個性化關懷

所謂個性化關懷,是指領導者能關注每一個員工,針對每一個人的不同情況給予培訓、指導和建議。這樣就能充分地調動員工的積極性,使每一位員工都能積極主動地為企業的發展出謀劃策,還能夠把每一位員工的潛在能力充分地發揮出來,使員工在工作時感到心情舒暢,無壓抑之感和厭惡之心,極大地提高工作效率,保證企業充滿生機、活力和後勁。這種「因材施教」的管理就比較有目標性。

二、企業領導者人格魅力對企業形象塑造的作用

企業領導者人格魅力對企業形象塑造具有重要的作用，主要體現在以下幾點：

（一）企業領導者人格魅力造就了企業形象

1. 領導者人格魅力是企業形象的有機構成

企業形象，是指社會公眾對企業的總體印象和客觀評價，主要由產品形象、領導者形象、員工形象、環境形象、文化形象等要素構成。這些要素是一個有機的整體，哪一個環節出現問題，都可能導致整體形象受損。領導者形象作為企業形象的有機構成本身就對企業形象的塑造有很大的影響。

2. 企業領導者人格魅力造就了企業性格

企業其實和人一樣是有生命的，是有它自身的規律可循的，是有自己的個性的（也叫作企業性格）。只有認識到這一點，才能有針對性地進行管理。企業形象是企業領導者形象的折射和放大，一個優秀的企業領導者在企業精神和企業理念的形成過程中，具有他人不可替代的作用。尤其是那些自主創業的企業家們，從企業誕生之日起，他們的世界觀、人生觀、價值觀就已深深地溶在了企業的血脈之中，實際上已成為企業經營目標和經營理念，而且伴隨著企業的成長不斷昇華和擴展。可以說，企業經營理念就是企業領導者或企業領導者世界觀、人生觀、價值觀的具體化，是企業領導者精神的人格化的縮影，是企業領導者形象的核心。以企業經營理念為核心構建起來的企業形象體系，就不可避免地打上企業家個人品質的「烙印」，因而實質上，企業領導者形象是企業形象的內核，是企業形象建設的基礎依據。企業領導者作為個人角色，其所傳遞的信息包含了強烈的個性色彩，這種個性色彩可以融為企業形象個性的一部分，也可能超越企業形象個性。例如，中國的海爾集團，海爾的發展史其實就是首席執行官張瑞敏的發展奮鬥史，海爾集團讓公眾所認同的企業形象和企業文化其實也就是張瑞敏務實、敏銳的人格魅力的折射與擴大。

（二）企業領導者人格魅力能夠有效提升企業的知名度、美譽度

知名度是指企業形象（包括產品質量和服務質量）對公眾的影響，或者公眾對企業形象的瞭解、認知的程度。知名度是企業開展業務活動的重要前提，表現了企業對公眾的影響率與佔有率。因此，擴大知名度非常重要和有必要。

對外，企業領導者是企業的代表，是企業的頭腦和心靈，是社會公眾認識並瞭解企業的窗口。社會公眾是先認識一個企業的領導者，才通過領導者認識到整個企業。企業領導者如果不能勾起公眾認識他的好感和慾望，自然會導致公眾失去走進並認識其領導的企業的慾望。只有讓公眾認識並認同的企業領導者，他所領導的企業才會被公眾認同並接受。比如，SOHO 的張朝陽就是這方面很好的例子，他不僅很好地宣傳了企業的品牌，更注重了對自己的包裝和宣傳。張朝陽頻繁地出席各類商業或非商業的活動，甚至連只有小孩子參加的輪滑比賽他也積極參與，其目的就是宣傳企業，給公眾一種很有親和力的企業領導者的形象，從而

使 SOHO 成為家喻戶曉的網站。

　　再者，從消費心理上看，消費者先是通過對企業領導者的信任從而產生對該企業產品的好奇和信任，再由對企業領導者的認同到對產品的認同，最後由對企業領導者的理解到對產品的理解。因此，企業領導者人格魅力對於產品的影響客觀上也是存在的。因此，一個名企業領導者在客觀上能夠影響一個名產品，造就一個名企業。比如，我們瞭解了比爾·蓋茨的個人理念和生活方式就瞭解了微軟公司，進而就能瞭解其產品。因此，作為企業的代表人物——企業領導者必須具有很大的人格魅力。這種人格魅力本身具有巨大親和力、影響力和感召力，能夠對領導者周圍的人或事產生巨大的影響。這樣的企業領導者本身就具有極大知名度，他所領導的企業自然就容易為社會公眾認知並接受，企業的知名度也就得到了提升。

　　企業的知名度有兩方面的不同表現：一是美名傳千里的知名度，二是臭名遠揚的知名度。這就要求必須由美譽度來有效地對知名度進行約束和補充。所謂美譽度，是指公眾對企業形象贊美的程度和信賴的程度。它反應的是公眾對企業整體、綜合的評價。美譽度是企業最寶貴的無形財富。世界上一些優秀的企業，如可口可樂、奔馳、IBM 公司等，無不具有較高的美譽度。

　　公眾的心理就是這樣，他們並不想被強迫地去接受某一企業或企業領導者，而是想通過自己的眼睛去認知企業或企業領導者。如果一個企業領導者能夠多參加社會公益活動，如扶危濟困、捐資助學等，他們的美譽度就會提升，公眾形象就會提升，企業的美譽度也會隨之提升。比如微軟的比爾·蓋茨——一位深受年輕人崇拜、敬仰和羨慕的對象，許多人把他當作效仿的榜樣和人生目標。原因很簡單，人們從他身上看到了一個成功富豪的形象——既富裕又不乏同情心，靠勤奮加努力而不是投機取巧鑽法律的空子，富甲天下卻不奢侈揮霍，更不干鬥富比闊的蠢事。他的致富不靠家庭背景，僅僅靠自己聰明的頭腦和苦苦鑽研的幾項技術，白手起家，完全靠自己的努力奮鬥。而且富了以後，懂得回報社會，對窮人也很大方，為慈善事業捐款超過百億美元，並在遺囑上寫明要把百分之九十的財富捐給慈善事業。這種企業家讓公眾敬佩萬分，同時公眾對他所領導的微軟就有一定的信賴度。比爾·蓋茨給微軟帶來的並不僅僅是經濟利益上的巨大效益，更多的是他以自己出色的人格魅力給微軟創造了無法想像的社會價值和精神價值。微軟現在享譽全球的聲譽和比爾·蓋茨所樹立的具有人格魅力的企業領導者形象是分不開的。

　　社會公眾對企業形象的最終評價主要是以企業的知名度、美譽度為依據。企業領導者的人格魅力提高了企業的知名度和美譽度，實際上也就提升了企業的形象。

　　(三) 企業領導者人格魅力能夠有效增強企業的和諧度

　　企業的和諧度是指一個企業在發展運行過程中，獲得目標公眾態度認可、情感親和、言語宣傳和行為合作的程度。它是美譽度在公眾道德評價中的延伸，是

企業開展公共關係工作獲得回報的指標。態度認可是公眾在認知企業的基礎上，對企業的接受與肯定；情感親和是公眾理性與情感結合而形成的對企業的喜愛程度；言語宣傳是公眾主動地傳播企業的良好形象，自覺成為企業新的人際傳播媒介；行為合作是公眾自願忠誠於企業，樂於長期選擇和接受企業提供的服務。

對內，企業領導者是企業內部員工的精英，是員工學習、工作的榜樣。員工是企業存在與發展的條件之一，也是企業形象很好的宣傳者。員工對企業的忠誠度和歸屬感在很大程度上能影響社會公眾對企業形象的認可，因此企業領導者是否具有人格魅力將直接影響企業員工的安全感、歸屬感和忠誠度。從前文可知，企業領導者人格魅力具有個性化關懷的特徵，他能關注每一個員工，針對每一個人的不同情況給予培訓、指導和建議，他能用自己人格上的優點去感染和吸引他人，使他能夠深孚眾望、受人欽佩，像吸鐵石一般地吸引廣大員工，使大家都能積極主動地為企業的發展出謀劃策，從而使員工緊密地團結在領導者的周圍，團結在企業的周圍，大家團結一致、齊心協力為企業的發展壯大而奮鬥，這樣的企業由內而外地具有一定的和諧度。

企業要生存就要適應瞬息萬變的社會和紛繁複雜的社會關係，這些關係包括社區、股東、政府、公眾傳媒、消費者、競爭對手等。有人格魅力的企業領導者一般都能通過有效的溝通，很好地協調好各方面的關係，為企業的發展贏得一個比較和諧的外部發展環境。比如，IBM（國際商業機器公司）總裁能夠非常自信地說，如果 IBM 一夜之間被大火吞噬，所有的工廠化為烏有，他也只要一個月就能重建 IBM。這就是因為 IBM 總裁巨大的人格魅力讓 IBM 在任何一個方面都具有很高的和諧度，無論是政府組織，還是社會的有才之士，甚至是消費者都已經在情感上與理性上認可並理解了 IBM。他們已經不自覺地對 IBM 總裁和 IBM 這個品牌形成一種偏好，能自覺地成為企業新的人際傳播媒介，主動地傳播企業的良好形象，還能自願地忠誠於企業，樂於長期選擇和接受企業提供的服務。這就是企業領導者人格魅力帶來的較高的企業和諧度，這是一種文化氛圍，是企業生命力的體現，更是企業形象的昇華。

綜上所述，企業領導者的人格魅力不但造就了企業的形象，而且能有效地提高企業的知名度、美譽度，增強企業的和諧度，使企業形象得到昇華。由提升企業領導者人格魅力的方式來完成企業形象的塑造，是企業形象塑造最終發展的方向。這樣的企業形象才能長久地保持，並永遠地為企業的可持續發展服務。

參考文獻：

[1] 錢肇基，劉白水. EPIS 重塑工商精英 [M]. 北京：改革出版社，1998：65.

[2] 王龍鋒，陳園. 論企業形象與企業家形象的整合 [J]. 南昌大學學報（人文社會科學版），2004（6）：50-54.

[3] BLOCK A. The enterprise leader personality charm [M]. Oxford：Oxford University Press：2001.

淺析體育明星代言

高文香

摘要：體育明星聚集了巨大的關注，體育明星是企業進行品牌傳播、市場推廣的一種非常有效的載體和工具，但是中國企業運用體育明星代言存在許多問題，導致品牌形象、市場銷售受到嚴重的影響。本文分析了體育明星代言的魅力，也分析了企業邀請體育明星代言中可能出現的問題，並對如何運用明星代言提出了自己的一些建議與對策。

關鍵詞：體育明星；關注度；風險；對策

品牌代言人是指企業在品牌提升過程中選用的富有魅力和知名度且能幫助擴大企業知名度、樹立美譽度和忠誠度的明星。品牌代言人側重於全方位地體現企業的品牌內涵及品牌文化。

一、體育明星代言的魅力

（一）傳遞信息，樹立企業形象

傳遞產品信息是體育明星代言最基本的作用。通過體育明星代言，企業能將品牌的特性、產品作用等信息傳遞給消費者，引起消費者尤其是體育愛好者的注意與興趣，進而傳遞給目標客戶相關信息，改變消費者的購買行為，提升銷售量。健康和活力是體育明星本身所帶有的最典型的氣質和特點，一旦體育與產品「聯姻」，一方面會吸引受眾的眼球和注意力，提升產品的知名度；另一方面能賦予體育明星代言的產品健康的氣質和形象，贏得消費者的青睞。一旦企業有效運用體育明星，將惠及企業所有產品。

（二）激發需求，促進產品銷售

許多消費者對某種產品的需求往往是一種潛在需求，一旦有了需求，他們會進一步瞭解產品，並對產品產生興趣，最終購買他們感興趣的產品。消費者在購買產品的過程中需要收集大量信息，但現在是一個信息爆炸的時代，企業廣告被消費者注意的機會有限，要記住更加困難。怎樣才能讓消費者記住自己的品牌呢？運用體育明星做廣告是比較好的途徑之一。在消費者眼中，體育明星也經常出現在報紙和電視媒體上。因此體育明星代言有很多益處：首先，體育明星能夠吸引

更多消費者的注意力,還能讓消費者記住和喜歡其所代言的品牌;其次,在吸引消費者注意力的基礎上,體育明星還具有較強的說服力,有助於增強品牌的權威性;最後,體育明星也是當仁不讓的輿論領袖,消費者也會因為喜歡這個明星而喜歡上他所代言的產品。

二、企業邀請體育明星代言存在的問題

體育明星聚集了巨大的關注度和美譽度,能夠讓企業快速和有效地傳播品牌信息,於是體育明星代言成為當前企業所推崇和熱衷的一種代言方式,但是體育運動的不確定性、企業盲目使用使得企業在運用體育明星代言時存在許多問題。

(一)盲目追求當紅體育明星

中國眾多的企業選擇通過體育明星代言的方式來提升自己的品牌價值,但是很多企業不能很好地把握尺度,一味追求當紅體育明星,很容易誤入歧途,不但沒有達到提升企業品牌形象的目的,在承擔經濟損失的同時反而讓企業的形象受損。很多企業急於求成,以為邀請當紅體育明星就能一勞永逸,但如果所邀請的體育明星內在氣質與產品形象脫節,不但不能收穫好的效果,反而讓消費者誤解企業的形象。一方面,不合適的當紅體育明星也因為競技、身體等原因曇花一現,盲目追求當紅明星會導致企業經常更換代言人,不能很好地突出品牌個性,還因為經常替換代言人使得品牌出問題的概率增加。另一方面,當紅體育明星自然會受到很多企業的追捧,一個當紅明星同時代言十幾個品牌是很正常的事情,品牌信息不能被消費者記住,品牌代言的意義也就不存在了。

(二)體育明星代言費用高

隨著體育明星代言的日益興起,明星的代言費用也水漲船高,代言費用僅僅是品牌宣傳的第一步,而要將明星效應運用到品牌中去,後期的廣告宣傳和推廣是必不可少的,而這筆費用也難以估量的。能夠負擔得起如此巨大費用的都是大企業,儘管這些企業財大氣粗,但高昂的費用投入短時間也難以消化,而且體育明星代言不一定能保證其宣傳效果。大企業尚不能輕鬆應對體育明星高昂的代言費用,中小企業根本就沒有經濟能力去承擔,只能望塵莫及,因此體育明星代言也就成了大企業的「貴族運動」。

(三)體育明星代言風險高

任何投資都是有風險的,且投資的收益率和投資風險是成正比的,收益越大的項目意味著風險也很大。企業邀請體育明星代言是一項大投資,收益率很大,但是其風險必然很大。

1. 體育明星運動生涯短

每個運動員有一定的運動生涯,有成長期、高峰期,也有隕落期。公眾大多只認冠軍,然而卻沒有運動員能永保冠軍,運動員一旦成績下降,其所受的關注度會大幅度下降,其所代言的廣告效果也大打折扣,為企業所帶來的收益也明顯下降。很多企業沒有考慮企業處於哪個階段,需不需要明星代言,也沒有考察過

明星的運動生涯與企業的生命週期是否適應。

2. 賽事結果懸念很大

運動員的成長過程中永遠伴隨傷病、退賽、比賽結果難以預料等很多不確定因素，這正是體育競技殘酷的一面，這也是體育明星代言企業最不願意看到的。某一運動員一旦被認為是奪金的熱門人選，很多企業就會花重金在他身上押寶。如果他奪冠，其商業價值大幅度提升，這些企業也將因此受益。可是比賽結果難以預料，運動員因為種種原因沒有奪冠，甚至可能出現退賽等情況。一旦發生意外，支持者和反對者就會發生「口水戰」，而最為難受的還是夾在中間的贊助商，這些贊助商投入的廣告製作和宣傳費用就會受到損失。

3. 明星的負面報導殃及品牌

體育明星是公眾人物，他們任何一點的負面消息都會被放大，這會波及其所代言產品的形象。有些體育明星的私生活不檢點等都會讓他們遭到媒體和公眾的唾棄，其所代言產品的形象大大受損。還有些體育明星的冠軍是靠興奮劑取得的，一旦東窗事發，不但冠軍獎杯被沒收，還會受到禁賽的處罰。失去了比賽機會的體育明星逐漸淡出了公眾視線，也就失去了影響力，企業投入的巨額資金不但付之東流，而且還會影響企業或品牌形象。

4. 過於耀眼的體育明星會覆蓋企業品牌及產品的光芒

很多企業在邀請體育明星代言時，往往沒有分清主次，沒有突出企業的品牌及產品，本末倒置，企業最後成為體育明星免費做宣傳的載體。很多企業認為體育明星是我買過來的，只要產品一貼上體育明星就升值了，但是往往由於急功近利，廣告中過分突出明星的個人表現而弱化了企業的品牌和產品，有的甚至就在廣告結尾時倉促地提了一下自己的品牌和產品就完了。對於這樣的代言，觀眾只記住了明星，對企業的品牌和產品反而沒有什麼印象，到頭來反而是企業為體育明星做廣告。

三、中國企業運用體育明星代言的策略

中國企業請體育明星代言尚處於發展階段，很多企業對於體育明星代言還不能很好地掌控。中國企業對於體育明星代言不是一朝一夕就能熟練地掌握的，在有限的資源和空間裡企業最大限度地發揮體育明星代言的效用很關鍵。

(一) 選擇與產品相符的體育明星

選用體育明星不能盲目，首先要分析企業所處的行業是否適合邀請體育明星代言，如藥品、保健品、菸草等行業都是與運動員健康的形象背道而馳的；與體育聯繫不緊密的企業如果要運用體育明星代言也需要慎重考慮，只有與體育明星健康、自信等形象相吻合的行業才適合運用明星代言。如果需要請體育明星代言一定要分析企業處於哪個發展階段，清楚品牌內涵，瞭解體育明星的特質，才能運用體育明星的個性優勢來彌補自己的弱勢與不足。

（二）體育明星與企業很好地結合

體育明星是體育用品企業首選的代言人，例如貝克漢姆和阿迪達斯、姚明與銳步、耐克和科比等。不是體育用品企業也可以挖掘與體育明星之間的聯繫運用體育明星代言，如麥當勞就挖掘出體育明星所從事的項目與產品的聯繫，其選擇的跳水、乒乓球、籃球等都是既需要足夠熱量，也需要科學配比飲食的技巧性項目，通過這些明星代言來宣傳麥當勞的合理飲食的理念。

（三）體育明星選用與企業品牌文化相結合

塑造品牌是一項系統工程，想要塑造一個優秀的品牌就要求企業必須選擇一個適合的代言人，最好把體育明星與企業的文化結合起來。以金六福為例，金六福的品牌代言人是帶領中國男子足球隊成功獲得世界盃出線權的米盧教練，金六福把落腳點選在企業名稱上，「福」文化是金六福一貫的品牌文化，運用米盧充當該品牌的代言人，米盧的「好運」正好與金六福的品牌文化不謀而合。可以說金六福所做的米盧文章更好地闡釋了該品牌吉祥、喜慶的中國傳統文化內涵，強化了企業的核心品牌文化。

（四）選擇的體育明星還要得到目標客戶的認可

一個代言人合適與否要看得到目標客戶的認可程度，如果明星代言人能在目標客戶群中產生共鳴，就能夠讓明星的價值得到最大化的發揮。耐克被一致認為是個性的象徵，而耐克的客戶主要是年輕人，耐克代言人就是NBA最有感召力的球員——科比·布萊恩特，其超凡的球技和個性十足的球場作風都無與倫比，他在年輕人心目中就是英雄和偶像。他在球場上極具個性的表演及超凡的個人魅力都是作為耐克代言人必備的素質，他在球場上的無所不能、執著的追求更高的境界無時無刻不在體現著耐克的「just do it」。

（五）選擇未來之星，增加代言收益

在競爭激烈的今天，很多企業想邀請當紅體育明星代言，但是高昂的代言費用往往令人生畏，有人說邀請體育明星是「有錢人的遊戲」。如果企業真的不想負擔巨額的代言費用，其實可以退而求其次，選擇培養具有潛力的體育明星。如果潛力明星一飛衝天，那麼企業就有無法估量的收益。耐克和可口可樂的成功告訴我們，請體育明星不一定非要請當紅明星，選擇未來之星也是一個不錯的選擇，尤其是對於那些不願意出太多代言費用的企業。

（六）多方面考察體育明星，降低風險

體育明星代言風險大是不爭的事實，如何降低風險是企業提高投入產出必須考慮的事情。在邀請體育明星代言之前，一定要通過各種途徑認真分析體育明星的類型、個性特徵、是否具備時代偶像的潛質、在目標群裡中的感召力和所代言的品牌數量，以及所選擇的體育明星以後的走勢和成長空間，更加重要的是考察是否有不良的生活習慣、生活作風等問題。對體育明星瞭解和考察得越多，出現風險的概率會大大降低。有的企業為了進一步降低體育明星代言風險會選擇簽訂專門的合同以增加對明星的約束。

（七）為體育明星退役做好準備

消費者會對體育明星代言的品牌及產品產生好感，但是這樣的時間不會持續太久，因為每個體育明星都會退役，消費者對品牌的關注度也會隨體育明星的退役而急遽減少。體育明星所累積起來的人氣會隨運動員的退役消失殆盡，企業必須在此之前做好準備。有的企業選擇在前一任代言人退役之前物色新的代言人，並且盡量在影響力和個性方面與前一任代言人接近。有的企業則選擇更多的明星代言來減少某一運動員的退役而產生的巨大影響。

參考文獻：

[1] 邱雪. 中國體育明星品牌代言人的熱點問題探討 [J]. 中國體育科技，2005（4）：63-66.

[2] 張智翔. 冠軍中的冠軍：體育用品大王耐克公司解讀 [M]. 北京：中國方正出版社，2005.

[3] 潘肖珏. 體育廣告策略 [M]. 上海：復旦大學出版社，2005.

[4] 符國群. 消費者行為學 [M]. 北京：高等教育出版社，2010.

[5] 吳垠. 企業使用奧運冠軍代言策略推薦 [J]. 現代廣告，2008（10）：39-43.

[6] 曾祥國. 體育明星代言 避免「劉翔現象」[J]. 中國紡織，2008（7）：72-73.

四川中小白酒企業品牌化路徑研究

楊小川

摘要：塑化劑風波、央視曝光四川低端白酒勾兌潛規則等重要事件，促使四川中小白酒企業品牌化之路迫在眉睫。四川中小白酒企業不妨在小眾品類、莊園效應、品牌整合、聚焦協同和延續貼牌等思維指導下，選擇「深入發掘酒文化借力文化行銷、借助事件行銷、細分市場做區域低端王、與時俱進借助年份酒暗示歷史悠久」等途徑提升品牌、拓展市場。

關鍵詞：四川；中小企業；白酒；品牌化；路徑

一般來說企業做品牌需要投入大量的人力物力和財力，白酒品牌也不例外，似乎只有大中型白酒企業才有必要去打造自己的品牌，而中小白酒企業卻只能望而卻步，心有餘而力不足。其實正是因為實力不如大中型白酒企業，為了未來發展更具可持續性，讓自己在處於多事之秋的白酒行業占據一席之地，四川的中小白酒企業才更應該想辦法找到適合自己的品牌化路徑，打造屬於自己的特色品牌。

一、四川中小白酒企業品牌化緊迫性

（一）「塑化劑風波」殃及四川中小白酒企業

2012年11月19日，由酒鬼酒送樣檢測的產品塑化劑超標達260%引發的塑化劑風波，造成滬深兩市13只白酒股大面積殺跌，市值一日蒸發328億元，隨即將塑化劑風波推向全國。而早在2011年6月，塑化劑已然在臺灣引起軒然大波，並最終成為重大食品安全事件。食品安全現在成了中國最大的話題，也是普通百姓最關心的頭等大事。食品含有塑化劑將給消費者帶來危害，諸如長期、大量攝入塑化劑損害男性生殖能力，促進女性第二性徵發育，造成兒童性別錯亂，造成基因毒性傷害人類基因，影響消化免疫系統誘發肝癌等。一時間全國上下談塑化劑色變。

儘管塑化劑風波由酒鬼酒點燃，但是受到波及最大的卻是四川白酒。川酒之

課題項目：本文獲2012年四川省哲學社會科學規劃應用類項目「白酒產業發展研究課題」省級項目「四川中小白酒企業品牌形象塑造問題研究」（編號：SC12BJ17）基金支持。

所以風行全國，是因為通過老名酒「六朵金花」在全國消費者心目當中樹立了四川產名酒的印象，同時「中國最大原酒基地」為川酒走向全國奠定了牢不可破的基礎。當「六朵金花」在全國「開花」的時候，邛崍、大邑、瀘州、宜賓等地的原酒、基酒、調味酒也在源源不斷地輸往全國各地。全國各大名酒廠與四川眾多的中小型白酒原酒廠之間存在唇亡齒寒的密切關係。

塑化劑事件中，眾多專家學者和社會層面一致認為造成該現象的原因除人們瘋狂追逐利潤，受到利益驅使之外，白酒廠商缺乏道德自律也是主因，特別是目前食品監管體系有漏洞，檢測部門內部結構混亂，監管部門執法不嚴。如此一來，在群眾的呼聲中勢必會將矛頭指向白酒釀造的源頭，四川的白酒行業將成眾矢之的。

（二）央視媒體聚焦四川低端白酒「勾兌」潛規則雪上加霜

「勾兌」原本是白酒生產企業一個正常的將原酒稀釋為低度數白酒的普通得不能再普通的計劃環節。但是 2013 年 4 月 15 日央視《焦點訪談》欄目以「不明不白的白酒」為題，做了一期幾乎是針對四川中小白酒行業的專訪，顛覆了人們對四川白酒企業的本已經很脆弱的信任。節目走訪了幾個四川具有代表性的重要白酒生產基地，通過暗訪四川省邛崍金穗實業有限公司、四川宜賓醉翁酒業有限公司、四川省瀘州造酒廠、成都市坤寧酒業有限公司等中小白酒企業負責人，觀看調酒師的現場演示收集到眾多第一手資料，證實了定位在中低端的中小白酒企業幾乎都在利用食用酒精加入香精香料進行勾兌，並且已經形成了「潛規則」。然後採訪了專門為酒廠生產香精香料的四川北方沁園生物工程有限公司、四川銀帆生物科技有限公司、四川省申聯生物科技有限公司、開封市百川匯寶香料有限公司、河南省康源香料廠有限公司等企業，再次證明四川的中小白酒企業都在購買其香精香料，用勾兌酒替代糧食酒進行銷售，並且裝香精香料的容器大多數為塑料桶，不可避免含有塑化劑。

在採訪中，國家白酒產品質量監督檢驗中心負責人表示，目前技術無法查出究竟是勾兌酒還是糧食酒。由此幾乎可以得出一個結論：市場上所有標榜的所謂糧食酒，都無法擺脫勾兌酒的嫌疑，明顯對消費者形成詐欺。這個結論對生產中低端白酒的中小企業而言無疑是雪上加霜。

四川中小白酒企業走出塑化劑、食用酒精勾兌陰霾，主動化解中高端品牌定位下移的壓力，尋求合理品牌化途徑，進行品牌化升級迫在眉睫。

二、四川中小白酒企業品牌化思維

（一）小眾品類思維

白酒作為一種成熟的品類為消費者所熟知，在競爭激烈的市場中脫穎而出的一種有效方式就是塑造一個具有獨特消費者價值主張的亞品類。衡水老白干在清香型中細分的「淡雅品類」獲得了較高的消費者認知和良好的市場反饋。[1]魯酒中的景芝酒業，專注於小眾香型的芝麻香型，儘管在全國範圍內並不能廣泛接受，但

是在山東卻獲得較高認知。開發新的香型是一些白酒品牌尤其是白酒新品達到品類獨占創新的差異化之路，如新的兼香型、三元香、芝麻香、鳳兼濃香型、奇香、特香、淡雅香等，以新的口味滿足開發新的市場需求；或者以自己品牌定位新的香型作為微觀細分，如孔府家香型等。在四川白酒行業中，基本上形成濃香型和醬香型兩大代表性的香型，但是廣大的中小白酒企業具有明顯的同質性。既然如此不妨學學景芝酒業發展思維，細分市場，走小眾差異化路線，塑造大品類下的亞品類代表，寧做雞頭不做鳳尾。

（二）「莊園效應」思維

莊園效應本是來源於葡萄酒釀造行業的稀缺差異化和生產地的地域差異化現象。葡萄種類不同或同一種類在不同地域種植，即便是同樣的工藝和人釀出的酒口感也有很大的差異，這也是葡萄酒品牌一直致力於「莊園」的核心所在。其實中國白酒行業也一樣，相同香型在不同的地域，酒體風格也發生了巨大變化，白酒行業同樣具有「莊園效應」。四川很多市縣之所以擁有歷史悠久的白酒釀造文化，能成為白酒生產基地，就是因為地域具有不可複製性，對於消費者而言，最終獲得的一定是基於歷史沉澱下來的地域情結。四川白酒金三角地區的中小白酒企業要好好運用「莊園效應」，在高端白酒品牌的建設中坐收「莊園效應」和借勢影響的漁翁之利，多多強調地域特性對白酒品質的保證，以推動品牌建設。

「莊園效應」可以演變成為一種釀酒行業的地域酒文化，白酒是一個特殊的產品，與其他快消品相比更具備文化屬性。在四川將白酒釀造作為支柱行業的地區，不妨以政府作為引導，行業協同，集大中小型白酒企業之力，將本土文化納入各地域文化的傳播中來，利用「莊園效應」，起到龍頭帶動的效果。

（三）品牌整合思維

現在白酒企業的擴張大部分還是本品或者本品牌擴張的模式，擴張區域也是依靠廠家的品牌和經銷商的網絡組合的模式。廠家一旦投入少，或者市場管控力度差，就會出現竄貨亂價。市場擴張的速度決定了現在的中小白酒企業在未來白酒江湖中的地位。

中小白酒企業的未來出路只有兩條：一條就是成長快速自己，成為整合者；另一條就是被別人整合。先扎進籬笆是企業歷練的基本功。如何防守，要檢查一下是否還有沒有覆蓋的市場，諸如餐飲渠道、流通渠道、專賣店渠道、團購渠道，等等，是否還有自己比較薄弱的環節，如果有就要補上。

更多的中低端白酒企業可能會面臨被整合的局面。企業要想被整合也得整理自己，增加被整合的成本。如何增加被整合的成本，第一條就是練好防守的能力，從產品、渠道、推廣、廠商關係到市場信息的搜集等各個方面練好防守功夫。

（四）聚焦協同思維

大多數中小白酒企業由於實力有限，不能像大中型品牌企業一樣花大價錢在主要媒體上狂轟濫炸，引起消費者注意，但是又不能放棄宣傳，否則會在競爭中落後，被消費者遺忘。秦池白酒就是過於注重宣傳而忽略產品質量、產能結構、

渠道建設等協同發展的一個失敗案例。奪得標王，讓秦池白酒一夜之間享譽全國，人人皆知，短時間內銷售急遽上升，但是產能不足導致原酒必須依賴從四川邛崍購入，產品創新沒有可持續性，原酒品質也受制於人。這樣建立的品牌猶如空中樓閣，品牌升空而沒有品牌落地針對性實施策略的支持，「高墜」風險將會把企業摔得很慘。爬得越高，摔得越痛。當然如果有好產品卻忽視行銷策略肯定不會有好的發展前景。「酒香不怕巷子深」的年代一去不復返，現在的中小白酒企業發展須謹記「好酒還要勤吆喝」，所以在發展中既要重點聚焦又要協同發展品牌塑造的各個要素。

(五) 延續貼牌思維

在市場這只無形的手的影響下，目前中國白酒市場已經大量存在貼牌生產現象。僅四川各地的中小酒廠，每年就為全國各地白酒廠家提供基礎原酒數十萬噸，其中白酒金三角地區輸出基礎酒占據半壁江山。從長遠發展來看，國內除少數大型名酒企業外，多數中小白酒企業將繼續走這條道路。在 OEM 生產關係當中，白酒研發、生產、市場推廣等各個環節將由不同的中小企業和研究機構完成。每個中小型企業都在自己擅長的專業領域發揮作用，通過市場合作，大大降低運作成本，從而提高經濟效益。在自身品牌實力不強之前，四川中小白酒企業可以通過 OEM 產銷分離的合同關係，與一些一、二線品牌商和銷售商進行聯合，以便最有效地整合資源、提高效率，形成與大品牌白酒企業的捆綁效應。

三、四川中小白酒企業品牌化路徑選擇

(一) 深入發掘酒文化，借力文化行銷，拓展市場

在中國酒品牌中，四川白酒文化可謂歷史悠久，獨樹一幟。五糧液的「中庸文化」、水井坊的「雅文化」、沱牌的「舍得文化」、劍南春的「唐文化」、國窖 1573 的「年份文化」等，無一不是對中國傳統的歷史文化和民族文化的挖掘，將之與品牌相聯繫，迎合消費者的精神需求，最終實現行銷的目標。這些企業都是品牌打造與文化推廣並行。酒文化不是大型白酒企業的專利，中小白酒企業亦能效仿。

1. 借助釀酒技術權威名人文化傳承

近年來四川中小白酒企業發掘酒文化，借力文化市場拓展市場的典範莫過於宜賓長寧縣的洪謨酒業。宜賓是中國白酒金三角之重要一角，擁有五糧液等知名品牌。白酒產業也是宜賓市長寧縣的傳統優勢產業，通過多年的發展培育，已逐漸成為該縣的重要支柱產業。生產規模較大、經濟效益較好的有四川省宜賓君子酒業有限公司、四川省宜賓竹海酒業有限公司、四川省宜賓酒都實業有限公司酒鄉曲酒廠等。在這樣一個全國白酒結構性過剩，四川中小白酒企業數量和總體產量異常增長的背景下，要想新建白酒企業，在競爭中殺出一條血路，再走尋常路，顯然勝算無幾。

明代四朝元老，成化、弘治兩朝中央重臣，曾任禮部尚書、太子少保的周洪

謨,是宜賓歷史上一個傳奇人物。明正統十年（1445年）入京殿試中第一甲第二名（榜眼），進士及第,授翰林編修,歷任翰林院侍讀、侍講學士,南京、北京國子監祭酒,禮部右、左侍郎,禮部尚書,晉太子少保積階資政大夫。基於其曾擔任兩京國子監祭酒職位,且平生好酒,所以周洪謨就是當時天下最大的「酒司令」。周洪謨是最早提出「蒟醬出長寧,美酒在宜賓」的先賢,由他家釀造的「箐齋液」名動京城,一度成為宮廷貴族們青睞的飲品。不僅如此,在實際生活中,周洪謨的學生李永通與其飲酒時還留下了流傳至今的詩句：「箐齋喜飲箐齋液,拎須吟誦佶古今。舉杯望月情難釋,一杯瓊漿一腔情。」[2]

有了這樣一個文化背景,在長寧縣政府「走先有文化品牌後有品牌文化之路」的思路指導下,成立了由周洪謨第十八代嫡孫周興福開辦的長寧縣洪謨酒業有限公司。周興福花巨資從廣東將被搶註的「洪謨」商標轉讓回來,而且還致力於出版《周洪謨年譜》,支持四川省作家創作出版《周洪謨全傳》。洪謨酒的開發情況,先後得到宜賓學院、中共宜賓市委宣傳部、市經信委、市科技局、市文廣新局等單位和部門相關領導的關注和肯定。洪謨酒先期推出的兩款白酒（「洪謨貴賓酒」和「洪謨印象酒」),由長寧洪謨酒業有限公司、宜賓鼎圓文化傳播有限公司聯手打造,並得到四川宜賓學院宜賓酒產業酒文化研究中心鼎力支持。

洪謨酒定位為宜賓第一款明人名酒,前期以「明人名」提高知名度,後期以「明人」「名酒」從歷史和品牌兩個方面來提升競爭力,從基酒選擇、勾兌技術、科學檢測、文化提升、行銷促進等方面打造洪謨酒的核心競爭力。

彰顯洪謨文化,實際上也是彰顯儒家文化、竹文化。從這個角度出發,洪謨文化恰好與四川省宜賓竹海酒業有限公司倡導的竹文化、四川省宜賓君子酒業有限公司倡導的君子文化,尤其是洪謨酒業倡導的「和諧文化」形成了高度契合。[3] 洪謨文化不僅帶給洪謨酒業新的生命力,還將助力長寧白酒產業,並使其在中國白酒金三角中發揮著中小白酒企業不可或缺的作用。

2. 借飲酒名人文化傳承

借文化名人與酒進行酒文化傳承的,在中國酒文化裡面比比皆是。大型的白酒企業如山西省汾陽市杏花村汾酒借助杜甫詩句「牧童遙指杏花村」更加出名。自1953年以來,汾酒連續被評為全國「八大名酒」和「十八大名酒」之一,成為清香型白酒的典型代表。魏武帝曹操賦詩：「慨當以慷,憂思難忘。何以解憂？唯有杜康。」詩聖杜甫雲：「杜酒偏勞勸,張梨不外求。」詞豪蘇軾留下醉語：「如今東坡寶,不立杜康祀。」「竹林七賢」之一的詩人阮籍「不樂仕宦,惟重杜康」。陝西白水杜康酒業有限責任公司借此將歷史名酒杜康酒「貢酒」「仙酒」之譽發揚光大,儘管傳說中的杜康酒已經失傳。

重慶詩仙太白酒業（集團）有限公司沒有在李白的故里,而是坐落在舉世聞名的長江三峽庫區中心城市——萬州。1917年「詩仙太白」的創建人鮑念榮先生遠赴瀘州,重金購買了具有400年歷史的溫永盛酒坊窖泥和母糟,結合唐代沿襲下來的古老釀酒技藝,回萬州重建釀酒作坊。因唐代大詩人李白三過萬州,曾滯於

萬州西岩，把酒吟詩弈棋，尤其鐘情於萬州的大曲酒，後人為紀念李太白，遂名詩仙太白酒。這也是借飲酒名人文化進行傳承的典範之一。

3. 借名人籍貫文化傳承

世人皆知，「三蘇」乃四川眉山人。為紀念「三蘇」，眉山市政府所在地改名為東坡區，方便文化宣傳與傳承。三蘇酒業迄今已有百餘年歷史，曾經是四川全省白酒「六朵金花」之後、「七朵銀花」之首。「三蘇酒」曾獲中國優質酒、中國文化名酒、首屆國際名酒香港博覽會金獎。為讓東坡酒業更加名正言順，2007年，三蘇酒業董事長、總經理王偉，斥資200萬元讓「蘇東坡酒」註冊商標在東坡誕辰970週年之際迴歸故里。2008年，三蘇酒業做出「加大投入、重塑品牌、抓住機遇、振興三蘇」的決策，引進了國家高級品酒師和釀酒高級技師，邀請智力機構提供諮詢幫助，企業駛入發展快車道。2009年8月，三蘇酒業經過潛心研發的蘇東坡「皇帝恩師酒」、蘇東坡「兵禮尚書酒」隆重上市。「蘇東坡酒」被評為四川省優秀旅遊產品、眉山市知名旅遊產品和眉山市最受群眾喜愛的十大旅遊商品、「東坡國際文化節」唯一指定接待用酒、「眉山市市酒」和「市政府接待用酒」。

(二) 借助事件行銷提升品牌形象，拓展市場

事件行銷是要借社會事件、新聞之勢達到傳播目的，二線白酒品牌必須時刻關注社會熱點，並巧妙借其勢而上，或者自身製造相關熱點事件，來吸引公眾、媒介等的注意力，從而達到最終的目的。

四川省邛崍市川池生態酒業集團是典型的四川二線品牌，早在十多年前就已經純熟使用事件行銷創造新品上市的轟動效應進行品牌宣傳，拓展市場。2001年，該白酒企業品牌知名度和品牌美譽度有限，在川內拓展市場費盡周折。在進入樂至市場時，新品由於價格相對較高，沒有與知名度匹配，所以新品上市遇到阻力。公司行銷團隊經過調研，獲得一個難得的機會。當地政府部門、文物管理部門迫切希望有企業能贊助修繕陳毅故居、紀念館。經過洽談，地方政府同意以後政府接待用酒全部用川池品牌白酒作為企業投入資金的回報。

四川樂至政府「陳毅誕辰100週年紀念辦公室」在當地報紙連續發佈由川池貢酒捐贈「修繕」的報導，並結合川池貢酒「捐贈義賣」活動，迅速引起當地機關團體、企業事業單位和普通消費者注意；結合當地宣傳部愛國主義宣傳，川池貢酒的口碑傳播迅速傳開；修繕現場──陳毅紀念堂、故居周圍全部用噴繪的巨幅圍繞，噴繪的內容是陳毅的生平事跡及其照片，僅僅在邊角位置出現川池貢酒的LOGO；在紀念陳毅誕辰100週年的當天，贊助舉辦「紀念陳毅誕辰100週年愛國主義文藝晚會」。通過短短20天的「修繕」事件行銷，川池貢酒迅速成為樂至市場地方高端酒第一品牌，當年實現銷售回款數百萬元。

(三) 細分市場，做區域低端王

高廟古鎮酒業地處四川省眉山市洪雅縣高廟古鎮。高廟古鎮自古以酒業聞名，酒文化底蘊深厚，有酒鎮之美稱。瓦屋寒堆春後雪，峨眉半山高廟酒。高廟古鎮酒業擁有高廟白酒唯一建造最早、連續使用釀酒並完好保存的老窖池，其窖池和

釀酒作坊已被列為洪雅縣文物保護單位。釀酒水源取自花溪之源純淨山泉,「花溪源」不僅是高廟古鎮的十大景點之一,更是高廟古鎮酒業有限公司旗下一個具有深厚歷史文化積澱的品牌。

正是因為這獨有的文物級古窖和手工釀酒作坊,才有了高廟古鎮酒業獨一無二的高廟白酒品質,也確立了高廟古鎮酒業「高廟白酒第一窖」的地位。高廟古鎮酒業有限公司出品的「瓦山春」「花溪源」「高廟白酒第一窖」系列高廟白酒,有小五糧液的美譽,被授予了眉山市知名商標、洪雅縣委、縣人民政府接待用酒、洪雅縣十大特色旅遊商品等諸多榮譽。

由於中小白酒企業在低端競爭殘酷,高廟白酒通過細分市場調研,得知很多消費者喜歡購買高廟白酒做泡酒。一罈罈的酒裡,泡了什麼紅花、枸杞、鎖陽、梅子、櫻桃、李子、獼猴桃等中草藥。於是高廟白酒決定做強散裝和兩斤、五斤、十斤裝壺裝和桶裝酒,主攻低端市場,占據了眉山、樂山、雅安等周邊市縣餐飲泡酒市場大半壁江山,成了區域低端王。

(四) 與時俱進,借助「年份酒」暗示品牌歷史悠久

「百年老酒十里香」,近年來,白酒市場刮起「年份酒」風,白酒廠商紛紛推出「年份酒」「陳釀酒」「典藏酒」等。到成都多家賣場走訪即可發現,標註「五年」「十年」等字樣的年份酒比比皆是,且帶有「坊」「窖」「原產地」等與「年份」有關字眼的產品更是不勝枚舉,這些酒的價格也因此不菲。由於一直以來就有「酒是陳的香」的觀點,所以年份酒市場呈現一片繁榮景象。超過一半以上的大中型白酒企業推出了年份酒。一批中小白酒企業依然與時俱進,利用年份酒成功突圍,如四川樂山嘉糧窖生態酒業。

該企業通過 2007 年兼併瀘州市鳳凰老窖曲酒廠,借白酒金三角的產地優勢保證產品質量,大力宣揚「嘉糧窖」的歷史文化等一系列行銷手段成功突圍。嘉糧窖集團掌門人何平,宣稱何氏家族祖輩釀酒,其酒坊方圓百里聞名。秦滅六國,何氏酒坊先祖舉家避禍入川,其間幾代人在顛沛流離的經歷中,得到了燒酒秘方,釀造出中國最古老的高濃度燒酒「嘉州路」。南宋時期,著名愛國詩人陸遊曾代理嘉州(今四川樂山市)府官,偶飲何家酒坊釀制的「何氏古燒——嘉州路」,曾賦詩贊許:「平生何足憶,唯有嘉州路。」該企業借此作為企業悠久歷史的證據。由於企業地處樂山古嘉州,原料為豌豆、黃豆、高粱、糯米、玉米、小麥、大米等純糧,所以將企業及產品取名「嘉糧窖」。通過一系列宣傳,嘉糧窖只為推出企業年份白酒。

嘉糧窖系列中分為幾個層次:第一層次,嘉糧窖 1215。嘉糧窖 1215 並非指酒是 1215 年的年份酒,而是指利用 1215 年的窖泥延升的老窖池跑窖循環,精工蒸餾而成。第二層次,經典「嘉糧窖」十年酒。第三層次,五年「嘉糧窖」。第四層次,嘉糧春。

中小白酒企業利用歷史悠久推出高端「年份酒」,借此暗示企業本身發展層次,然後主推中低端產品,這種高端求名低端逐利的行銷方式,獲得成功。

（五）利用「微」行銷，主打「親民牌」助推品牌落地

2012年6月，中傳互動行銷研究院發布的《白酒行業新浪微博數據報告》指出，白酒行業微行銷最成功的前十家企業分別是瀘州老窖、四川沱牌、安徽雙輪、貴州茅臺、洛陽杜康、酒鬼酒、河南宋河、江蘇今世緣、四川金六福、新疆伊力特。該報告調查了144家白酒企業，其中開通新浪微博帳號的有36家，占24%，包括茅臺、瀘州老窖、郎酒、五糧液、宋河、杜康在內的名酒企業。而包括企業領導、專家、智業機構、媒體在內的行業人士，開通者更多。[4]

實際上，2011年年底，以金六福在視頻網站上推出「鄉約回家」的活動視頻專題為代表，酒類在互聯網上的嘗試開始逐漸深入。而2012年，瀘州老窖一部講述朋友情誼的微電影《撲吧》更是用情感給觀眾留下了印象。沒有自吹自擂地說歷史、文化，只有單純簡單的友情，讓眾多網友感動。

炸彈二鍋頭在2012年6月父親節期間推出了第二部微電影《醉後人生》，以樸實動人的愛情和父愛的文藝清新路線，獲得了超高的點擊率。隨後杜康控股聯合鳳凰網打造的微電影《父親》在各大視頻網站獲得非常高的點擊率和評價。到2012年下半年，瀘州老窖的多部微電影、洋河通過網絡發起的微電影演員與劇本微集、沱牌以四川方言拍攝的短片劇、汾酒在《讓子彈飛》藍本上改寫的搞笑小短劇，等等，掀起了一場由區域品牌向名酒轉移的微行銷。通過有別於傳統灌輸性宣傳的微電影進行品牌宣傳，這些品牌都得到了消費者非常高的認同。[5]

而將微行銷做得尤為出色的是新郎酒、小寶酒等品牌。其中新郎酒通過一個微博、一部微電影，以「品牌+促銷」通過線上線下宣傳「新郎酒·中國之戀」羅大佑演唱會，讓新郎酒在網絡上賺足了眼球。小寶酒更是直接面向「85後」人群，通過微博互動的方式，策劃了一系列線下互動活動，包括「愛她就上100層」的主題活動，極大地拉近了與年輕消費者的距離。

在酒類紛紛涉足社會化媒體平臺的當下，白酒顯然正在告別以前單一、單向傳播的行銷方式，轉而向拉動消費者參與、互動、分享的傳播方式轉變。畢竟在「人人皆為電臺」的時代，「微」更能與消費者進行互動，建立更為牢固的關係。一個好的微行銷案例，更是會形成病毒式傳播，在社會上造成廣泛的影響，並直接拉動產品的銷量。這也是越來越多限於實力不能走尋常行銷宣傳渠道的中小白酒企業開始進行嘗試的原因。

品牌不是大型白酒企業的專利，也不是因為高檔、名貴而成為名牌，而是靠消費者的喜愛、靠市場佔有率形成的。品牌塑造需要企業長期不懈的努力，其產品要接受顧客長期檢驗和使用，而且品牌並非永恆，它會不斷地受到挑戰。

中國傳統白酒從本質上講屬於地域資源型產業，具有天賦資源不可代替的獨立性，隨著社會歷史的發展及各地因地制宜的繼承與創新，產生了豐富多彩的各種流派。[6]一個強勢生命力的白酒品牌，對消費者來說，在物質上要有品質保證，飲後口感綿柔，感到舒適放鬆；在文化方面要給予消費者精神層面的愉悅和滿足。四川中小白酒企業品牌建設必須通過適合自己的品牌建設路徑，增強品牌的品質

認同感和品牌感染力，增強品牌在物質層面和精神層面的雙內涵，讓廣大普通消費者也能在物質上得到滿足，精神上得到享受。

參考文獻：

［1］林楓. 白酒企業如何進行高效的品牌管理——白酒品牌資產管理模式探尋［J］. 中國酒，2013（3）：46-54.

［2］王水龍. 從洪謨文化看中國白酒金三角［J］. 釀酒科技，2012（11）：117-120.

［3］龔平. 洪謨文化能否支撐長寧酒產業？［N］. 華夏酒報，2011-07-29.

［4］鄧林. 論白酒的品牌塑造［J］. 釀酒科技，2008（3）：104-107.

［5］中傳互動行銷研究院. 白酒行業新浪微博數據報告［Z］. 2012.

［6］傅國城. 關於白酒品牌建設與文化定位的研究［J］. 中國釀造，2008（1）：97-99.

文化行銷對旅遊地品牌的塑造

高文香

摘要：本文在論述文化行銷的必要性、文化行銷對旅遊地品牌塑造功能作用的基礎上，提出以結合遊客心理和地域文化特色定位為核心，尋求品牌文化賣點，以創建旅遊地品牌文化戰略為前提，系統優化品牌文化，以旅遊地品牌為載體，提高品牌文化品位等塑造旅遊地品牌的文化行銷策略。

關鍵詞：文化行銷；旅遊地品牌；旅遊目的地

隨著旅遊業的蓬勃發展，旅遊目的地之間的競爭越來越激烈，加上旅遊消費者行為的日趨成熟，旅遊目的地的競爭慢慢演變成旅遊品牌的競爭。作為旅遊地形象的載體，旅遊地品牌能將旅遊地的核心價值和特色形象傳遞給遊客，旅遊品牌變成遊客識別旅遊地的重要途徑，是遊客消費決策的重要因素。如「詩畫江南，山水浙江」，讓浙江在全國人們心目中靈動起來，張揚了旅遊地的個性，創造了不可替代的知名度，吸引了大量遊客前往。因此，品牌建設逐步受到旅遊地行銷者的關注，成為旅遊地行銷的重點，很多行銷者都意識到旅遊地品牌的作用。但是由於品牌應用於旅遊業比較晚，很多的理論側重於具體旅遊地品牌化的案例研究，將新的文化行銷方式與旅遊地品牌建設結合起來研究的很少。[1-3] 本文將文化看作旅遊地發展的靈魂，運用文化行銷策略塑造旅遊地的品牌，增強旅遊地的競爭優勢，同時為旅遊地的品牌塑造提供一種思路。

一、旅遊文化行銷的必要性

有論者認為旅遊文化是指包含在旅遊客體、旅遊媒體和旅遊審美活動中的各種物質與精神現象的總和。旅遊文化行銷則是指旅遊行銷者利用旅遊資源並結合文化理念來設計創造提升相關的旅遊產品以及服務的附加值，滿足遊客最高層次的文化需求，實現旅遊產品價值最大化的行銷方式。[4] 對旅遊地產品文化內涵的挖掘、包裝和推廣，有助於構建特色鮮明的旅遊地品牌，實現旅遊地的差異化發展。

基金項目：本文為四川旅遊發展研究中心項目「四川民族地區定居點建設對鄉村旅遊目的地形象塑造影響研究」（編號：LY10-08）研究成果。

(一) 個性化旅遊時代的到來

隨著遊客消費行為的日趨成熟，越來越多的遊客不再滿足於走馬觀花式的旅遊，他們更看重旅遊地所傳遞出的價值觀念、審美情趣、獨特的文化體驗以及文化象徵意義。文化行銷能挖掘旅遊品牌中的文化內涵，開發有特色的旅遊文化產品，利用文化溝通，能較快地建立個性化的旅遊品牌形象，並能讓遊客在品牌消費時產生心靈上的共鳴。旅遊地越注重旅遊地品牌的深層次結構部分並善於運用系統的文化溝通方式，就越能提升遊客對旅遊地產品的認同感。一旦旅遊品牌的文化和價值觀引起旅遊者內心認同並產生共鳴，就會產生強大的向心力。江蘇周莊古鎮正是利用其獨特的「小橋流水人家」的江南水鄉民居文化大打周莊文化牌，開發旅遊產業，使得周莊譽滿海內外，吸引了大量的海內外遊客。

(二) 旅遊地可持續性發展的必然選擇

文化是旅遊地的本質特徵，也是推動旅遊地騰飛的動力所在。美國的旅遊權威麥金托什就曾經說過：「文化是決定一個旅遊地區總體魅力唯一因素，其內涵極其豐富並充滿多元化特點。一個地區的文化元素是極其複雜的，它能夠反應當地人們的生活、工作和娛樂方式等。」[5]旅遊地只有具備深厚的文化底蘊，才能體現其與眾不同，才能激發遊客的旅遊慾望。此外，與其他的旅遊產品相比，旅遊地具有持久吸引力的獨特的文化，競爭對手是難以複製的。因此，旅遊地的魅力更多的是當地的文化所決定的。人們常說：「韶山美，沒有毛主席的故居美；月亮美，沒有月宮的故事美。」[6]可見，隨著旅遊者文化修養的提高，只有深入挖掘旅遊地的文化內涵，才能具有持久的競爭力與魅力。

(三) 旅遊品牌經營深度發展的必然要求

經過多年的發展，旅遊產業由數量型向質量型和效益型發展，遊客從關注產品屬性向關注旅遊情感價值與文化內涵轉變，旅遊形式由單一的觀光型向綜合性體驗型轉變。[7]與此旅遊心理相適應，品牌消費取代了產品消費。品牌消費中的象徵意義和情感價值，能讓遊客從中獲得更多的心理滿足和更高層次的文化享受。因此，旅遊地必須塑造更加有文化內涵的旅遊地品牌，帶給遊客更獨特的文化體驗。只有文化行銷才能真正把握旅遊經營行為，吸引更多的旅遊者。

二、文化行銷塑造旅遊地品牌的作用

旅遊地不能沒有品牌，品牌不能沒有文化，品牌的文化內涵是提升品牌附加值和旅遊地競爭力的原動力。在旅遊產品嚴重同質化的今天，文化行銷與旅遊品牌的完美結合是旅遊地旅遊可持續發展的必由之路，只有文化行銷才能把旅遊地品牌中最具有競爭力、衝擊力、生命力的文化元素挖掘出來並展示給大眾，讓遊客感受得到旅遊地的特殊文化品格和精神氣質。實踐證明，優秀的品牌都蘊含著豐富的文化，在品牌形象的塑造過程中，文化起著支撐和催化的作用，文化行銷才能使品牌更具內涵，才能塑造成功的旅遊地品牌。

(一) 凸現旅遊地品牌的獨特性

旅遊產品越來越同質化的今天，品牌文化成為旅遊地差異化的重要途徑。旅遊地的產品特色只能維持短暫的時間，旅遊地人們的生活方式、民族習慣、宗教信仰、文化懷舊和文化向往才是長久吸引遊客的重要賣點，文化行銷會賦予旅遊地品牌更多個性和特色。一方面，在旅遊開發和建設中可以充分挖掘旅遊地的文化內涵，如在旅遊地的產品開發、設施改造和文化傳承中考慮到旅遊地品牌的文化特色和品牌的差異化，通過「印象整飾」設計出一個有個性、有特色的品牌形象，為塑造特色旅遊地品牌打下基礎。另一方面，通過文化行銷強大的滲透力和親和的溝通力，獨到有力地傳遞旅遊地品牌的特色和個性，可以在遊客心目中形成區別於其他品牌的一種認知形象。

(二) 提高旅遊地品牌的附加值

遊客不但消費旅遊產品本身，而且消費品牌所象徵或代表的某種文化社會意義，包括心情、美感、檔次、身分、地位、氣氛、氣派或情調等。文化行銷會充分挖掘旅遊地品牌中生動而豐富的文化內涵，充分展現旅遊地鮮明的旅遊特色，同時會賦予旅遊地品牌更多的文化象徵或代表意義，因此會有強大的旅遊地品牌市場吸引力和感召力。此外，大多數遊客願意與那些有特色、有情感的旅遊地品牌打交道，認為從這些品牌中體驗到的情感滿足更加珍貴，即使價格較高也樂於解囊，這使旅遊地有機會獲取豐厚的利潤回報。雲南麗江有優美的自然風光，更有神祕的東巴文化、納西古樂和民族文化令人向往。離開皇家文化，故宮不過是一座建築。品牌是一種無形資產，能給旅遊地帶來很高的價值。[7]

(三) 獲得更多消費者的認可

品牌包含的要素有很多，但只有文化形象是品牌的精髓，因此文化內涵成為品牌價值的核心和源泉。加上游客對旅遊中文化和精神需要的關注，旅遊地品牌的文化內涵能更好地滿足遊客的情感與精神的需要。在旅遊地行銷中巧妙地利用文化差異來增添旅遊地品牌的魅力，將會帶給遊客更加和諧、完美、獨特的文化體驗，增加旅遊地品牌的核心價值。此外，文化行銷還會將遊客最向往和最期待的旅遊文化體驗通過大眾最熟悉的生活形態表現出來，品牌與消費者的情感交流不但容易在遊客心目中快速樹立品牌形象，還會增加品牌獲得顧客認同的機會。一旦品牌所蘊含的核心價值和文化個性為消費者所感知和接受，就會與周圍文化屬性相通或相近的消費者結合成一個文化聯盟。

(四) 提升旅遊地的品牌形象

一個目的地能不能深入消費者心中，關鍵在於品牌的三個「度」，即知名度、美譽度、忠誠度。世界上著名的旅遊品牌幾乎都是經「文化」而得以提升知名度和美譽度的。一方面，富有文化韻味的旅遊產品和服務能夠給大眾帶來高品位、高層次的文化享受，給其帶來較高的知名度和美譽度。另一方面，文化行銷策略也會對旅遊地品牌進行全方位演繹，將旅遊地的文化資源和魅力展示給大家，並將其他文化元素有機植入品牌中，能夠滿足遊客高層次的需要，遊客遊覽後的滿

意度較高，進而會建立起品牌忠誠度。

三、旅遊地品牌的文化行銷策略

在大眾心目中塑造一個獨特、有感召力的旅遊地品牌，將是一個旅遊地能否得到迅速發展的重要問題。文化行銷以文化為土壤，以品牌文化定位為核心，以品牌文化戰略為前提，以品牌設計為基礎，以文化推廣為向導，以文化行銷功能為後盾，通過滿足顧客的文化需求來塑造出優秀的旅遊地品牌。

（一）以結合遊客心理和地域文化特色定位為核心，尋求品牌文化賣點

旅遊地品牌塑造的第一步是做好市場定位，準確的品牌定位是品牌認知的必要條件。研究表明，在旅遊消費決策中，遊客主要是根據旅遊地品牌形象來決定和選擇的，一般會考慮和選擇與自己喜好一致的知名旅遊地。因此，旅遊地品牌定位關係到旅遊地的可持續發展。首先，旅遊地要認真調查遊客的生活方式、生活理想、宗教信仰、文化懷舊等文化方面的需求，找準旅遊地品牌要滿足的目標遊客，最大限度地滿足目標遊客的文化需求。其次，旅遊地不僅要注重自然景觀建設，更應該挖掘旅遊地的文化資源和價值，梳理旅遊地的地域文化特色。最後，在分析旅遊地與其他旅遊地的文化差異的基礎上，對旅遊地的個性和文化特質進行準確的提煉，精確找準旅遊地的市場定位。只有這樣才既能樹立形象獨特、深入人心的旅遊地品牌形象，又能形成自己獨一無二的競爭優勢。

（二）以創建旅遊地品牌文化戰略為前提，系統優化品牌文化

塑造品牌需要創建強大的品牌文化，以此來滿足消費者的精神文化方面的需要，從而提升品牌的價值。因此，旅遊地首先應確認當地可以利用的各種文化資源，並根據旅遊地的品牌定位，篩選與旅遊品牌定位相關聯的文化因素；其次，在收集和整合內外部的各種文化資源之後，對各種文化因素進行提煉，確定品牌的價值體系，並進一步根據目標市場需求來明確本旅遊地的品牌內涵、文化個性、文化價值及承諾等；再次，在經營過程中，對內通過文化行銷使各品牌行銷主體精神上高度認同並實現品牌核心價值和品牌承諾，對外通過圍繞品牌文化體系進行長期滲透，讓顧客潛移默化接受這種文化的感染；最後，在品牌文化形成的過程中，旅遊地不斷根據市場和遊客的需要，不斷檢驗旅遊地品牌文化的定位與延伸，對旅遊地品牌文化進行不斷的優化。

（三）以旅遊地品牌為載體，提高品牌文化品位

旅遊產品是旅遊地品牌的載體，但旅遊產品中的物質資源可能會枯竭，唯有文化生生不息，因此要讓文化成為旅遊品牌價值的基石，並成為品牌的核心要素。旅遊地首先要努力尋找旅遊產品與遊客「文化情懷」的銜接點，盡量挖掘和開發與當地歷史風俗、歷史故事、文化變遷有關的文化產品，盤活人文景觀資源，聚合文化、文化名人資源、飲食文化資源，節慶資源，民族風情資源，演藝資源，民俗資源，文化儀式資源等，並提供展現當地生活方式和異域風情的旅遊文化體驗，最大限度地滿足遊客瞭解一城一地一國的歷史、文化、風俗等知識的需要。[5]

其次，讓旅遊地的文化活起來，把人文資源所蘊含的無形文化內涵物化為有形的旅遊產品形式。最後，加大文化行銷包裝和宣傳力度，讓旅遊地品牌成為生活方式、價值、歷史的象徵，讓文化成為旅遊地品牌的烙印，如杭州的嫵媚、蘇州的精致、拉薩的神祕、重慶的火辣、成都的休閒、香港的時尚、大連的浪漫等。

（四）以旅遊地品牌的識別為基礎，強化品牌聯想

品牌識別是品牌戰略者希望通過創造和保持的能引起人們對品牌美好印象的聯想物。利用文化識別要素，可以以獨特的文化品位塑造品牌個性，體現與眾不同的文化特色。例如，提到北京，就會想到首都、故宮、長城，典型的「京城文化」；提到西安，就會想到兵馬俑、秦始皇；提到雅典，就會想到希臘文化、奧運。品牌識別可以是語言和視覺元素，如品牌名稱、主題口號、LOGO等能直接折射旅遊地的文化特性。香格里拉因《消失的地平線》一書成為世人所向往的仙境勝地的代名詞，一座來了就不想走的城市形象生動地體現了成都的休閒自在。品牌識別也可以是旅遊地的建築物、街道、雕塑等，如倫敦的會議大廈大本鐘、荷蘭的大風車、悉尼的歌劇院、巴黎的香榭麗舍大道、九寨溝的藏寨等都映射出不同旅遊地的品質特徵；品牌識別還可以是美食、慶祝紀念活動、儀式、文藝活動甚至文化氛圍等，如巴黎，人們想到了巴黎的貴族氣質、浪漫時尚和藝術宮殿般的城市風景。旅遊地的文化識別讓人們將某種形象、文化與某個旅遊地的存在聯繫在一起，並成為遊客心目中根深蒂固的印象。旅遊地可以採用一個或多個識別元素，這主要取決於品牌精髓和是否具備與遊客產生共鳴、推動旅遊地價值取向的特徵。

（四）以文化推廣為導向，擴大品牌的影響力

品牌推廣是品牌行銷的關鍵環節，由於時空的制約，遊客對旅遊地品牌的感知主要來源於各種媒介的品牌推廣。相比傳統的品牌推廣策略，文化品牌推廣策略更具有人情味，有助於旅遊地與公眾之間的溝通，使旅遊地在公眾中更具有親切感，讓遊客形成獨特的情感體驗，並產生持久的效應。更重要的是通過多樣化的文化品牌推廣手段，將這些推廣策略中的文化要素有效嫁接到旅遊地品牌中去，賦予旅遊地品牌以不同的精神氣質和特殊的文化品格，有利於擴大旅遊地品牌的影響力和輻射力。雲南和河南少林寺分別憑藉《雲南印象》《禪宗少林》，在愉悅國人身心的同時潛移默化地將旅遊地品牌的文化特質傳達了出去；桂林憑藉《劉三姐》在國內家喻戶曉；昔日小鎮博鰲通過博鰲論壇迅速成為海南第三大旅遊熱點；新西蘭、海南分別借助《指環王》《非誠勿擾2》聲名鵲起。

（五）以文化行銷的共同願景功能為後盾，維護旅遊地品牌形象

旅遊地品牌塑造過程中有公共部門和私人部門等多個行銷主體，由於各行銷主體利益的不同，容易發生損害品牌形象的事件，而旅遊地出現的不良事件會促使旅遊地品牌產生多米諾效應的破壞性影響。因此，聯合起來共同維護旅遊地品牌形象，實現旅遊地品牌承諾成為旅遊地品牌管理的重點。文化行銷能利用文化的親和力將各行銷主體緊密聯繫在一起，並使他們之間建立共同願景。[8]共同願景

的導向功能、激勵功能、凝聚功能、融合功能和輻射功能將旅遊地品牌的文化與各旅遊行銷者的文化價值統一起來，使各行銷主體更加明確旅遊地品牌的發展目標與方向，增加行銷主體的凝聚力，使他們自覺維護該目的地品牌，增強旅遊地實現品牌承諾的能力，有利於維護和保持旅遊地的品牌形象。

參考文獻：

[1] 曾妮娜. 淺議旅遊文化品牌的建設 [J]. 旅遊市場, 2011 (3): 67-68.
[2] 廖寧怡, 歐陽曉波, 王莉娟. 旅遊文化行銷研究 [J]. 商業經濟, 2010 (1): 111-112.
[3] 韓小麗. 旅遊文化行銷策略探討 [J]. 中國商貿, 2011 (10): 173-174.
[4] 呂靜彩. 雲南旅遊品牌的文化行銷研究 [D]. 昆明: 昆明理工大學, 2008.
[5] 秦淑娟. 山西旅遊品牌模式研究 [D]. 太原: 山西財經大學, 2011.
[6] 唐勇. 文化行銷與旅遊品牌塑造 [J]. 昆明大學學報, 2008, 19 (2): 33-34.
[7] 閆建芳. 西安市旅遊品牌行銷策略研究 [D]. 秦皇島: 燕山大學, 2008.
[8] 周玉波. 企業的文化行銷 [J]. 湖南師範大學社會科學學報, 2009 (2): 95-98.

行銷的社會責任與社會責任行銷的構建

任文舉

摘要：中國企業在開展市場行銷活動的過程中，在各個層面、各個環節對客戶、渠道、競爭對手、行銷人員和環境等利益相關者普遍缺乏社會責任，因而廣受詬病。以社會長遠利益為核心的社會責任行銷的構建就顯得迫切而重要。社會責任行銷的構建需要把企業社會責任要素科學合理地嵌入行銷觀念、行銷鏈、行銷戰略與策略、行銷方式與模式等企業行銷活動的各個層面，並需要建立相應的保障機制。

關鍵詞：企業社會責任；社會責任行銷；行銷策略

隨著社會經濟的發展和經濟體制的轉變，中國宏觀經濟和微觀企業都進入了一個高速發展時代，與發展相伴而來的是企業行銷的社會責任缺失問題。中國企業在開展行銷活動的過程中，從行銷鏈的各個流程到行銷戰略及策略的選擇，再到各種行銷方式和手段的運用等各個方面，對客戶、渠道、行銷人員、競爭對手和環境等利益相關者都普遍缺乏社會責任。以社會長遠利益為核心的社會責任行銷的構建就顯得迫切而重要。社會責任行銷就是企業的行銷活動要承擔起社會責任，即以顧客需求和社會整體利益為導向，合理利用資源來創造和傳遞產品及服務，在行銷理念、行銷鏈和行銷流、行銷戰略與策略、行銷方式等各個層面全面嵌入企業社會責任要素，在獲取企業利潤的同時實現企業與自然環境、整個社會的可持續發展。社會責任行銷理論框架的構建，是在市場行銷活動中，基於行銷的基礎理論，把企業在行銷活動中對客戶、分銷商、供應商、行銷人員、競爭對手、環境等利益相關者的社會責任科學合理地嵌入行銷理念、行銷鏈、行銷戰略與策略及行銷模式與手段中，並內生為其不可或缺的重要組成部分。

一、樹立社會責任行銷觀念

企業都是在特定的行銷觀念指導下開展行銷活動的。社會責任行銷是在社會

基金項目：本文為教育部社科基金項目「公平偏好之知識型團隊知識資本開發機制研究」（編號：15YJA790023）和樂山師範學院培育項目「基於物聯網的管理創新研究」（編號：S1309）研究成果。

責任行銷觀念的指導下，以社會利益為核心來看待和處理顧客、社會利益和企業三者的關係。樹立社會責任行銷觀念就是要將企業社會責任理念嵌入行銷觀念之中，並將社會責任意識廣泛地植根於整個行銷過程和全部行銷活動。企業行銷觀念的演進歷程彰顯和反應了企業經營者日益關注社會利益、承擔社會責任的趨勢，是企業社會責任理念嵌入行銷觀念的結果。隨著社會的發展和環境的變化，企業社會責任理念的嵌入促進了新的行銷觀念形式的出現，而新的行銷觀念的出現和實施進一步強化了企業社會責任觀念。

樹立社會責任行銷觀念首先要樹立基於企業社會責任的價值導向，即以綜合產品價值為核心的生產價值導向、以傳播綠色理念為核心的消費價值導向、以共生和多贏為核心的競爭價值導向。樹立社會責任行銷觀念要堅持的基本原則，就是以社會利益為核心來看待和處理顧客、社會利益和企業三者的關係，在三者有衝突時以社會利益為優先考慮。樹立社會責任行銷觀念主要通過教育培訓灌輸、特殊活動強化、日常行銷活動潛移默化等方法把其理念和思維模式深深地植入每個與企業行銷活動相關的人員心中。樹立社會責任行銷觀念的途徑就是把企業社會責任的具體要素和社會責任行銷觀念的具體觀念密切契合，如把對客戶的責任嵌入市場行銷觀念、服務行銷觀念和關係行銷觀念中，把對環境的責任嵌入綠色行銷觀念中，把對商業夥伴的責任嵌入關係行銷觀念中，把對員工的責任嵌入內部行銷觀念中，把對整個社會的責任嵌入公益行銷觀念和社會行銷觀念中，具體路徑如圖1所示：

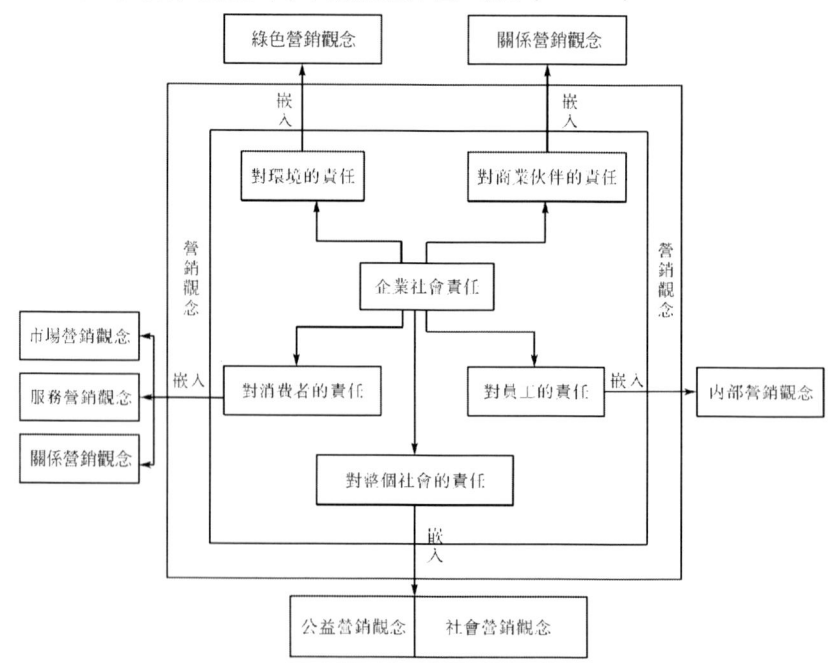

圖1　企業社會責任理念嵌入行銷觀念路徑

二、把企業社會責任要素嵌入行銷鏈

行銷鏈概念是由李蔚在《論行銷線》（載於《商業研究》，2000年第7期）一文中提出來的。行銷鏈是指為實現與顧客的有效溝通，經由市場、開發、技術、生產、渠道、用戶等功能性節點連接而成的一個動態流程式行銷結構。社會責任行銷要求把企業社會責任的相關要素全面融合進行銷鏈的整體結構中，從需求、市場、開發、技術、生產、銷售、渠道到賣場等各個環節都要全面考慮企業社會責任要素，並內化為各個環節的關鍵因素；同時，運行在行銷鏈上的行銷流也要符合企業社會責任的要求和期望，對推動行銷流在行銷鏈上可持續運行以實現行銷目標的行銷力的選擇和運用也要全面考慮企業社會責任要素，並內化為各種力量的關鍵組成部分（如圖2所示）。

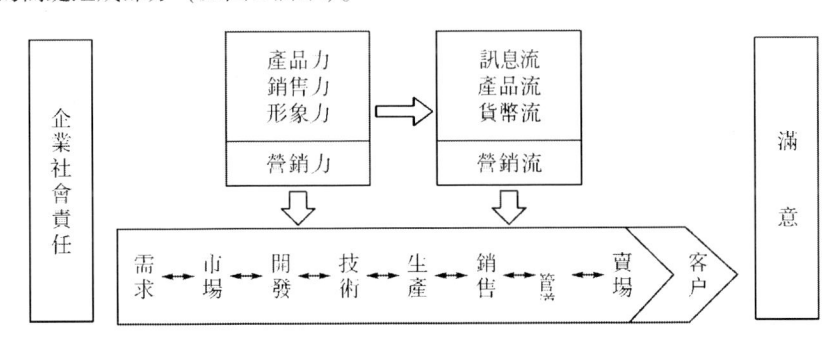

圖2 基於行銷鏈的企業社會責任嵌入

三、把企業社會責任嵌入行銷戰略與策略

根據科特勒的定義，行銷戰略就是業務單位意欲在目標市場上用以達成它的各種行銷目標的廣泛的原則。企業行銷要在市場機會的戰略分析基礎上，確定戰略目標市場，並採取相應的行銷戰略和策略。把企業社會責任嵌入行銷戰略，實現了企業行銷戰略的創新。在社會責任行銷觀念指導下，企業在分析企業內外的各種環境因素以發現市場機會時，必須要分析企業行銷活動的利益相關者的責任訴求和期望，其中評估分析社會問題是社會責任行銷最重要的內容。開展社會責任行銷選擇的社會主題不宜過多，應集中選擇一兩個比較突出的，與企業使命、價值觀、產品和服務能夠配合起來的項目，並且選擇不容易被其他企業所仿效的切入點，可以使社會公眾比較清晰地聯想到企業形象。社會責任行銷的效果重在持久的堅持，因此要選擇能夠長期支持的公益事業並精細謀劃。

基於企業社會責任的行銷戰略要求在市場細分、市場選擇和市場定位的目標市場戰略和競爭性戰略制定和實施中，都要充分考慮和嵌入社會責任要素。在社會責任行銷觀念指導之下，企業市場行銷組合策略必須不斷加以必要調整，以適應社會可持續發展新形勢的變化，同時市場行銷策略執行部門除完成本身任務外，

必須協調好企業內部組織之間的關係。而監督與控制策略，又將提高對變化中社會環境的重視和適應程度。將企業社會責任嵌入行銷戰略和策略的具體路徑如圖3所示：

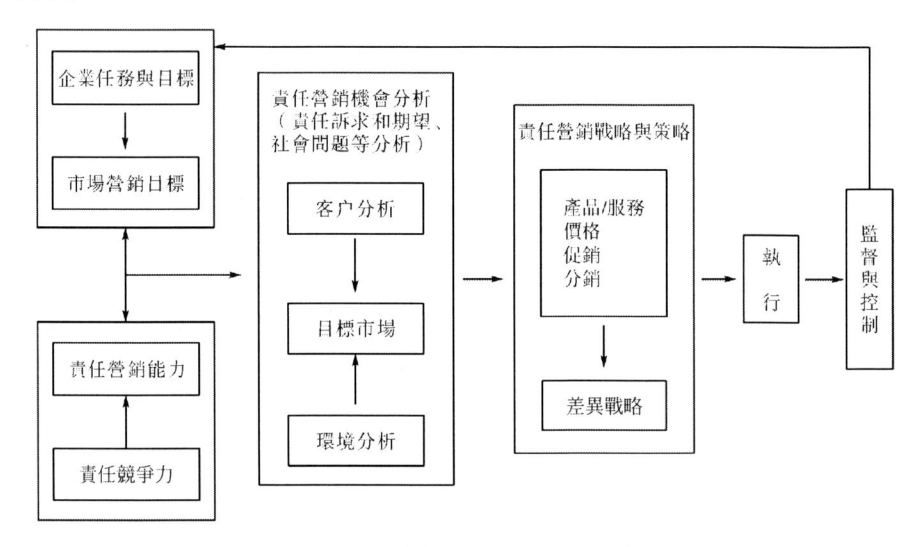

圖3　企業社會責任嵌入行銷戰略和策略

四、把企業社會責任嵌入行銷方式和模式

行銷方式和模式是在行銷觀念的指導下對行銷戰略的運用。社會責任行銷要求行銷方式和模式的選擇，必須全面嵌入企業社會責任要素，在具體實施中必須以社會利益為核心來協調客戶、企業與社會的關係。目前比較成熟的、適用於社會責任行銷的行銷方式和模式有綠色行銷、關係行銷、公益行銷、社會行銷，等等（如圖4所示）。實施綠色行銷，要重視綠色行銷組合策略，重視創造綠色商標、設計和名牌，遵守有關環保法規，建立綠色行銷網絡，保護生態環境。實施公益行銷，要以社會責任為訴求點，以公益活動為載體與客戶及社會大眾溝通，積極回報社會，實現企業、公益組織和特定群體的利益的三贏。實施關係行銷，要關注企業與其顧客、供應商、分銷商、競爭者、政府機構及其他公眾之間的合作與協作關係，協調各方利益，為關係雙方都創造更大的市場價值。實施社會行銷，要引導社會公眾的正確行為，推動整個社會的變革和發展，推動社會進步。

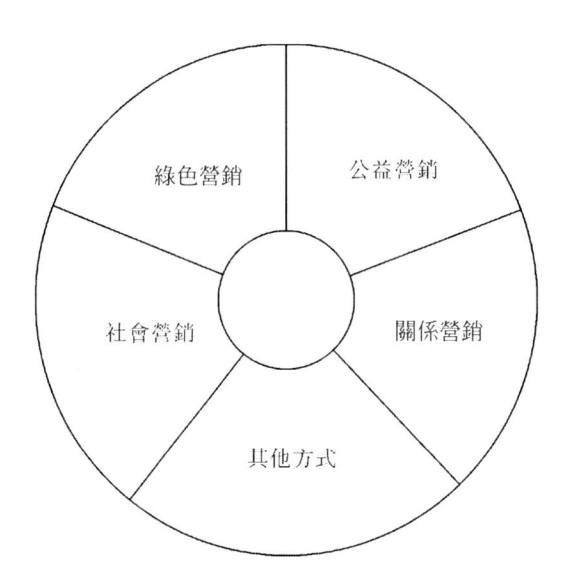

圖4 社會責任行銷方式選擇轉盤

（轉盤中文字：綠色營銷、公益營銷、社會營銷、關係營銷、其他方式）

五、社會責任行銷構建的保障機制

（一）宏觀層面的推動機制

1. 完善法律法規，加大執行力度

法律方面，目前中國已制定了《中華人民共和國反不正當競爭法》《中華人民共和國產品質量法》《中華人民共和國消費者權益保護法》《中華人民共和國廣告法》《中華人民共和國價格法》《中華人民共和國商標法》《中華人民共和國食品安全法》《中華人民共和國藥品管理法》等法律法規，對企業行銷活動的社會責任進行了規範。政府還應在產品安全、職工培訓、治理環境污染和生態保護等方面進一步完善約束企業行銷行為的相關法律和行業規章制度，同時加大執法力度，提高企業的不道德行銷的成本，迫使企業在決策時考慮相關的利益群體以及社會利益，逐漸規範、培養企業進行社會責任行銷的行為。

2. 政府政策指引

政府應做好指導工作，出拾各種支持性的政策，比如對企業污染治理新技術開發和應用的資金及政策支持、慈善捐贈的稅收減免政策、企業積極參與老少邊窮地區建設的優惠政策等，鼓勵企業在經營中承擔更多的社會責任。政府應盡快制定中國企業社會責任標準，明確企業應承擔的社會責任，並將社會責任的履行情況作為考核企業經營狀況的一個標準。政府及其職能部門對於積極履行社會責任的企業，可以在勞動、工商、安全生產等方面享受免檢，在同等條件下還將優先享受政府相關優惠政策，並把企業履行社會責任的表現及評價結果作為評選「優秀企業」「優秀企業家」「勞動關係誠信企業」等各類獎項的必備條件，充分

發揮政府部門的鼓勵和指導作用。這些政策的出抬無疑會給企業履行社會責任和進行社會責任行銷提供強大的支持。

3. 加大宣傳力度，營造良好的社會責任行銷環境

政府應引導新聞媒介和社會各界積極支持企業的社會責任行銷的建立和完善。媒體應不定期地宣傳遵守行銷道德、履行社會責任比較突出的企業，並對一些違背道德、不履行社會責任的企業進行曝光。媒體使用輿論的力量產生的口碑效應比較明顯。通過廣泛的宣傳，企業會為了自身的發展而遵守行銷道德，全社會都尊崇那些進行社會責任行銷的企業，為社會責任行銷的全面發展營造良好的氛圍。

(二) 社會及利益相關者的監督機制

1. 增強客戶的自我保護意識和監督能力

要增強客戶的自我保護意識，要充分發揮客戶的監督作用。現實生活中，客戶法律意識薄弱，對自身的權益知之甚少，缺乏維權意識，導致假冒偽劣產品屢禁不止，助長了企業缺乏社會責任的行銷行為。相關社會團體應通過開展各種活動和新聞媒體廣泛深入地宣傳產品的科普知識和普及法律知識，增加客戶對產品和服務的知識，增強客戶的自我保護意識，增強客戶維權意識，形成持續不斷的客戶運動，引導客戶科學消費、健康消費，營造讓廣大客戶放心滿意的責任消費環境。

2. 輿論監督

現在以報紙雜誌、廣播電視以及電腦網絡等為形式的大眾傳媒的影響力正顯現出愈來愈強的趨勢，已成為監督和制約社會的一支重要力量。各種大眾媒體通過正當的輿論監督，把一些企業缺乏社會責任的行銷行為不加掩飾地暴露在光天化日之下，在全社會形成一種強大的、積極的社會輿論力量，有助於阻止和抑制不道德行銷行為的發生，推動企業正視自身行銷活動中社會責任，引導社會消費行為，從而改變整個社會的風氣。

3. 其他監督

由於企業行銷活動的廣泛性和複雜性，除了加強政府、客戶和媒體監督之外，一些其他群體如投資者、非政府組織等也可以發揮很重要的監督作用。因此，應當大力發揮市場行銷協會、客戶權益保護協會、環保組織等的監督功能，廣泛開展第三方監督。

(三) 企業的自律機制

1. 企業增強行銷道德意識，增強自律力

增強企業行銷道德意識，樹立正確的產品道德觀、質量道德觀、品牌道德觀、包裝道德觀、價格道德觀、銷售渠道道德觀、廣告道德觀、服務道德觀、促銷道德觀以及公共關係行為道德觀，使正確的行銷道德觀念逐步昇華為員工的內心信念，進而形成對社會責任感的執著追求。企業要樹立正確的行銷價值觀、利益觀，開展文明經營活動，提倡誠實守信經營。企業在處理市場競爭問題上，要堅決反對惡性降低價格、制假販假、利用虛假廣告、借助行政權力等不規範競爭行為。

企業要樹立科學的發展觀，處理好競爭與合作的關係，規範競爭行為，維護市場秩序，靠品牌和服務贏得市場，以競爭合作的理念創造雙贏的市場環境。增強企業行銷的道德意識，關鍵是提高企業決策者和廣大行銷人員的道德素質。決策者的個人道德意識具有示範作用，對企業行銷觀念和行為有著決定性的影響；行銷人員直接面對終端客戶，直接影響到客戶對企業形象的感知。

2. 積極參與社會責任方面的審核和認證，建立企業社會責任管理體系

重視實施 ISO9000 質量管理國際標準、ISO14000 環境管理國際標準、全球第一個可用於企業社會責任管理體系第三方認證的國際標準 SA8000 標準及其他企業社會責任標準。實施這些企業社會責任標準，不僅可以獲得政府和利益相關者的首肯，還有助於在開拓國際市場中突破種種貿易壁壘和市場壁壘，更重要的是能夠逐漸建立起系統的企業社會責任管理體系和社會責任行銷體系。把企業社會責任納入整個企業管理體系，才是企業社會責任行銷的內驅力所在。

3. 建立行銷責任追究制度

企業社會責任的履行，除了經濟責任和法律責任帶有強制性外，道德責任和擴展責任是軟約束性質的責任。經濟責任和法律責任不履行就有相關的責任追究制度，而道德責任和擴展責任不履行卻沒有相應的責任追究制度，這是當前中國企業履行社會責任積極性尚不高的一個重要原因。強化社會責任行銷管理，明確界定行銷鏈各環節相關責任人的責任和權利，建立一整套社會責任行銷管理防控適度、約束有力的行銷責任追究制度，是推進社會責任行銷的有效途徑。

參考文獻：

［1］林偉玲. 行銷道德影響下企業社會責任的履行［J］. 商場現代化，2007（11）：62-63.

［2］陳斌. 行銷觀念視角下的企業社會責任探究［J］. 市場周刊·理論研究，2008（8）：59-60.

［3］侯志超. 淺議企業市場行銷道德與社會責任［J］. 商場現代化，2008（12）：39.

［4］白小明. 論企業在市場行銷中的社會責任［J］. 消費導刊，2007（5）：28-29.

［5］劉震偉. 基於企業社會責任的行銷思考［J］. 上海市經濟管理幹部學院學報，2009（1）：39-46.

［6］費孝通. 鄉土中國［M］. 北京：北京出版社，2005.

［7］劉夢溪. 中國現代學術經典：梁漱溟卷［M］. 石家莊：河北教育出版社，1996.

［8］鄭文清. 企業社會責任與社會行銷觀念之比較分析［J］. 商業時代，2007（23）：23-24.

［9］於曉玲. 企業社會責任標準下的出口行銷策略轉變［J］. 商業時代，2007（30）：34-35.

［10］陳轉青. 從市場行銷看企業社會責任的承擔［J］. 太原師範學院學報（社會科學版），2008（1）：67-69.

［11］彭建仿. 論企業行銷的內涵與外延：社會責任［J］. 華東經濟管理，2009（2）：98-102.

［12］蔡瑞林. 試論中國企業的社會責任行銷［J］. 商場現代化, 2008（4）：107-108.

［13］趙玲玲, 梁國華. 中小企業市場行銷的社會責任思量［J］. 科技經濟市場, 2008（1）：46-47.

［14］白玉, 喻達志. 基於社會責任的高科技企業行銷組合模式創新研究［J］. 物流工程與管理, 2009（1）：73-75.

［15］李亞琴, 王愚. 基於突發公共危機事件的企業社會責任行銷［J］. 經濟研究導刊, 2009（1）：197-198.

［16］周全. 基於循環經濟的責任行銷［J］. 商場現代化, 2007（11）：206.

［17］呂英. 關於企業責任理念嵌入行銷觀念的思考［J］. 內蒙古農業大學學報（社會科學版）, 2007（5）：79-81.

旅遊市場行銷專題

城市感觀形象與旅遊吸引力研究

郭美斌

摘要：現代旅遊定格於一種高層次的精神消費，旅遊者追求的是一種心理滿足。一般來說，旅遊名勝風景區中心城市旅遊已成為名勝風景區對旅遊的重要組成部分，旅遊者對名勝風景區中心城市的感觀形象對旅遊者的旅遊心理滿足和旅遊風景區市場開發都將產生較大影響，最終影響到名勝風景區對旅遊者的吸引力，這一點過去卻往往被人們所忽視。文章提出了城市感觀形象理論，並針對相關的問題，提出了具體的解決辦法。

關鍵詞：城市感觀形象；旅遊吸引力；理論模式；存在問題；解決措施

2005年7月26日至28日，在四川成都召開的第二屆泛珠三角區域經貿合作洽談會上，區域旅遊合作成為各成員方大力宣傳和加強合作的重點項目之一。泛珠三角區域開展旅遊合作有其廣泛的前景和獨特的優勢，區域經濟發展水準差異大，旅遊資源十分豐富，如九寨溝、張家界、桂林山水、大理麗江這些世界知名的旅遊勝地都集中在區域內。這些資源優勢為「9+2」區域旅遊合作帶來了極大方便，成員方不僅可以通過旅遊合作帶旺區域旅遊業快速發展，促進區域社會、經濟、文化等各方面進步，創建和諧區域，而且還可以將「泛珠」美景「捆綁」向區域外甚至國際旅遊市場銷售，共同打造「泛珠三角」旅遊勝地品牌，推動區域旅遊走向國際市場。

「泛珠三角」旅遊勝地品牌要打響，真正對遊客（尤其是潛在遊客）產生吸引力，除了要重視旅遊資源開發、交通通信建設、旅遊配套設施完善和旅遊景點推廣宣傳外，城市感觀形象對遊客吸引力的影響也是一個不容忽視的重要問題。對此，本文提出了城市感觀形象理論，研究分析了它對旅遊吸引力的影響，並針對泛珠三角區域中西部主要旅遊區中心城市感觀形象存在的問題提出解決路徑。

一、名勝風景區旅遊與名勝風景中心城市遊覽的關係

現代旅遊定格於一種高層次的精神消費，旅遊者追求的是一種心理滿足。這種心理滿足的獲得路徑呈現多元化，在旅遊消費中表現為旅遊景點遊覽、民風民俗體驗、旅遊地社會經濟文化的瞭解，等等。所以在旅遊消費中，風景區景點的

旅遊同風景區中心城市的遊覽是密不可分的，旅遊者很多心理滿足需要通過遊覽風景區中心城市才能得到。一般情況下，風景區中心城市遊覽是旅遊者到旅遊景區旅遊的重要組成部分，並且旅遊者對旅遊景區中心城市的感觀形象好壞將會對其旅遊目的的達成和心理滿足產生重要影響，是影響旅遊景區吸引力大小的重要因素之一，而這一點在過去分析探討旅遊吸引力中卻被忽視了。

二、城市感觀形象

1. 城市感觀形象的概念

城市感觀形象是指旅遊者個體選擇某旅遊風景區作為旅遊目的地的情況下，在去旅遊景區旅遊前或到旅遊景區旅遊後到達旅遊區所在中心城市遊覽時，通過親身的城市接觸、經歷、觀察、觀看一個城市內在的自然、人文、經濟及與外界的交通、通信聯繫狀況等要素所獲得的感受，依據個人對城市價值評判的標準，對旅遊區中心城市在腦海中形成的一種獨特的印象和印記。很顯然，這種印象不是建立在對城市全面、深刻瞭解的基礎上形成的，而是對一個城市的局部親歷及依據旅遊者個性特徵推斷而得出的結論，是把一個城市同自己生活的城市或去過的其他城市所沉澱的印記做對比分析基礎上得出的結論。這種感觀印記評分值的高低取決於它帶給旅遊者個人心情愉悅程度的高低。如果旅遊者越是感到心情愉悅，那麼旅遊者對一個城市的感觀形象就越好；反之，旅遊者越是感到心情不愉悅，對該城市的感觀形象也就越不好。

2. 城市感觀形象理論的假設前提及分析模型

（1）假設前提。城市感觀形象同城市整體形象既相關聯又相區別。城市形象是人們對城市綜合的印象和觀感，是被絕大多數人所認同的，是經過精心設計和較長時間大力宣傳建立起來的。而城市感觀形象完全是旅遊者個體對一個城市局部接觸的親身經歷、觀看印記和感受，是用對一個城市局部的觀感去推斷整個城市的形象。不同的旅遊者個體、同一個旅遊者個體帶著不同的心境對相同城市的感觀形象會存在較大的差異性。當然，良好的城市整體形象有利於旅遊者個體形成好的城市感觀形象，不好的城市整體形象必然會帶來不好的城市感觀形象。正因為城市感觀形象同城市整體形象相比存在個體差異性、局部推斷性、短期效用性的特徵，在評價上的不確定性更大。

為了便於對旅遊者個體的城市感觀形象進行研究，確保旅遊者個體的城市感觀形象結論更趨常態和合理性，我們對城市感觀形象理論做出兩個假設前提：一是假設旅遊者個體具備或基本具備城市感觀形象評判的能力，即達到一定年齡，具備評價一個城市的基本知識，懂得評價的基本要求和標準；二是假設旅遊者在到達旅遊區中心城市時有一個正常的心境，即情緒未受到過分的刺激，比如沒有與同行者（親人或朋友）鬧別扭，沒有過分受委屈或不存在明顯的身心不舒適感，等等。如果做出上述假設前提，旅遊者對一個城市的感觀形象的結論是可以接受的。

（2）分析模型。城市感觀形象評價的主體是旅遊者個體，評價的客體是旅遊者遊覽的旅遊區中心城市的感觀要素（包括城市與外界聯繫的交通、通信要素和城市內在的自然、人文、經濟要素），評價的標準是旅遊者個體評判標準，評價的結果是該城市的感觀形象好壞。

三、城市感觀形象對旅遊吸引力的影響作用

城市感觀形象對旅遊者吸引力的影響作用主要反應在兩個方面：一是會對旅遊者個體該次旅遊過程及故地重遊產生影響，二是會對旅遊風景區開發旅遊市場產生影響。具體來說，其影響效應有五個方面。

1. 心境調節效應

如果旅遊者是先到旅遊景區中心城市再到旅遊景區遊覽，而旅遊景區中心城市留給旅遊者的感觀形象良好，那麼，旅遊者在遊覽景區景點前就會擁有一個好的心境，從而極大地激發出旅遊者旅遊的動機和慾望，提升其旅遊的興趣和興奮度，為旅遊者充分感受旅遊景區景色提供有利條件。反之，如果旅遊者遊覽旅遊景區前的心境不佳，再好的景色也會令他覺得「索然無味」，失去原本的吸引力。可見，城市感觀形象在旅遊者旅遊過程中將產生心境調節效應。

2. 完美效應

如果旅遊者是先到旅遊景區旅遊後再到旅遊景區中心城市遊覽，並且假設旅遊者遊覽旅遊景區過程中對旅遊景點感到滿意，同時又對旅遊景區中心城市的感觀形象感覺良好，那麼，就會為旅遊者本次旅遊畫上一個圓滿的句號，即對該旅遊者產生旅遊完美效應。反之，旅遊者對本次旅行就會感到遺憾，即存在美中不足。

3. 遮蓋效應

如果旅遊者先到旅遊景區遊覽後到旅遊景區中心城市遊覽，假若旅遊者在旅遊景區遊覽過程中感到某些不滿意或存在個別欠缺，可是遊覽旅遊景區中心城市時卻給旅遊者留下了非常好的感觀形象，那麼，無形中就會緩解旅遊者對旅遊景區產生的不滿情緒，因為旅遊者會認為，儘管遊覽旅遊景區有所不值，但在遊覽旅遊區中心城市時卻充分感受了城市獨特的魅力，體驗了旅遊區的民風民情，享受了美食，購買到了喜愛的商品等，在這方面收穫很大，綜合起來還是感到「本次旅行是很值得的」。這實際上就會起到遮蓋旅遊景區遊覽缺陷的作用，即產生遮蓋效應。

4. 重複效應

如果旅遊者對旅遊景區城市的感觀形象良好，勢必會在旅遊者心目中產生去了還想去的慾望，正如顧客買商品一樣，「滿意再買」，特別是以後當有親戚朋友邀請該旅遊者到同樣的旅遊景區同遊或陪遊，或者是當該旅遊風景區開發出新的旅遊景點後，該旅遊者更興趣盎然，產生故地重遊的動力。反之，旅遊者對旅遊景區中心城市感觀形象不好，即使旅遊景區吸引力大，也可能在心理上產生抗拒

心理，不願再次光顧。

5. 口碑效應

如果旅遊者對旅遊區中心城市感觀形象良好，在談論該旅遊景區迷人的景色時，會順帶贊美該旅遊區中心城市幾句，無形中就提升了旅遊景區中心城市的知名度和美譽度，激發聽者對該城市和旅遊景區旅遊的興趣，產生向往的強烈願望，從而對潛在的旅遊消費市場和潛在旅遊者產生雙重的吸引。而且根據有關研究，當消費者對某商品滿意時，他會把自己的感受告訴7~8個人，再產生一傳十，十傳百的擴散作用，自然形成旅遊景區和旅遊中心城市好的口碑效應。這種口碑效應一旦形成，旅遊景區等於是借助旅遊者去為自己推廣宣傳，而通過旅遊者去影響旅遊者這種做法的效果肯定比旅遊景區自己花錢做廣告的宣傳效果要好若干倍，這就是口碑效應。

四、中西部旅遊名勝風景區中心城市感觀形象存在的主要問題

泛珠三角區域中旅遊名勝風景區主要分佈在四川、湖南、廣西和雲南等中西部省份，這些省份同泛珠三角區域中的廣東、香港、澳門等省（區）相比較，旅遊資源十分豐富，而經濟相對欠發達，城市現代化水準低，市民市場經濟觀念不強，商品意識差，消費習俗落後。這些旅遊資源大省在參與泛珠三角區域旅遊合作過程中，重點要想方設法將區域內發達地區的遊客盡可能大量地吸引到本省旅遊景區來旅遊。那麼，按照發達地區遊客對城市感觀形象的評價標準，西部旅遊景區中心城市感觀形象主要存在以下問題：

一是缺乏城市形象的整體設計，城市的定位不準，城市的個性不夠突出。二是旅客光顧最多、最頻繁的城市廣場、商業步行街、濱江、濱湖、公園、大型購物商場等地點管理不到位，存在臟亂差死角。三是城市公交窗口形象差，公交車破舊，乘客上下車無秩序，售票員只用地方話報站等。四是市民對維護城市感觀形象方面的意識較差，不會講普通話，對外來遊客不夠熱情。五是飲食衛生條件差，沒有對餐具實施統一消毒，沒有使用一次性衛生筷，無法消除旅客飲食的心理恐懼感。六是小商店出售假冒飲料的現象時有發生，使遊客難以消除上當受騙的感覺，等等。

根據影響城市感觀形象的因素來說，以上的問題都會對旅遊者城市感觀形象評價的效果產生負面影響，也不利於城市感觀形象水準的提高，必須予以重視和解決。否則，它將會對中西部省份旅遊名勝風景區的吸引力造成傷害。

五、改善中西部旅遊景區城市感觀形象，增強旅遊景區吸引力的具體措施

1. 重視城市感觀形象影響因素的研究，迎合旅遊者的心理需要

旅遊名勝風景區中心城市旅遊管理部門應重視對風景區主要客源市場旅遊者的城市感觀形象評價特點及評價主要影響因素進行研究，並結合城市整治管理進行改進，以迎合旅遊者評價城市感觀形象心理的需要。良好的城市感觀形象將為

旅遊者創造一個愉悅的心境，增強旅遊景區的吸引力，彌補旅遊景區的缺陷與不足，為旅遊景區開發客源市場提供有利的條件。因此，旅遊景區中心城市管理部門在探討增強風景區旅遊吸引力的過程中，應在分析旅遊區客源構成的基礎上，根據不同客源地域特點開展城市感觀形象影響因素的研究，以滿足增強旅遊景區吸引力的需要。

（1）設置專門的城市感觀形象研究機構。人員可以從旅遊管理部門、城市設計規劃部門、城管部門、公交公司、大學等單位抽調。主要任務是為提升旅遊景區中心城市感觀形象開展有針對性的研究。

（2）對市民開展城市感觀形象知識的宣傳教育，提供城市整治的相關建議，並對城市感觀形象進行跟蹤監督。

（3）找出最容易影響本城市感觀形象的因素，並結合城市整治及城市管理予以解決。

2. 重視城市整體形象設計，提升城市感觀形象

重視城市整體形象設計，通過城市整體包裝提升城市感觀形象可以從以下兩方面著手：一是對旅遊名勝風景區中心城市進行準確定位，找出最突出的亮點和特色，請專門的城市形象設計公司進行設計和整體包裝。二是對最能反應城市整體形象的街道、欄杆、燈飾、綠化植物、建築物等進行標志性設計，力求給旅遊者留下深刻印記和好的形象，誘導旅遊者產生良好的城市感觀印象。

3. 改變落後的餐飲習俗，適應現代旅遊餐飲發展潮流

旅遊者在旅遊過程中，通過對旅遊風景區中心城市的接觸去感受當地的民風民俗、飲食文化是旅遊者普遍的心理要求，而在一些地方存在流行病的隱患，旅遊者出門在外，最怕吃了不衛生的食品後染上疾病，所以出門旅行都很注意飲食衛生。在泛珠三角區域中的發達地區，如廣東、香港、澳門等，都推行了餐具統一消毒、使用一次性衛生筷、實施分餐制等做法，而中西部旅遊景區中心城市卻還是沿襲舊的飲食文化習俗，讓旅遊者望而生畏，產生恐懼心理。為了提升旅遊者的城市感觀形象，應該在飲食衛生方面跟發達地區接軌，推行餐具統一消毒、使用一次性衛生筷、實施分餐制等做法，以避免在這方面給旅遊者留下不好的城市感觀形象。

4. 重塑公交窗口形象，為遊客出行提供便利

重塑公交窗口形象，方便遊客在遊覽風景區中心城市時的出行，為旅遊者樹立良好的城市感觀形象創造有利條件：①對城市公交公司進行產權改革，將其推向市場，以增強公交公司的服務意識。②對公交車輛進行 CI 設計，逐步實現車輛的更新。③建立良好的公交車運行秩序，前門上車，後門下車，每站都必須停靠。④為方便旅客夜間外出，公交車前後要有夜間顯示熒光屏，車內自動顯示站點，公交車報站應同時使用地方話和普通話，最好還用英語報站，以方便外國遊客，車上還應安裝乘客應急鈴按鈕。⑤城市人行道處車輛要慢行，注意避讓行人。

六、打擊出售假冒飲料的違法行為，避免因此而影響旅客對城市形象的評價

旅客在旅途中口渴而順便找個小店買瓶飲料是很常見的事，如果旅客購買的飲料是假冒偽劣商品，必然十分生氣，因而會對某城市留下不好的感觀形象。所以，風景區中心城市要對小商店銷售的商品進行檢查，對制假販假的經營者予以嚴懲，以確保旅遊者對旅遊風景區中心城市留下良好的感觀形象。

七、結論

隨著旅遊消費的發展，旅遊者更注重旅遊過程中的感觀享受，旅遊風景區中心城市是旅遊者到旅遊區旅遊的一個重要組成部分，旅遊者對旅遊中心城市的感觀形象對一次完滿的旅遊以及對旅遊區開發旅遊消費市場有著較大的影響，是增強旅遊風景區旅遊吸引力的重要途徑。因此，重視旅遊區中心城市感觀形象理論的研究對發展旅遊風景區旅遊有重要的現實意義。

參考文獻：

[1] 諶貽慶，毛小明，甘筱青. 旅遊吸引力分析及模型 [J]. 企業經濟，2005（6）：115-116.

[2] 陳岩英. 旅遊地的吸引力系統及其管理研究 [J]. 旅遊科學，2004（3）：16-21.

[3] 王海鴻. 旅遊吸引力分析及理論模型 [J]. 科學・經濟・社會，2003（4）：44-47.

[4] 郭英之. 旅遊感知形象研究綜述 [J]. 經濟地理，2003（2）：280-284.

[5] 李蕾蕾. 城市旅遊形象設計探討 [J]. 旅遊學刊，1998（1）：47-49.

泛珠合作機制下的四川
入境旅遊客源市場促銷研究

郭美斌　鄧　健

摘要：根據國家旅遊局和四川旅遊信息網公布的旅遊數據，2004年四川接待入境旅遊人數為96.62萬人次，外匯收入為2.89億美元，分別比上年同期增長36.0%和93.1%，接待人數在全國排14位，外匯收入排14位；2005年接待入境旅遊人數為1,06.28萬人次，外匯收入為3.16億美元，分別比上年同期增長10.0%和9.4%，接待人數在全國排11位，外匯收入在全國排16位；2006年接待入境旅遊人數為140.18萬人次，外匯收入為3.95億美元。

關鍵詞：入境旅遊促銷；意義；現狀；問題；泛珠合作；策略；四川

　　根據國家旅遊局和四川旅遊信息網公布的旅遊數據，2004年四川接待入境旅遊人數為96.62萬人次，外匯收入為2.89億美元，分別比上年同期增長36.0%和93.1%，接待人數在全國排14位，外匯收入排14位；2005年接待入境旅遊人數為106.28萬人次，外匯收入為3.16億美元，分別比上年同期增長10.0%和9.4%，接待人數在全國排11位，外匯收入在全國排16位；2006年接待入境旅遊人數為140.18萬人次，外匯收入為3.95億美元。由此可見，儘管近年來四川旅遊業發展速度很快，但就目前在全國所處的位次來說，與其作為一個旅遊資源大省的定位極不相稱。入境旅遊作為衡量一個地區旅遊綜合發展水準的重要指標，有著指針導向作用。四川要從旅遊資源大省邁向旅遊發展強省，無疑，旅遊發展的重點、難點和亮點都將在入境旅遊上。本文擬從泛珠合作的角度對四川入境旅遊客源市場的促銷做研究，希望能對四川入境旅遊發展有所幫助和啓迪。

一、四川入境旅遊客源市場促銷的意義

　　四川入境旅遊客源市場促銷是四川省各級政府、旅遊管理部門、旅遊相關企業等為了激發四川入境旅遊目標客源市場潛在旅遊者到四川旅遊的慾望，影響他

課題項目：本文為四川旅遊發展研究中心立項資助課題（編號：LYM06-09）成果之一。

們的旅遊消費行為，擴大四川旅遊產品主要是旅遊服務的銷售而與目標顧客進行一系列溝通所做的努力。它可以通過廣告、人員推銷、直接行銷、營業推廣和公共關係等多種方法及其組合得以實現。四川入境旅遊客源市場促銷的目的在於：一是要將四川的旅遊產品、旅遊服務與旅遊銷售條款告知四川預期的入境旅遊者；二是要展示四川自然風光雄奇險秀、巴蜀文化積澱深厚、民族風情多姿多彩的「魅力」，讓他們充分瞭解四川旅遊資源數量多、類型全、分佈廣、品位高，是安全、健康的旅遊目的地，說服他們到四川而非其他旅遊目的地旅遊；三是引導四川入境旅遊者的行為，將他們的旅遊購買行為導向我們的提議，並促成他們趁早到四川旅遊。

做好四川入境旅遊客源市場促銷對於四川入境旅遊的發展具有極其重要的意義。

（一）是擴大四川旅遊產品境外銷售的需要

在當今世界經濟一體化發展趨勢影響下，旅遊業的發展必須面向境內和境外兩個市場，在境內市場的成功還不能算真正的成功，所以四川旅遊業為了將開發生產的旅遊產品和旅遊服務售賣給入境旅遊者，獲取利潤，就必須開展入境旅遊促銷，激發入境旅遊者到四川旅遊的興趣，增強他們對四川旅遊產品和旅遊服務的慾望，最終促成他們購買（觀光、享受、消費）四川旅遊產品和旅遊服務。

（二）是四川旅遊業開發新的旅遊產品和旅遊服務的需要

旅遊產業是一個綜合性很強的產業，涉及「行、遊、購、吃、住、娛」六要素，來自不同入境旅遊目標市場的旅遊者，對每一要素的產品和服務的需要存在較大差異，四川旅遊業只有針對不同的入境旅遊目標市場開展促銷，開發適合他們需要的旅遊產品和服務，才能把四川旅遊產品和服務銷售出去，實現其開發的價值。

（三）是四川旅遊業發展從粗放型向集約型轉變的需要

做好四川入境旅遊客源市場促銷是繼續保持四川旅遊經濟發展的良好勢頭，實現四川旅遊增長方式的根本轉變，推動四川旅遊業從粗放型逐步轉向集約型發展的需要。2000年四川旅遊收入為258億元，2006年達到979.57億元，四川旅遊經濟保持了年均收入增長30.58%的好勢頭，但從四川旅遊結構來看，目前還是以國內遊客為主。據瞭解，省內遊客一日遊人均消費在150元左右，但入境遊客每人日均消費卻在165美元左右，是普通遊客消費的九倍左右。只有加強入境旅遊客源市場促銷，吸引更多的入境旅遊者來四川旅遊，才能提高四川旅遊者人均消費水準，從而提高四川旅遊經濟的整體效益，實現四川旅遊業從粗放型逐步轉向集約型發展。

（四）是吸引外商來川從事經貿活動的需要

入境旅遊是四川吸引外商來川從事經貿活動的重要媒介。根據相關部門對中國入境旅遊者的分析研究，在中國每年近億人次的入境旅遊者中，有1/4左右的旅遊者的職業是商人，還有相當一部分是潛在的商務旅遊者，抱有來華考察投資環

境、尋找經貿合作的目的，所以，四川搞好入境旅遊促銷，不僅可以增加旅遊外匯收入，解決更多的就業，提升四川旅遊的檔次，帶動相關產業的發展，還可以吸引更多外商來川投資和開展商貿活動。

此外，搞好四川入境旅遊促銷，還能促進四川與境外的國家和地區間的文化交流，為把四川建設成文化強省做出貢獻。

二、四川入境旅遊客源市場促銷的現狀及存在的問題

（一）四川入境旅遊客源市場促銷的現狀

1. 制定了一系列推動四川入境旅遊發展和開展入境旅遊促銷的政策性文件及相關措施

四川省委、省政府非常重視入境旅遊發展及促銷問題，自 2005 年以來連續發布了《四川省人民政府關於加快我省入境旅遊發展的意見》《四川省人民政府辦公廳關於進一步推動我省入境旅遊加快發展的通知》和《四川省旅遊宣傳促銷管理辦法》三個文件，制定了一系列的政策措施，不僅為四川發展入境旅遊和搞好入境旅遊促銷提供了政策支持保障，而且對於規範各級政府、旅遊管理部門和相關旅遊企業在入境旅遊促銷上的行為發揮了重要作用。

2. 初步建立和形成了「走出去」促銷的長效機制

四川在入境旅遊促銷方面，已經消除了「等客上門」的被動做法和觀念，初步建立並形成了主動到四川入境旅遊客源目標市場參加國際旅遊博覽會、展銷會或四川旅遊專場推介會等促銷活動的長效機制，取得了顯著效果。比如，2005 年 3 月 8 日至 21 日，四川旅遊促銷團由省旅遊局帶隊赴歐洲促銷，在為期 14 天的促銷活動期間，促銷團參加了德國柏林國際旅遊交易會、法國巴黎國際旅遊博覽會，散發了 40 多種近 5 萬份宣傳資料，接待了 2.6 萬公眾與專業人士，四川康輝、新東方、成都光大 3 家國際旅行社在展會期間分別約談了 60 多家客商，簽訂了不少組團合同或意向協議，現場組織 700 多名歐洲遊客到四川旅遊，初步搭建了我省政府部門與國外旅遊企業對話與合作的平臺。

2006 年 10 月 11 日由省政府、省建設廳、省旅遊局、甘孜州政府以及峨眉山、樂山大佛、九寨溝、黃龍、都江堰、青城山、三星堆等重點景區和省國旅、省海外富長、新東方國旅、成都市青旅等重點國際旅行社負責人近 30 人組成的旅遊促銷團前往韓國、日本、馬來西亞和新加坡四國進行四川旅遊的宣傳促銷。促銷團通過一系列豐富多彩的促銷活動宣傳四川旅遊現狀及政府大力發展旅遊業的措施，並針對不同客源市場推出我省旅遊產品及線路，加強與出訪四國的旅遊機構、旅行商和航空公司的交流，聽取對方的意見和建議，進一步改善我省旅遊產品，同時落實客源市場的旅遊包機業務，進一步樹立四川旅遊形象，提升知名度，鞏固和拓展我省海外旅遊客源市場。

2007 年上半年，四川省以旅行社為龍頭，6 次組團赴韓、德、法、日、泰等國宣傳促銷。促銷團通過舉行推介會，邀請當地旅行社與媒體參加並對四川的精品

旅遊線路和景區進行重點推介。

3. 將境外旅遊管理機構、旅遊相關企業和新聞媒體「請進來」促銷

為了讓境外旅遊管理機構、旅遊相關企業和新聞媒體對四川旅遊產品和旅遊服務有一個更客觀、真實、全面的瞭解，親身體驗四川旅遊的魅力，以便在推介、宣傳報導四川旅遊時能「現身說法」，增強四川旅遊促銷宣傳的感染力和影響力，四川除了「上門」促銷外，還採取把他們「請進來」促銷的戰略。據四川在線2006年3月7日報導，四川省旅遊局與德國漢堡中旅、荷蘭皇家航空公司、國家旅遊局駐法蘭克福辦事處等海內外的相關組織、機構、企業廣泛合作，組織、邀請海外媒體赴四川採訪、考察、拍攝製作專題片，先後共邀請了來自英國、德國、韓國等四川省主要海外客源地的8批次共39家媒體，而這些媒體都是四川省傳統和新興的入境旅遊客源地的主流媒體，宣傳覆蓋面很大，效果顯著。例如英國的兩家國家級報刊 The Guardian Weekend（擁有140萬讀者）、Metro National（擁有96萬讀者），兩家旅遊消費類雜誌 Travel Trade Gazette（英國最大的旅遊雜誌）、Men's Health（擁有23萬讀者）和一家國家級旅遊網站 Handbag（100萬註冊網民），以及德國的《漢堡晚報》《紐倫堡時報》等都是在歐洲各國擁有上百萬讀者的重量級媒體。

4. 給予成績顯著的境外旅行商旅遊宣傳促銷經費補助

為了調動境外旅遊機構對四川旅遊促銷的積極性，四川給予成績顯著的境外旅行商旅遊宣傳促銷經費補助，如對組織來川旅遊的前10位海外旅行商分檔補助100萬元宣傳促銷經費，對組織來川旅遊包機的前5位海外旅行商分檔補助總計50萬元宣傳促銷經費。

5. 借助現代的信息技術手段進行促銷

四川還借助現代的信息技術手段進行促銷，如製作四川旅遊景點景區的光碟、影視宣傳片，通過互聯網進行宣傳促銷等。

(二) 四川入境旅遊促銷存在的問題

1. 入境旅遊促銷經費投入嚴重不足

入境旅遊促銷經費是四川入境旅遊促銷活動正常開展和取得良好效果的保證。按照國際旅遊宣傳的經驗和慣例，入境旅遊接待地區或國家應以其入境旅遊收入的0.4%用於入境旅遊的市場開發和促銷，用於國際遊客的行銷預算應為每位遊客2.5~5美元，如果是入境旅遊初級開發地區，其預算還應高於這個標準。根據我們對樂山大佛、峨眉山等著名景區的調查，入境旅遊促銷預算遠遠低於上述標準。就是按照上述標準計算，四川2004—2006年的入境旅遊開發和促銷經費分別只有115.6萬美元、126.4萬美元、158萬美元。而據瞭解，法國每年的旅遊促銷經費有5,300萬美元，西班牙有4,160萬美元，泰國有6,600萬美元。可見，四川入境旅遊促銷經費投入嚴重不足。

2. 沒有設立專門的入境旅遊宣傳促銷機構

四川省雖然設置有旅遊市場宣傳促銷中心，但沒有設立專門的入境旅遊促銷

機構，配備專業的宣傳促銷人員，宣傳促銷的組織力度不夠大。現行的宣傳促銷隊伍一般都是臨時組合而成。這種組織方式和運作辦法存在較多弊端：一是臨時湊合的人員對客源市場不瞭解，二是隊伍缺乏穩定性，三是作風不夠頑強，四是不重實效。這必然會嚴重挫傷入境旅遊宣傳促銷的積極性，也談不上宣傳促銷的規模效益。

3. 入境旅遊促銷缺乏創意和特色

在入境旅遊促銷中，宣傳資料基本沿用了國內旅遊宣傳的資料，重業務宣傳而輕總體形象宣傳，未能體現四川地方特色。同時，入境旅遊宣傳資料也沒有真正按照入境旅遊要求體現自身的特點，沒有根據宣傳促銷對象的層次、區域差別等設計。

4. 缺乏區域之間聯手開展入境旅遊市場促銷做法

到目前為止，四川入境旅遊促銷全部都是本省政府、旅遊主管部門、相關旅遊企業和新聞媒體等聯手促銷和與入境旅遊目標客源市場政府、旅遊主管部門、相關旅遊企業和新聞媒體等聯手促銷，而未能與合作關係比較密切的國內其他地域聯手共同開展入境旅遊市場促銷。

三、從泛珠合作角度開展四川入境旅遊客源市場促銷的必要性及可行性

四川入境旅遊客源市場促銷存在許多問題，本文限於篇幅不打算對以上所有促銷問題都進行探討，這裡主要從泛珠合作的角度探討開展四川入境旅遊客源市場促銷的必要性及可行性。

（一）從泛珠合作角度開展四川入境旅遊客源市場促銷的必要性

四川在入境旅遊促銷中與泛珠成員合作，通過區域內著名旅遊資源、產品整合，以泛珠旅遊整體形象開展促銷，對境外遊客將更具吸引力，能激發他們更大的興趣。

四川在入境旅遊促銷中與泛珠成員合作，可以在單個地區促銷資金投入不足的情況下，集各方促銷資金投入之力，實現促銷投入經費的倍增，降低各方促銷成本費用，加大促銷的力度，擴大促銷的覆蓋範圍。無疑，這將比單個地區促銷取得更顯著的效果。

（二）從泛珠合作角度開展四川入境旅遊客源市場促銷的可行性

四川與泛珠區域內各成員特別是旅遊資源優勢明顯的成員在入境旅遊目標市場上的重疊性較高，為開展入境旅遊客源市場合作促銷提供了基礎。比如入境旅遊目標客源市場主要是日韓新馬泰、美英德法等。

四川與泛珠成員之間已經搭建起旅遊合作平臺，在國內旅遊市場合作方面已經有經驗，並取得了顯著的合作效果。

泛珠區域內各成員旅遊產品的差異性較為明顯。泛珠三角區域內，各省區有著自己獨特的人文歷史資源，嶺南文化、八桂文化、湖湘文化、滇雲文化、黔貴文化、巴蜀文化、港澳文化等差異性大，互補優勢突出。在吸引入境遊客方面衝

突性不是很大，使促銷競爭中的合作成為可能。

四、泛珠合作下的四川入境旅遊客源市場促銷策略

（一）積極推動泛珠區域或成員間達成入境旅遊促銷合作協議

四川可以借助泛珠區域已經搭建起來的旅遊合作平臺推動整個區域或成員間在入境旅遊促銷方面的合作，簽署泛珠區域入境旅遊促銷合作協議。如果考慮到達成整個區域的入境旅遊促銷合作協議難度較大，所需時間較長，四川也可以先同個別成員比如廣東、廣西、湖南、雲南等開展促銷合作。

（二）成立泛珠區域入境旅遊促銷合作機構

當四川與其他泛珠成員達成入境旅遊促銷合作後，必然面臨在入境旅遊促銷活動開展中的諸多問題，如促銷經費分攤、促銷經費投放、促銷人員的選擇與配備、促銷宣傳內容及促銷方式選擇，等等。因此，需設立一個專門的入境旅遊促銷合作機構來負責處理這些問題。

（三）依託「泛珠旅遊」區域品牌促銷四川入境旅遊

在泛珠區域內，擁有九寨溝、峨眉山、麗江、桂林山水等世界著名的旅遊景點，如果能將這些著名的旅遊資源整合，設計出泛珠區域精品旅遊線路，泛珠旅遊區域品牌的知名度、美譽度和在國際上的影響力將會大大提高，從而四川可以依託「泛珠旅遊」區域品牌對四川入境旅遊進行宣傳促銷。

（四）共建泛珠區域入境旅遊宣傳促銷網站

四川通過與泛珠成員共建區域入境旅遊宣傳促銷網站，可以集中區域內網站建設的技術力量，增加網站建設的投資和宣傳力度，擴大泛珠區域入境旅遊宣傳促銷的覆蓋面和影響力，同時，通過泛珠區域入境旅遊宣傳網站，將四川入境旅遊宣傳促銷網站連結到所有成員的宣傳網站上去，這樣可以大大增強四川入境旅遊宣傳促銷的效果。

（五）通過提供優質的服務對四川入境旅遊促銷

四川可以與泛珠成員合作，為四川入境旅遊者提供多方面的優質服務，吸引他們來四川旅遊。一是可以同泛珠成員開展國際航線聯合包機，並同國內航線相銜接，構築泛珠入境旅遊航空網絡，使境外遊客或泛珠區域內的入境遊客可以便捷、經濟地到四川遊玩；二是加強對導遊的教育，引導和教育導遊按照規定和要求進行操作，對違規違紀的導遊要堅決給予處理，不能因導遊的問題影響和損害企業乃至四川的旅遊形象；三是提供細微服務、規範服務，使境外遊客在四川遊得舒心，玩得開心。

（六）成立泛珠入境旅遊聯合促銷研究機構，培養專業入境旅遊促銷人才

四川入境旅遊促銷宣傳要取得良好效果，必須要擁有一支懂行銷、懂市場、有豐富經驗、有高度責任感的促銷宣傳人才隊伍。四川可以與泛珠成員合作，成立泛珠入境旅遊聯合促銷研究機構，對泛珠入境旅遊市場進行研究，把握入境旅遊市場規律，為有效開展入境旅遊市場促銷提供理論指導，並根據入境旅遊需要，

共同培養促銷人才。

(七) 建立泛珠區域促銷聯動機制

要把握入境旅遊市場的規律，及時研究入境旅遊市場變化，有重點、有目標地開展宣傳促銷工作。要善於整合各方資源，不斷拓寬入境旅遊宣傳促銷網絡，針對入境旅遊重要客源市場，加強與文化、外經、外貿、外事、體育等部門的合作。把國際性重大旅遊活動作為四川旅遊對外交流的重要平臺，積極申辦國際性、全國性的經貿活動、重大會展和重要賽事。加強與雲南、貴州、湖南、廣西、香港、澳門等的合作，建立入境旅遊宣傳促銷聯動的機制。充分利用國家旅遊局駐外辦事處的資源，加強與國際大旅行商合作，共同推出泛珠區域四川國際旅遊線路。

泛珠區域促銷聯動機制主要包括三種機制：①產銷聯動促銷機制，是由旅遊產業上下游的供應商、批發商與零銷商等企業之間結成的一種垂直聯動促銷機制，比如旅行社與酒店、旅行社與旅遊景點等企業合作，共同開展入境旅遊客源市場促銷宣傳。②品牌聯動促銷機制，就是在泛珠區域內，跨地區的多個旅遊企業聯合起來，共同打造一個強有力的市場品牌，通過共享品牌促進各自的入境旅遊客源人數的增加。③價格聯動促銷機制，就是泛珠區域內的多家旅遊企業為了防止在入境旅遊競爭中過度削價競爭，自願達成協議，共同抵禦惡性價格競爭而採取的一種入境旅遊促銷機制。

參考文獻：

[1] 劉長生，簡玉峰. 中國入境旅遊客流的變化規律及市場需求影響因素的研究 [J]. 中山大學研究生學刊 (社會科學版)，2005 (3)：104-117.

[2] 範小華，郭佩霞. 四川省國際旅遊客源市場的特點與開發 [J]. 特區經濟，2006 (1)：212-215.

[3] 鄧明艷，馮明義，謝豔. 四川國際旅遊目標市場研究 [J]. 西華師範大學學報 (自然科學版)，2005 (3)：312-316.

[4] 劉力. 西部地區境外客源市場開拓策略分析 [J]. 合肥學院學報 (社會科學版)，2005 (1)：109-113.

國際旅遊目的地行銷模式創新研究
——以樂山市為例

張仁萍

摘要：本文探討了樂山市向國際旅遊目的地轉型升級過程中對行銷模式創新的必要性，從分析樂山市現有旅遊目的地行銷策略出發，結合其旅遊資源現狀，提出資源整合、行銷主體聯盟等改進策略，為其轉型升級提供理論依據與指導。

關鍵詞：國際旅遊目的地；樂山市；行銷模式；創新

一、引言

目前，關於國際旅遊目的地，還未形成明確的概念。國內的學者參照《中國優秀旅遊城市評定標準》《中國最佳旅遊城市評定標準（草案）》等標準，分析世界著名國際旅遊目的地具備的特徵，結合相關的理論和規劃，對國際旅遊目的地進行界定，提出打造國際旅遊目的地策略；以公認的國際旅遊目的地為參照，提出評定國際旅遊目的地的指標等研究內容。

樂山市地處四川盆地西南部，坐落於大渡河、岷江、青衣江三江交匯處，特殊的地理位置及歷史淵源賦予樂山市豐富的旅遊資源，它擁有世界文化與自然遺產2處（享譽全球的樂山大佛—峨眉山風景區）、世界灌溉工程遺產1個、國家級森林公園2個、國家級自然保護區2個、國家級地質公園1個、全國重點文物保護單位10個等等。據統計數據顯示，2013年，峨眉山景區接待旅遊人數235.8萬人次，門票收入31,546萬元，占主要景區門票收入的57%；樂山大佛接待旅遊人數254.2萬人次，門票收入18,011萬元，占主要景區門票收入的33%。兩大景區門票收入占樂山市主要景區門票收入的90%，成為創造樂山市旅遊收入的主要支柱，而區縣旅遊規模偏小，這說明樂山市在景點規劃、項目建設、旅遊產品、基礎設施、市場行銷等方面還存在許多問題，空間全景化、體驗全時化、休閒全民化的全域旅遊發展態勢尚未形成，離國際旅遊目的地的要求還有一定距離。

以樂山大佛—峨眉山兩大具有世界影響力的旅遊資源為依託，打造樂山市國際旅遊目的地，對提升樂山市旅遊業發展空間，促進目的地旅遊協調發展，提高

課題項目：本文為樂山市社科聯規劃項目（管理）「樂山市旅遊目的地行銷模式創新研究」（編號：SKL2015C16）研究成果。

市場競爭力、帶動樂山市經濟發展,有著舉足輕重的作用。然而,關於世界遺產類旅遊產品的感知度的研究表明,僅依靠「世界遺產地」名號吸引遊客是不足以支持旅遊目的地可持續發展的,遊客對旅遊地的感知受到資源稟賦、規劃建設和宣傳的力度等諸多因素的共同影響。可見,以樂山為例,對國際旅遊目的地行銷模式進行創新的研究具有較強的理論及實際意義。

二、目的地行銷現狀及問題分析

（一）行銷主體單一,行銷方式粗放

樂山市旅遊目的地行銷是依照政府主導,各級旅遊相關部門負責的傳統模式,在該模式中,政府是旅遊目的地宣傳的主力軍。而其他旅遊目的地利益相關者如旅行社、酒店等旅遊企業的行銷工作各自為政,這種行銷組織間統一性缺乏、目的性不清晰的狀況,會造成行銷主題相互削弱,遊客不瞭解旅遊目的地的特色,不清楚目的地品牌文化。而政府主導下的旅遊目的地行銷方式呈現粗放性,在應對市場需求快速變化的環境下,無法做出靈敏準確的反應,導致對市場需求不能很好地滿足,從而影響遊客體驗。

（二）旅遊產品單一,不能滿足遊客需求

（1）旅遊產品缺乏深度與廣度。樂山市旅遊項目單一,景區、景點項目過於單調,多數遊客屬於遊覽觀光和宗教朝聖類,遊客通常會忽略依託城市,直入景區。

（2）本土旅遊紀念品缺乏特色。樂山是具有雙遺產美譽度的旅遊目的地城市,然而,樂山市主要旅遊景區的紀念品貨源絕大多數來源於廣東、上海、浙江等地,且價格低廉,製作包裝粗糙,缺乏新意,這說明具有樂山特色、有文化、有價值的樂山本土紀念產品開發還處在相當滯後的狀態。

（三）資源掠奪性開發,維護景區意識薄弱

（1）資源利用規劃缺乏戰略性。樂山市旅遊景區特別是「樂山大佛」「峨眉山」在節假日期間常常出現景區遊客過載的現象,景區遊客過載不僅不利於遺產與自然環境保護,還會給遊客帶來極差的遊覽體驗,不利於樹立品牌形象。

（2）市民維護旅遊景區的意識相對較弱。部分市民缺乏主人翁意識,對遊客不夠熱情,存在一定程度的語言污染;市民缺乏環境保護意識,特別是在景區周圍,會嚴重影響樂山市城市衛生形象。

（四）網絡行銷思維傳統,缺乏精準性

（1）樂山大佛—峨眉山景區網絡行銷思維傳統。峨眉山「識途旅遊網」作為主要的電子商務工具,提供基於樂山峨眉本土及四川周邊旅遊信息諮詢、旅遊產品交易等服務;景區借助新浪微博、騰訊微博、天涯社區等多種互動平臺窗口,通過新聞、視頻、攻略、遊記等多種形式,開展大規模的網絡炒作;然而實際運作過程中,沒有對推廣方式進行有效的評估,對樂山市知名度帶來的影響並不大。

（2）現有網絡行銷平臺缺乏對樂山市旅遊資源的有效整合。「樂山旅遊政務

網」「樂山旅遊網」等綜合門戶類網站缺乏對樂山市旅遊資源的整合，且並未對市場細分，進行精準的行銷推廣。

三、目的地行銷模式創新

（一）政府引導為主，組建目的地行銷聯盟

目的地旅遊產品在一定程度上具有「公共物品」的性質，除了政府主要負責目的地行銷外，目的地旅遊企業等一系列利益相關者，也應共同為旅遊者提供完整的旅遊產品。打造樂山市國際旅遊目的地，擴大國際品牌知名度，體現國際品牌特色，首先應採取行銷聯盟方式，整合行銷主體，由政府引導為主、各相關旅遊企業主體協同，採用市場化運作的宣傳行銷模式，全力打造統一的樂山市國際旅遊目的地形象。同時應建立目的地行銷聯盟績效評價體系，用於檢查既定目標的實現程度，作為計劃修訂的依據。

（二）實現精準定位，豐富旅遊特色產品

（1）深挖樂山厚重歷史文化，整合良好生態資源，做好精準定位，提煉城市旅遊行銷形象和口號，打造「人間佛教兩道場」的核心品牌形象。

（2）旅遊產品創新應以滿足遊客需求為首要目標。基於城市與景區功能互補原則，設計互補旅遊線路，增加旅客停留時間；體現旅遊產品多樣化、差異化、特色化，形成文化全域旅遊圈，如大力開發遺產文化、禪意文化、沫若文化、民俗文化、美食養生文化等具有樂山特色的旅遊產品；加大文創產品、文旅產品開發力度，打造「嘉州畫派」、嘉州繡、彝繡、宋筆等一批具有影響力的旅遊文化產品品牌，提升旅遊目的地國際影響力。

（三）強化政策支持與保障，樹立景區可持續發展意識

（1）加快旅遊立法進度，合理規劃旅遊景區資源利用。科學評估旅遊景區負載遊客能力，特別是旅遊高峰時段，建立預警機制，採取合理舉措應對突發狀況，改善遊客體驗。

（2）制定並實施鼓勵休閒、會議、度假等新興旅遊業態發展的相關法律、法規，在樂山市全民範圍內牢固樹立「創新、協調、綠色、開放、共享」發展理念，增強市民服務與環境保護意識，強力推進國際旅遊目的地建設。

（四）完善旅遊配套設施，滿足個性化需求

（1）改善旅遊交通設施。旅遊交通設施完善應以優先滿足遊客需求為標準，合理規劃配套觀光遊覽與休閒設施，打造「快旅慢遊、便捷安全、無縫換乘」的旅遊立體交通體系。

（2）優化旅遊住宿設施。明確細分市場不同需求，建設不同品牌、不同檔次、不同主題的特色酒店、客棧、飯店等滿足旅遊者不同需求的旅遊住宿設施體系。

（3）完善公共服務設施。參考國際標準和慣例，完善城鎮、景區、旅遊通道沿線的信息諮詢、生活服務、應急救援等公共服務設施配套等。

（4）營造雙語旅遊環境。提高服務行業的雙語接待能力，增強市民旅遊城市

主人翁意識和文明素養，增強城市對外來遊客的親和力和美譽度。

（五）借力「互聯網+」，打造高效網絡行銷模式

（1）建立數據庫。以滿足遊客需求為目的，建立遊客、景區、旅遊企業等旅遊目的地相關利益主體中心數據庫，以大數據為背景，建立數據挖掘系統，對遊客行為進行分析，實現精準行銷，提升目的地影響力。

（2）借助先進信息技術手段實現智慧行銷。開發手機終端 APP，增強旅遊目的地主體與遊客間互動性，遊客可以通過手機客戶端發布個性化旅遊需要，旅遊企業（旅遊提供商）為用戶提供個性化的旅遊定制服務（手機地圖自駕導航等）。

（3）旅遊網站功能細分，滿足個性化需求。旅遊門戶網站以公益旅遊服務為本，為公眾全面提供遊、宿、行、食、購、娛、展、演的八大業態綜合服務信息。旅遊網站提供旅遊商品展示、酒店機票預訂系統、電子門票系統、租車預訂系統、導遊預訂系統、支付與結算、訂單管理、信譽評價系統、旅遊比價、演出票預訂、座位預訂等功能以及互動平臺網站投訴系統、無線導遊、用戶點評、旅遊在線諮詢等。建立和完善樂山旅遊微博、樂山旅遊微信，推動樂山旅遊業向國際化轉型。同時應建立績效評價體系對網絡行銷效果進行有效評價。

四、結論

目前，樂山市旅遊增長放緩，由政府主導的行銷模式導致旅遊主體行銷工作各自為政，削弱目的地整體行銷效果；樂山市現有旅遊資源雖豐富，卻沒有形成高效整合，依然主要依靠樂山大佛—峨眉山帶動城市旅遊發展；樂山作為世界文化、自然雙遺產擁有城市，提供旅遊產品結構單一，缺乏滿足市場多樣性的創新旅遊產品；網絡行銷固守傳統模式，難以有效符合市場需求。以上所述問題阻礙了樂山市向國際旅遊目的地轉型升級的步伐，本文針對上述問題，提出基於國際旅遊目的地的行銷創新模式：建立旅遊目的地行銷聯盟、實現精準定位、豐富旅遊特色產品、借力「互聯網+」打造新型高效網絡行銷等，加快樂山市旅遊目的地向國際化轉型。

參考文獻：

[1] 陳興中，鄭柳青. 論樂山市旅遊資源和旅遊產品整合 [J]. 樂山師範學院學報，2008，23（12）：72-75.

[2] 劉建光. 基於手機 APP 的智慧旅遊建設和實現 [J]. 通訊世界，2015（7）：94-95.

[3] 趙鵬飛. 旅遊電子商務在秦皇島市旅遊產業中的應用 [J]. 產業與科技論壇，2015，14（13）：21-22.

[4] 高靜. 國內旅遊目的地行銷研究現狀及展望 [J]. 北京第二外國語學院學報，2008（11）：21-29.

基於城鄉統籌的四川城鄉旅遊互動研究

熊 豔　王 嫻

摘要：城市旅遊、鄉村旅遊作為兩種不同的旅遊形式，具有較強的互補性和融合性。區域城鄉旅遊互動是促進區域城鄉旅遊全面、協調發展，最終實現城鄉統籌的重要模式。本文在城鄉統籌的背景下，分析了四川城鄉旅遊互動發展存在的主要問題以及互動發展的可行性，並提出促進四川城鄉旅遊互動發展的具體對策。

關鍵詞：城市旅遊；鄉村旅遊；城鄉旅遊互動；四川

改革開放以來，中國經濟發展取得了巨大成就，但是城鄉「二元」結構帶來的城鄉收入差距大、農民收入增長慢、就業壓力增加、生態環境惡化等問題，嚴重制約著城鄉經濟社會的協調發展。黨的十八大報告提出，城鄉發展一體化是解決「三農」問題的根本途徑，要形成「以工促農、以城帶鄉、工農互惠、城鄉一體」的新型工農、城鄉關係。實現城鄉一體化的關鍵是城鄉經濟的統籌發展。作為第三產業的龍頭，旅遊業的綜合性強、產業關聯性強、乘數效應明顯，在優化產業結構、緩解就業壓力、縮小城鄉差別和推動城鎮化進程等方面發揮著非常重要的作用。在全國大力推進城鄉統籌的背景下，四川省的城鄉旅遊互動實踐先行，取得了較好的成果，但是兩者的互動發展還存在許多問題。因此，探討四川城鄉旅遊如何實現良性互動，具有重要的理論和現實意義。

一、四川城鄉旅遊發展現狀

（一）四川省旅遊經濟運行總體穩中有進

當前，四川省的城鄉旅遊發展呈現平穩快速的態勢。2013 年，全省接待國內旅遊人數 4.87 億人次，同比增長 12.1%，實現國內旅遊收入 3,877.4 億元，同比增長 18.2%。與此同時，全省共接待入境旅遊者 209.56 萬人次，同比下降 7.8%，

基金項目：本文為 2013 年四川省社會科學重點研究基地項目「新型城鎮化背景下四川城鄉旅遊互動的探索與實踐研究」（編號：SC13E003）研究成果。本文載於《樂山師範學院學報》2014 年第 10 期。

外匯收入7.65億美元，同比下降4.3％。上述數據表明，四川省國內旅遊發展勁頭持續強勁，入境旅遊還有很大的拓展空間。

(二) 四川省鄉村旅遊發展強勁

從產業規模、標準化建設以及政策配套方面指標來看，四川鄉村旅遊產業始終走在全國的前列，發展強勁。目前，四川省開展的年度鄉村旅遊啓動儀式、「農家樂文化旅遊節」兩大全省性的鄉村旅遊節慶活動引領了各地鄉村旅遊發展。鄉村旅遊發展對農民增收貢獻突出，農民旅遊收入增長速度快。2013年四川農民從旅遊發展中得到人均純收入621.9元，比上年人均增加80.6元，增長14.9％，比全省農民人均純收入平均增長速度快2.1個百分點。預計到2017年，全省鄉村旅遊在2013年基礎上，總收入占全省旅遊總收入的比重提升5個百分點，帶動1,000萬農民直接或間接就業，全省鄉村旅遊經營點（戶）在2013年基礎上增長50％，其中星級以上鄉村旅遊經營點5,000個以上。

(三) 四川城鄉旅遊互動發展程度不夠，問題突出

目前四川省國內旅遊的主力軍大多是城市居民，城市居民旅遊消費呈遞增趨勢，其2013年旅遊消費支出占全年消費支出總額的20％。而四川作為農業大省，農村居民這個巨大的潛在市場尚待開發。據梁春媚在《中國城鄉居民旅遊消費差異的實證分析》中的研究，中國農村居民人均旅遊邊際消費傾向為0.62，城鎮居民人均旅遊邊際消費傾向為0.49，並且城鄉居民旅遊的平均邊際消費傾向是：中部<東部<西部。理論上說，四川作為西部省份，農村居民的旅遊邊際消費傾向比較高，但是在四川省的旅遊發展實踐中，城市旅遊在發展過程中不夠重視鄉村這個巨大的客源市場，導致四川農村居民的實際旅遊消費支出不高。2013年四川省農村居民人均生活消費支出6,127元，增長14.2％，農村居民恩格爾係數高達43.5％，大多用於生活必需品的消費，其中，居住消費支出增長20.2％，家庭設備用品消費支出增長25.0％，交通和通信支出增長38.4％，而醫療保健、旅遊消費支出等增長緩慢。此外，鄉村旅遊的發展也沒有充分利用鄰近城市的資金和管理經驗來發揮自己的後發優勢，城鄉旅遊互動發展程度不夠。

城市旅遊和鄉村旅遊作為同一區域內兩種不同的旅遊形式，在旅遊資源、客源市場、交通通道等方面本應具有很強的互補性、融合性。隨著農民收入的增加，農村居民渴望感受都市文明，向往城市旅遊；而久居喧囂城市的人們希望體驗「住農家屋、吃農家飯、干農家活、享農家樂」的意境，對鄉村旅遊產生了巨大的需求。但是目前兩者並沒有很好地融合在一起發揮互補優勢。城鄉旅遊如果能夠實現雙向良性互動，必將迎來國內旅遊新一輪的黃金發展時期。因此，有必要將這兩種旅遊形式聯繫起來考慮，研究兩者之間的互補關係，從區域旅遊整體的角度出發，使城鄉旅遊實現良性互動發展。

二、城鄉統籌背景下四川城鄉旅遊互動的可行性條件

（一）城鄉統籌的含義及內在要求

城鄉統籌發展，是城市化發展的必然，是經濟社會發展的總體要求。它是指科學有序地推進城市化，由傳統的城鄉二元社會經濟結構向現代化的、整體的社會經濟結構轉變，促進城鄉在經濟、社會、文化、環境等方面的協調發展。其實質是通過賦予城鄉居民平等的身分、地位和發展機會，促進城鄉資源要素的雙向流動，達到優化配置，最終實現城鄉良性互動。總之，城鄉統籌是一個雙向互動的關係，應該是平等的「互哺」，而不是簡單的「以城哺鄉」或者「以鄉哺城」。

中國的城鄉關係自中華人民共和國成立以來大致經歷了產生差距—差距趨向縮小—差距急遽擴大—走向統籌協調發展的過程。按照姚磊（2011）的研究結果，城市化水準和城鄉統籌發展水準是高度正相關的，從總體上看全國34個省市城市化水準與城鄉統籌發展水準基本一致，城市化水準較高的城市一般城鄉統籌發展水準也較高，例如北京和上海，兩項排名都在全國前三名，因為經濟發達的地區對鄉村建設的投入較高，鄉村基礎設施完善，鄉村勞動力素質普遍較高，因此這些地方的城鄉統籌發展水準在全國相對較高。四川省的城市化水準與城鄉統籌發展水準一致，都是第22位，處於比較低的水準，城市化發展的空間很大。

四川省城鄉統籌發展的重點、難點、突破口都在農村。以工促農、城鄉互動是統籌城鄉發展的途徑，而旅遊產業綜合性強、關聯性強，城鄉旅遊如何良性互動是當前實現城鄉統籌發展的重要途徑。

（二）城鄉旅遊互動的含義

城鄉旅遊互動是在區域旅遊業的發展過程中，基於城市旅遊和鄉村旅遊的互補性特徵而引起的一種組織創新。它是指在一個區域範圍內，發揮城市旅遊和鄉村旅遊各自的優勢，城鄉旅遊相互滲透，達到城市旅遊和鄉村旅遊市場拓展、經濟發展的過程。

城鄉旅遊互動是城市旅遊和鄉村旅遊之間的一個多維互動過程，它既強調城市對鄉村旅遊發展的拉動作用，也強調鄉村對城市旅遊發展的促進作用，而不是片面強調鄉村旅遊的發展或是城市旅遊的發展。

（三）四川城鄉旅遊互動的可行性條件

1. 城鄉旅遊資源和文化的差異性

城市和鄉村，同一區域內兩種截然不同的地域形式，因其地理差異，形成了不同的自然景觀和人文文化。城市作為人類現代文明的象徵、文化的富集地，以現代建築、文物古跡、人文景觀、主題公園、遊樂場所、動植物園、森林公園等吸引遊客。鄉村則因其田園風光、民俗風情以及悠閒的生活方式等特有的旅遊資源，成為很多城市居民遠離喧囂、減輕壓力的聖地。從資源開發的角度來看，城市旅遊與鄉村旅遊這兩種不同的旅遊資源，具有很強的差異性和互補性，從而造成「城裡人想下鄉，鄉裡人想進城」的實際客源情況。

2. 城鄉居民旅遊需求偏好的差異

根據經濟學原理，在影響消費者需求的因素中，偏好是一個很重要的因素，有時甚至會起決定性的作用。城市居民和農村居民因其生活環境和心理狀態的不同，其對旅遊目的地的選擇偏好也大為不同。心理狀態處於現代狀態的城市旅遊者，往往對帶有原生態氣息的鄉村旅遊景觀具有強烈偏好；心理狀態處於較原始狀態的鄉村旅遊者，卻偏好於觀覽具有現代風格的城市旅遊景觀。偏好選擇的不同必將導致城市旅遊和鄉村旅遊互為客源市場。

3. 政府的統籌城鄉政策提供了城鄉旅遊互動的外部保障

四川省委、省政府把實施「兩化」互動、統籌城鄉，作為事關四川長遠發展和現代化建設全局的總體戰略。政府的統籌城鄉政策為四川城鄉旅遊互動發展提供了政策支持和資金保障，促進了城鄉旅遊的互動。據測算，一個年接待 10 萬人次的鄉村旅遊景點，可直接和間接安置 300 個農民從業，為 1,000 個家庭增加收入。城鄉統籌是手段，城鄉一體化是目標，四川省通過城鄉統籌發展，不斷完善鄉村基礎設施和旅遊配套設施建設，將村民就地「市民化」，極大地消除了鄉村旅遊中因交通不便、基礎設施和配套設施不完善等造成的旅遊阻力。

三、城鄉統籌背景下四川城鄉旅遊互動的對策

中國東、中、西部城鄉居民收入存在較大的差距，尤其是西部差距更大，統籌城鄉旅遊發展必須因地制宜，不同地區運用不同的理論指導。在推進城鄉統籌發展的進程中，四川省城鄉居民收入比由 2012 年的 2.9：1 縮小為 2.83：1。以成都為例，由於成都市城鄉統籌在若干重點領域取得較大突破，2012 年，全市城鄉居民收入比由 2008 年的 2.61：1 縮小到 2.36：1，在有效遏制城鄉居民收入差距這一關鍵領域取得突破性進展。因此，四川應堅定不移地繼續推進城鄉統籌發展戰略，積極探索城鄉旅遊良性互動的對策措施，以更好地實現四川經濟平穩較快增長、城鄉居民持續增收、城鄉居民收入差距進一步縮小的目標。

鑒於此，為更好地促進四川城市旅遊與鄉村旅遊互動開發，實現四川城鄉旅遊一體化發展，我們認為可以採取以下幾個方面的措施：

(一) 堅持政府主導統籌城鄉旅遊

在城鄉旅遊產業互動初期，政府的介入和引導是非常有必要的，待到互動發展到較成熟的階段後，則應盡快建立健全以市場為導向的城鄉產業互動機制。這裡可以借鑑成都經驗。成都區（市）縣經濟的發展，帶有明顯的大城市帶動大郊區的特色，「五朵金花」的開發就是一個典型的成功案例，其成功的一個重要原因就是由政府主導推動城市統籌，追求城鄉同發展共繁榮。政府的主導作用主要體現在制定城鄉統籌戰略規劃。成都市在統籌城鄉發展一開始就旗幟鮮明地提出「以規劃為龍頭和基礎，以產業發展為支撐」，將中心城區、縣城以及條件較好的鄉鎮作為一個整體進行統籌考慮，所以成都的互動發展具有科學的前瞻性，能夠充分體現工業化和城市化意圖，在這個框架下，政府更容易引導資源的合理統籌

分配。成都市提出的「全域成都」理念，其實質是將整個成都作為一個整體來統籌發展全市的政治、經濟、文化、社會建設等，目的是通過整體推進城鄉的共同發展，構建新型城鄉形態。

（二）跨行政區域聯合開發與行銷

目前跨行政區域的產業互動仍處於探索階段，局限於同一行政區域範圍的互動，主要原因除行政區劃限製造成的固有邊界外，更在於缺乏有利於產業互動的更高層次的區域利益協調機制。

四川旅遊資源蘊藏豐富，雖然城市旅遊和鄉村旅遊屬於不同的旅遊類型，資源特色不同，但從大區域來講，城市、鄉村旅遊資源又存在共性。當前四川城鄉旅遊資源的開發利用缺乏整體觀，基本上處於割據狀態，資源利用效率較為低下。基於此，我們認為，四川城市旅遊應繼續發揮其資源豐富、發展成熟的優勢，依託知名景區繼續發展都市觀光旅遊、會展旅遊、主題公園等。鄉村旅遊則應發揮其後發優勢，依託鄉村景觀、鄉村生產、鄉村民俗等富有鄉村特色的旅遊資源優勢，突破行政區域限制與城市旅遊資源實現有機整合再開發，這樣可以提高資源利用效率，增強旅遊吸引力，促進四川城鄉旅遊一體化。

在行銷方面，目前城鄉旅遊各自為政，這顯然不能適應城鄉旅遊互動發展的內在要求，因此城鄉之間應盡快實現資源和信息共享，聯合進行旅遊市場行銷，建立區域一體化的預訂和銷售網絡系統，打造大品牌，提升區域旅遊的競爭力。電子商務是當今經濟發展的潮流和趨勢，目前城市旅遊的網絡信息公布已相對完善，但是遊客對鄉村旅遊方面的信息獲取相對困難，應盡快收集資料，讓鄉村旅遊產品盡快入網，使得遊客只要到了某個地方就能便捷地瞭解該地區城市和鄉村旅遊的全面信息，以促進鄉村旅遊提速發展。城市旅遊在宣傳方面應發現新視角，多做一些針對農村客源市場的促銷，因為隨著農民收入水準的提高，農民有了更多的閒暇時間和可自由支配收入，想要進城的需求強烈，這為城市旅遊提供了充足的客源，所以要重視農村地區這個巨大的客源市場。

（三）形成四川旅遊網絡佈局

根據上述四川城市旅遊與鄉村旅遊互動的基本分析，可以考慮構建城市旅遊與鄉村旅遊互動的「點—軸—網」模式，在各區域中形成城市旅遊中心點和鄉村旅遊中心點，然後根據中心點的性質和特點，通過主軸線將其連接，使旅遊中心由點轉變為軸帶；再通過旅遊中心軸帶的輻射作用，催生更多旅遊中心點，根據新的旅遊中心點或新、舊中心點之間的聯繫，形成次級旅遊軸，通過旅遊主軸線的延伸和串聯，形成旅遊網絡空間佈局。

1. 積極推進縣域層面旅遊中心地建設

縣域旅遊中心地是指，在相對較小的時空範圍內，以縣級行政區劃為地理空間，對區域內旅遊資源進行整合優化配置，形成具有鮮明地域特色和多種功能導向的，集地域性、層次性、集聚性與擴散性等特徵於一體的地域綜合體。縣域旅遊中心上接省市級城市，毗鄰縣級城鎮和鄉鎮，具有迴歸自然的特點，是城市居民

週末和節假日休閒的好去處。隨著縣域旅遊的深入發展，特別是在都市休閒旅遊市場與鄉村旅遊市場的雙重驅動下，縣域旅遊經濟逐漸成為縣域經濟增長的新亮點，並成為發展縣域經濟的重要途徑之一，也是推進城鄉一體化的重要環節和著力點。明確縣域旅遊中心的等級與功能，就是要整合旅遊資源，注重旅遊體系和服務功能建設，加強其向上與省級中心城市、向下與所屬各城鎮的聯繫，促進城市基礎設施、公共服務向縣域及周邊農村地區延伸，引導各資源要素向縣域聚集，充分發揮旅遊業的產業輻射功能和產業聯動優勢，形成區域旅遊集群效應。

2. 合理規劃佈局特色旅遊小城鎮

四川小鎮大多由集市（場）或古村落演變而成，場鎮選址區位優越，歷史悠久，歷來都是農村地域的政治、經濟和文化中心，更是中華傳統倫理、手工作坊、傳統技藝、民間藝術的傳承和延續之地。小鎮在四川城鎮體系中居於十分重要的地位，是四川經濟社會統籌發展不可忽視的增長點。

旅遊小城鎮植根於廣大農村地區，依託地方特色資源和文化，貼近農民，連著農家，具有休閒度假、遊覽觀光、歷史文化和民族文化傳播等功能，是吸引旅遊者的重要吸引物。四川省具有條件發展旅遊小城鎮的鎮約有300個，占全省建制鎮總數的17%，按其資源和功能特點分為五類：歷史文化型、民族風情型、旅遊集散型、生態休閒型、特色產業型。旅遊小城鎮中心地的打造，要充分利用其緊鄰農村的區位特點，使其成為打破城鄉隔離狀態、黏合城鄉旅遊經濟載體的有效「棋子」。在城鎮規劃過程中，應因地制宜合理佈局旅遊功能顯著的小城鎮，壯大成都平原、川南、川東北三大旅遊小鎮群，培育成渝、成德綿廣、成雅西攀、九環線、大熊貓環線、香格里拉環線六條旅遊小鎮帶，充分發揮小城鎮的觀光休閒度假、產業結構優化及環境保護的功能，促使城鄉旅遊要素在旅遊小城鎮實現較好的對接、碰撞與融合，借助旅遊要素流轉進一步推動城鄉旅遊的協調發展。

3. 加快鄉村旅遊目的地建設

四川是全國鄉村旅遊起步最早、發展最快的省。鄉村旅遊，是旅遊者在鄉村地區開展娛樂休閒、探索求知、迴歸自然的旅遊活動，它作為一種新型旅遊產業，實現了農村第一產業和第三產業有機結合。經過近30年的發展和實踐，鄉村旅遊已經成為四川旅遊的一大亮點和新的增長點。在城鄉統籌背景下，具備條件的農村地區可以充分挖掘當地的自然生態、鄉土文化資源發展鄉村旅遊，這不僅可以促進農業與旅遊業的產業融合和鄉村旅遊業的發展，還可以增加農民收入，縮小城鄉收入差距，從而更好地實現城鄉統籌發展。

目前四川鄉村旅遊有鄉村聚落型、鄉村酒店型、農業產業園型、古村古鎮型及旅遊新村型五種開發模式，在以鄉村旅遊業為龍頭的「旅—農—工—貿」聯動發展模式的指導思想下，可以根據各個地方鄉村旅遊的實際情況，選擇採用「政府+公司+農村旅遊協會+旅行社」「公司+農戶」「股份制」等模式。

4. 加強各旅遊中心點的聯繫

不同行政區域的旅遊景區資源特色不一、發展程度不一、市場效應不一，通

過旅遊軸線將這些景區連接起來,形成旅遊帶,可以產生「1+1>2」的旅遊效應。不過要注意,建立旅遊軸線要以旅遊中心點之間的內在聯繫為基礎,而不能憑空想像,要以是否實現了資源的充分利用作為整合旅遊中心點的標準,同時考慮旅遊帶上的旅遊中心點與其他點之間的資源的聯動性。

5. 搭建專業性投融資平臺

解決統籌城鄉發展資金「瓶頸」,構建投融資平臺,首先要轉變政府資金投入方式。通過設立專業性投融資平臺,政府不再直接干預公共建設項目的投資建設等具體活動,而是授權給公司,讓投融資公司成為資金市場化運作的主體,吸引民間資本和金融資本投向城鄉旅遊建設,實現投資主體多元化。一些民族地區的旅遊發展,則應該盡可能地多爭取中央政府財政資金的支持。

6. 加強基礎設施配套建設與改造

在基礎設施配套建設中加大對道路、水電、通信等方面的投入力度,重點改善城鄉之間道路和公共交通設施,以增強城鄉旅遊之間的互動。建設鄉村旅遊大環線,構建快捷完善的交通路網。打通連接線,不走回頭路,構建鄉村旅遊環線,實現快捷暢通出遊,是緩解交通壓力、確保道路暢通的必要手段。要特別注意完善核心景區及周邊道路網絡。譬如成都,專門開通了成都到青城山的動車專列,為成都、都江堰景區兩地的旅遊互動提供了便捷、高效的交通條件。另外,在鄉村旅遊的食宿設施建設上,要兼顧衛生標準和地方特色,既要讓遊客住得放心,更要避免走向雷同城市化的誤區,要永葆鄉村旅遊賴以生存的鄉土性,從而保持對城市居民的吸引力。

最後,四川在城鄉統籌背景下實施城市旅遊、鄉村旅遊互動的過程中,要避免走入當前某些地方存在的誤區。不少地區對於城鄉統籌存在誤解,演變成簡單的「鄉村城市化」,導致傳統文化被丟棄。一些地區為發展旅遊推倒傳統的特色建築,取而代之以現代化的城市設施,有些地區甚至占用農田發展遊樂休閒項目。豈不知,具有比較優勢才有競爭優勢,越是傳統的,才越是具有吸引力的,保護當地的旅遊資源和傳統文化是旅遊持續發展的根本。另外,農民利益和社區利益沒有得到充分保障。有些地方在發展鄉村旅遊時,因為政府干預過多,營利模式中企業所占份額過大,本地農民的利益難以得到保證,使農民參與旅遊發展的積極性不高,社區利益也沒有很好體現。這與城鄉統籌的原則和最終目的背道而馳。只有保障農民和社區的正當利益,才能真正體現鄉村旅遊的真諦,才能有效保護根植於土地上的傳統文化,才能真正實現城鄉旅遊良性互動,也才能最終實現城鄉統籌的目標。

參考文獻:

[1] 張勇,梁留科,胡春麗. 區域城鄉旅遊互動研究 [J]. 經濟地理,2011 (3):509-513.

[2] 張付芝. 區域城鄉旅遊互動發展動力機制分析 [J]. 桂林旅遊高等專科學校學報,2008 (3):375-379.

[3] 李萬蓮. 城鄉旅遊協調發展的空間佈局模式與運行機制探討 [J]. 西部經濟管理論壇, 2011 (12): 53-56.

[4] 雷曉琴. 基於點軸網理論的區域城鄉旅遊互動模式研究 [D]. 廈門: 廈門大學, 2009.

[5] 陳婷婷. 貴州城市旅遊與鄉村旅遊互動機制研究 [D]. 貴陽: 貴州財經大學, 2012.

[6] 孫業紅. 城鄉統籌中旅遊發展的幾大挑戰 [J]. 旅遊學刊, 2011 (10): 9-10.

[7] 姚磊. 中國城鄉統籌發展綜合研究 [D]. 成都: 西南財經大學, 2011.

[8] 曾萬明. 中國統籌城鄉經濟發展的理論與實踐 [D]. 成都: 西南財經大學, 2011.

樂山入境旅遊發展對策研究

劉 遠

摘要：本文分析了樂山入境旅遊市場的現狀，並根據樂山入境旅遊市場中存在的問題，提出了開發樂山入境旅遊市場的思路和行銷戰略。

關鍵詞：樂山旅遊；入境旅遊；市場特徵；品牌行銷

一、樂山入境旅遊現狀

2013年雖然中國宏觀經濟下行、禽流感傳播、「4·20」蘆山地震，但樂山旅遊經濟在國內市場的大力宣傳、西部博覽會和大佛節的帶動下，實現旅遊總收入319.75億元，同比增長19%，全市旅遊經濟總量位居全省第二，僅次於成都市，國內旅遊市場穩步增長。2013年，四川入境旅遊接待人數在2012年後首次實現正增長，樂山入境市場旅遊效益卻大幅下降。2012年樂山是四川省除成都市外接待入境遊客總量最大的市州，但在2013年僅接待入境遊客10.82萬人次，同比下降41.38%，僅占全市遊客接待總量的0.36%，占全省入境旅遊遊客總量的5.16%，同比下降2.96個百分點；旅遊外匯收入2,181.86萬美元，同比下降38.13%，占全省外匯收入總量的2.86%，同比下降1.56個百分點。

以上數據表明，樂山作為中國優秀旅遊城市、中國歷史文化名城，擁有世界自然與文化雙遺產，但其國際旅遊市場卻沒有得到充分開發，入境旅遊市場發展相對落後於國內旅遊市場。特別是樂山旅遊產品國際化和國際市場的行銷的相對滯後，使入境旅遊者的數量難以提升。為了改變這一局面，近年來樂山市委、市政府已出抬《關於建設國際旅遊目的地實現旅遊業發展新跨越的意見》《樂山建設國際旅遊目的地戰略規劃》等相關文件，並且完善《入境旅遊行銷獎勵辦法》，加強與國際航空公司、客源國旅行社的合作，建立國際化旅遊行銷網絡，融入世界旅遊目的地分銷系統，強勢建設國際旅遊目的地。

課題項目：本文為四川旅遊發展研究中心立項課題（編號：LYC14-16）階段性成果。

二、樂山旅遊市場品牌行銷中存在的問題

(一) 核心景區帶動效應不足

從樂山入境旅遊市場的消費特點可以看出，2013年入境遊客在樂山平均停留天數僅1.42天，多為對「峨眉山—樂山大佛」世界雙遺產的觀光旅遊，並未帶動周邊景點的發展和其他產業的飛躍。

(二) 品牌形象缺乏國際吸引力

境外遊客僅僅知道「峨眉山—樂山大佛」，但對樂山城市並沒有形成具體的符號和印象，樂山的旅遊核心並沒有得到充分發掘和打造，樂山城市的獨特個性並未得到彰顯。除了雙遺產外，其他景點呈現出「多點零散」的狀態，需要對這些景點進行串聯，結合樂山核心特質，提取具有國際吸引力的樂山城市符號。

(三) 軟硬環境制約品牌行銷的發展

旅遊消費空間缺失，城市旅遊功能弱小，景區和城市分離嚴重也是制約樂山旅遊市場品牌的原因之一。樂山傳統美食豐富，但缺乏美食品牌的推廣；旅遊紀念品質量較差，缺乏樂山地域特色；缺少集中旅遊購物場所。

旅遊交通系統還不夠完善，旅遊道路標示存在一定錯誤；旅遊專業人員緊缺，高素質旅遊人才引進工作落後；國際救援隊伍空缺，醫療應急救援指揮機構需完善；城市文明素質需要提高。

三、樂山入境旅遊市場品牌行銷策略

(一) 樂山入境旅遊市場定位

國際知名的旅遊目的地都是通過核心吸引力的打造、目的地獨特個性的彰顯、綜合配套的保障、國際品牌的推廣、良好環境的營造等路徑實現國際化。樂山擁有「峨眉山—樂山大佛」世界自然與文化雙遺產，具備世界級的知名度和國際吸引力，其山水生態環境、詩意寧靜禪境、深厚的歷史文化底蘊和良好的社會環境形成了山水禪意城市。

樂山入境旅遊客源市場應以已有的韓國、日本、東南亞主要客源國或港臺地區為基礎市場，對亞洲人向往的「山水禪意」品牌進行行銷。以歐洲和北美為重點目標市場，加大宣傳和市場開發力度，因為這些國家的旅遊消費力較強，並且隨著信息和航空技術全球化，境外遊客的旅行成本和時間成本也會相對減少。

(二) 產品策略

1. 樂山旅遊產品基礎條件

樂山作為中國歷史文化名城、中國優秀旅遊城市、中國最佳旅遊目的地，憑藉其豐富的自然資源和文化資源，坐擁名山、名城、名人、名佛，一流的旅遊資源吸引了來自世界各地的遊客，旅遊經濟總量連續10年居全省第2位。聞名遐邇的峨眉山—樂山大佛，是全國四處世界自然與文化雙遺產之一。峨眉山素有「秀甲天下」的美譽，是全國四大佛教名山之一，也是普賢菩薩道場，以雄、秀、神、

奇、靈著稱。樂山大佛始建於唐代開元初年（713年），腳踏岷江、青衣江、大渡河，與峨眉山遙相呼應，通高71米，是世界最大的古代摩崖石刻彌勒坐佛。凌雲山、烏尤山、東岩山所形成的巨型睡佛仰臥三江之上，形成「心中有佛、佛中有佛」的奇觀。樂山還分佈有犍為嘉陽、沐川竹海、金口大峽谷、峨邊黑竹溝、郭沫若故居、夾江千佛岩、桫欏峽谷等景區景點，以及恐龍化石遺址、戰國離堆、漢代崖墓等眾多歷史古跡。這是都是樂山旅遊產品獨具一格的優勢。

2. 旅遊產品的發展方向

樂山旅遊產品需圍繞特質資源，將觀光型旅遊轉化成度假型，重點建設度假區和核心項目。將樂山大佛景區和周圍景點，如嘉定坊、嘉州長卷、濱河路沿岸和鳳州島等景點相結合，將樂山大佛景區的旅遊空間和功能向外延伸拓展，形成具有消費力的旅遊度假區。深度開發峨眉山度假區，依託峨眉山、峨秀湖、大佛禪院的禪意文化和峨眉武術的魅力，將峨眉山打造成具有觀光體驗、生態休閒、溫泉度假、文化體驗、餐飲購物的國家級旅遊度假區。

挖掘以峨眉山—樂山大佛為核心的周邊區域潛力，以樂山—峨眉山為中心，向外輻射延伸，培育輻射延伸區域——樂山犍為嘉陽小火車、侏羅紀桫欏峽谷、峨邊黑竹溝、郭沫若故居、犍為船型羅城古鎮和五通橋小西湖等景區。樂山需要通過對這些區域的統籌開發，形成多元運動、養生度假、特色彝鄉文化等旅遊度假區。

（三）傳播策略

1. 形象包裝

用國際化的旅遊口號，將禪意融入口號中。在國內外著名人士中遴選「形象大使」，從而推廣樂山旅遊品牌。

2. 多元化節事活動

節事活動可以在較短的時間內增加旅遊目的地的知名度，強化樂山旅遊品牌的形象，提供更多的促銷機會，同時也為目的地的文化、特色進行了正面的宣傳，創造較高的顧客知曉度。比如樂山旅遊博覽會、國際旅遊大佛節、國際峨眉武術節等活動就已經為樂山贏得了許多宣傳機會。如果能充分利用樂山的山水優勢，開展更多的對外文化交流與合作，發揮文化演藝活動的影響力，相信樂山的國際知名度將會得到大幅提升。

3. 立體的媒體運作

新媒體由於具有信息海量、傳播速度快、較強的互動性等優勢，在媒體運作中被作為主要手段使用。建立專門的樂山旅遊國際資訊門戶、主題微博、微信等熱門社交平臺，分享樂山的飲食、娛樂，介紹樂山的交通、住宿、基礎設施情況，及時和旅遊者保持互動；還可以與國外知名度較高的網站和搜索引擎合作，推薦樂山的旅遊線路和旅遊產品。運用傳統媒體，如新聞、宣傳片、電影等方式，讓樂山在旅遊者心中建立可信賴、直觀、生動的形象，進一步對樂山旅遊目的地品牌進行行銷。

(四) 價格行銷策略

1. 科學制定旅遊產品價格

結合樂山地區旅遊特色及境外旅遊者偏好，製作旅遊產品，分析其他旅遊目的地的成本、價格，選擇定價方法，綜合本土資源及優勢，計算成本，制定最終價格。

2. 提高旅遊產品價格競爭力

充分調研其他國家或城市同類旅遊產品價格，整合樂山資源和市場，加強企業合作，降低旅遊產品成本，提高價格競爭力。

3. 重視用戶體驗，推出高端定制旅遊產品

現代旅遊更注重體驗與感受，而非傳統旅遊的走馬觀花，因此，可以根據境外遊客的喜好，進行高端個性定制，制定對應高端旅遊的產品及價格。

(五) 渠道策略

1. 開發和完善國際分銷渠道網絡

分銷渠道在旅遊產品的行銷中起著決定性的作用。樂山市政府可以在重要客源國家選擇經營能力強、信譽好的旅遊經銷商建立長期的合作關係，利用國外旅遊經營商、批發商開展樂山旅遊宣傳。

2. 加強旅遊產品的國際合作

樂山市政府可以鼓勵外國企業來樂山建立國際旅行社，與國外旅遊組織、國際酒店等開展合作業務，採用《四川省入境旅遊行銷獎勵辦法》等宣傳促銷獎勵辦法，建立國際化旅遊平臺網絡。

3. 建立國際互聯網旅遊產品行銷平臺

樂山市政府可與國內外旅行社、電商共同建立互聯網旅遊產品行銷平臺，推出精品旅遊路線，實現產品推薦—產品選擇—訂單生成—付款—成行的一條龍線上便捷服務平臺。

4. 與旅游市場直接對話，制定戰略決策

樂山市政府應加強與旅遊市場的直接對話，及時瞭解旅遊市場需求，制定有用的戰略決策。

(六) 優化樂山旅遊市場品牌軟硬環境

在樂山市政府的主導下構建便捷的立體交通體系，完善城市和區域交通網，豐富旅遊交通工作，按照國家統一標準規範旅遊交通標示，建立完備的旅遊集散中心。

加快推進世界精品酒店、國內高星級酒店的建設；引進國際連鎖快捷酒店等形式多樣的接待設施；對已有酒店進行全面的提升；引進國際頂級酒店品牌和管理模式，提高樂山市酒店的國際化管理和服務水準。

通過樂山市人社局引進高端旅遊人才，培養已有旅遊從業人員；加強與中外知名旅遊培訓機構的合作；採用舉辦旅遊高端論壇等方法吸引更多旅遊人才。

對樂山城市環境進行優化。全面提升居民文明素養和文化自覺；提高市民英

語水準；美化城市干道，新建、改造城市公園；加強對市內的森林公園、自然保護區、濕地公園等的保護和開發利用；優化城市的消費環境，建立大型旅遊購物場所，提升顧客滿意度；堅決執行環境衛生標準，加強城市環境空氣保護，治理水污染和垃圾污染；加強樂山市和景區的治安、特別是出入境管理。

市政府應加強與國際合作城市旅遊項目的推進，加強同世界旅遊組織、亞太旅遊協會等各類國際旅遊機構的合作。

參考文獻：

[1] 菲利普·科特勒，約翰·保文，詹姆斯·邁肯斯. 旅遊市場行銷：4版 [M]. 謝彥君，譯. 大連：東北財經大學出版社，2006.

[2] 克里·戈弗雷，杰基·克拉克. 旅遊目的地開發手冊 [M]. 劉家明，劉愛利，譯. 北京：電子工業出版社，2005.

[3] 摩根，等. 旅遊目的地品牌管理 [M]. 楊桂華，等，譯. 天津：南開大學出版社，2006.

[4] 郭英之. 旅遊目的地的品牌行銷 [J]. 旅遊學刊，2006（7）：9-10.

[5] 鄧明豔. 成都國際旅遊市場旅遊流特徵的分析 [J]. 經濟地理，2000（6）：115-117，124.

[6] 徐立新. 旅遊品牌行銷與傳播溝通機制研究 [J]. 商業經濟，2007（5）：92-94，97.

[7] 範小華，郭佩霞. 四川省國際旅遊客源市場的特點與開發 [J]. 特區經濟，2006（1）212-214.

[8] 鄧明豔，馮明義，謝豔. 四川國際旅遊目標市場研究 [J]. 西華師範大學學報（自然科學版），2005（3）：312-316.

[9] 馬耀峰，李旭. 中國入境遊客旅遊選擇模式研究 [J]. 西北大學學報（自然科學版），2003（5）：575-580.

[10] 菲利普·科特勒，凱文·萊恩·凱勒. 行銷管理：14版·全球版 [M]. 王永貴，等，譯. 北京：中國人民大學出版社，2012.

[11] 摩根，普里查德，普瑞丁. 目的地品牌：管理地區聲譽 [M]. 胡志毅，周春燕，張雲耀，譯. 北京：中國旅遊出版社，2014.

[12] 趙珊. 中國入境旅遊規模居世界第四 [N]. 人民日報（海外版），2014-10-21（004）.

樂山市低碳旅遊開發策略研究

楊春麗　馮　採　張同建

摘要：低碳旅遊是低碳經濟環境下旅遊業發展的必然趨勢，是低碳經濟的內在要求。樂山市是中國西部地區的著名旅遊城市，擁有豐富的旅遊資源，正大力實施低碳旅遊發展戰略。樂山市低碳旅遊開發策略的研究為低碳旅遊實踐提供了現實性的理論支持，引領了低碳旅遊的發展方向。樂山市低碳旅遊發展策略主要包括政府支持、碳足跡測度、低碳專業技術人才培育、低碳旅遊產品開發和推廣綠色旅遊等。

關鍵詞：樂山市；低碳經濟；低碳旅遊；碳足跡；旅遊產品

一、引言

低碳旅遊的發展是旅遊業發展的長遠目標，是低碳經濟的內在要求，和低碳經濟的理念相違背的旅遊業發展是不可持續的。低碳經濟是全球經濟發展的總趨勢，是人類社會在嚴峻的自然環境惡化的威脅下所不得不做出的自我緩釋方式[1]。低碳經濟的根本目標不是拯救地球，而是拯救人類自己。

中國是一個具有世界性影響的超級大國，對低碳經濟的倡導和支持是義不容辭的責任，中國政府在國際社會也做出了明確的回應。2009年11月25日，國務院時任總理溫家寶主持召開了國務院常務會議，確立2020年中國溫室氣體排放控制的目標是2020年中國單位國內生產總值二氧化碳排放比2005年下降40%～45%，為中國在國際社會樹立了巨大的威望。

旅遊業是世界第一大產業，正以異常迅猛的形式飛速發展，無疑對低碳經濟產生著舉足輕重的影響，從而催生了低碳旅遊[2]。低碳旅遊是指以節能減排為目標，在維持現有旅遊質量的前提下，以低能耗、低污染為基礎的綠色旅遊，可以通過旅遊活動中的食、住、行、遊、購、娛等環節來實現。低碳旅遊提出之後，立即引起國際旅遊界的高度反響。2007年，世界旅遊組織（UNWTO）和政府間氣

基金項目：本文為國家社會科學基金項目「服務嵌入、創新驅動與產業網絡協同」（編號：11BJL074）研究成果。

候變化專門委員會（IPCC）聯合召開了國際氣候變化和旅遊會議，探討了旅遊業如何控制溫室氣體排放及如何應對氣候變化對旅遊業的影響。UNWTO的研究表明，旅遊業在全球氣候變暖中的貢獻率為5%~14%。

中國是世界性的旅遊大國，對全球性低碳旅遊的支持是義不容辭的責任。2009年，在低碳經濟增長環境下，國務院發布了《國務院關於加快發展旅遊業的意見》，為旅遊業確立了低碳旅遊的戰略發展目標。此後，五一黃金周、十一黃金周、上海世博會均履行了這一先進的旅遊理念。中國旅遊系統包括旅遊管理部門、旅遊企業、遊客三大要素，而旅遊企業包括星級酒店、旅行社、旅遊景區、旅遊運輸企業、旅遊娛樂企業和旅遊類商店六種類型，低碳旅遊的實施需要所有旅遊主體的共同參與，才能達到預期的目標。

二、樂山市低碳旅遊開發策略解析

樂山市是聞名遐邇的旅遊城市，在世界範圍內享有較高的聲譽，蘊藏著豐富的旅遊文化資源。樂山大佛—峨眉山被聯合國教科文組織列入世界自然文化遺產，佛教文化源遠流長，三江匯流景色壯觀，都為樂山市旅遊業增添了燦爛的色彩。在旅遊經濟的驅動下，樂山旅遊業實施了低碳旅遊發展戰略，力爭在新的旅遊潮流下率先轉變旅遊發展戰略，改變傳統的旅遊模式，在低碳旅遊模式下再展雄風。

然而，受到理念滯後、技術匱乏、監督不足、人才稀缺、文化薄弱等不利因素的影響，樂山市低碳旅遊的發展在近年來並未取得實質性的進展，未能顯著地改變傳統旅遊的面貌。從長遠來看，這種逡巡不前的狀態不僅阻礙了樂山市旅遊業競爭力的成長，也抑制了樂山市城市競爭力的培育。低碳旅遊的發展是一個名副其實的系統工程，涉及的範圍很廣，因此，樂山市低碳旅遊的轉型需要在低碳策略體系中有選擇地優先突破，才能實現從局部到整體的變革，因而需要大力借助於西方國家或東部地區的低碳旅遊發展經驗。

低碳旅遊的研究在國內外已取得了豐碩的成果，為樂山低碳旅遊研究提供了可行的理論基礎。Susanne Becken和Murray Patterson（2006）探討了關鍵路徑法測度旅遊業碳排放的方式，闡述了低碳旅遊與旅遊業長遠發展的內在相關性[3]。Karen Mayor和Richard S（2007）研究了美國旅遊運輸業對碳排放的影響，特別是旅遊航空業的發展所帶來的碳排放增長問題，並提出了低碳運輸旅遊的若干對策[4]。Richard S（2007）闡述了碳排放稅對旅遊業發展的衝擊，以及旅遊業如何應對低碳經濟的發展問題[5]。Joe Kelly和Peter W（2007）以英國與加拿大部分城市的旅遊活動為例，分析了旅遊業溫室氣體效應問題[6]。Paul Peeters（2007）探討了歐洲旅遊運輸業對環境變化的影響問題，認為旅遊運輸業是歐洲旅遊業中碳排放最大的旅遊子行業。唐婧（2010）以湖南為例研究了低碳旅遊生態循環經濟系統的架構，通過對遊客的調查、碳足跡的測算、旅行社線路安排的分析，提出了構建湖南低碳旅遊生態系統的具體方法[7]。雷瓊（2010）分析了低碳旅遊景區管理所面臨的成本高和技術難的問題，提出了低碳旅遊管理的具體策略，包括建

立景區間的戰略聯盟、完善景區評價指標體系等[8]。

現有的研究從不同角度探討了低碳旅遊的內涵、途徑以及對低碳經濟的影響，也為樂山市低碳旅遊的實施提供了可行的決策。樂山市低碳旅遊開發策略的研究不僅要遵循先進的旅遊理念，也要借鑑現有的研究成果，又要密切結合樂山市具體的旅遊環境，才能取得良好的效果。本研究通過對樂山市旅遊資源開發環境、過程和方法的調查，認為現階段樂山市低碳旅遊經濟的開發策略包括以下五個方面：

第一，政府的大力支持和參與。低碳旅遊的全面實施是一種社會行為，不是單純的旅遊行為，需要政府機構的大力參與，整合各種旅遊資源，積極地引導低碳行為的實施。低碳旅遊是一種經濟模式，是旅遊經濟發展模式的必然選擇，但是，在由傳統旅遊向低碳旅遊的轉換時期，成本代價可能較大，需要政府部門的引導與扶持。一般而言，樂山市政府旅遊部門需要合理規劃低碳旅遊景區，根據自然優勢建造森林公園、濕地公園、風景名勝區、地質公園與生態旅遊景區等，並對這些低碳旅遊區建立可行的低碳標準。同時，樂山市政府旅遊部門也可以利用人工建設低碳景區，如低碳建築設施展區、低碳產業示範工業園。在旅遊景區建設過程中，樂山市旅遊部門應積極引導使用低碳技術，如循環污水處理裝置、生態長廊、生態餐飲、生態廁所、生態垃圾桶等，構建良好的低碳旅遊環境。

第二，合理測度樂山市旅遊產品的「碳足跡」。「碳足跡」的構建是檢測低碳行為效率的標準，是約束旅遊產品中碳消耗的準則，也是低碳戰略實施中的一項行之有效的方法。在西方國家的低碳旅遊管理中，非常重視「碳足跡」的測定。碳足跡是指在旅遊行為發生過程中一個人的能源意識和舉止對自然界產生的影響，指個人的「碳耗用量」。每個行業的營運均存在著自己的「碳足跡」，並隨著營運機制的變化而不斷調整。由於旅遊行業的特殊性，「碳足跡」的測定具有一定的難度，很難像其他行業一樣精確。旅遊「碳足跡」就是描述旅遊業營運行為的「碳足跡」，是旅遊業實施低碳旅遊控制的有效方法。目前，許多旅遊網站提供了「碳足跡」計算器。測度方只要輸入某種旅遊數據，就可以計算出相應的碳足跡量值。碳足跡計算的意義在於，一旦明白了碳足跡的具體來源，就可以想方設法減少它，從而減少旅遊活動的碳消耗量。樂山市旅遊碳足跡的測度以旅行社、星級酒店和旅遊景區為目標率先展開，然後逐漸過渡到旅遊運輸業、旅遊購物和娛樂行業。特別是對於樂山大佛景區和峨眉山旅遊區的碳足跡的測度在低碳旅遊領域會產生輻射性的影響。

第三，加強旅遊低碳專業技術人才的培育。低碳旅遊的發展不僅是制度性的改變，也是技術性的升級，是制度與技術的複合，需要足夠的低碳旅遊技術的支持。對於樂山市低碳旅遊開發而言，低碳型專業技術人員的培育也就成為低碳旅遊發展的一個瓶頸性問題。樂山市旅遊業是一個人才匱乏的行業，近年來專業技術人員的流失較為嚴重。低碳型專業人員的培育是樂山市旅遊業人力資本開發的一個主要任務，需要激勵傳統型旅遊技術人員向現代型旅遊技術人員轉變，要求

現有的旅遊專業技術人員不僅具備較為豐富的旅遊業務知識與經驗，也應熟悉低碳旅遊規制的要求、機理和趨勢，將低碳思想和理念融入傳統旅遊業務流程之中。國外和中國東部地區旅遊企業在低碳專業人員培育方面取得了較好的成就，值得樂山市旅遊企業借鑑。

第四，持續推廣綠色旅遊。綠色旅遊在樂山市旅遊系統內已實施多年，也取得了一定程度的進展。綠色旅遊與低碳旅遊在內涵、目標與方法上具有高度的一致性，是低碳旅遊的雛形概念。綠色旅遊與低碳旅遊並不衝突，不需要厚此薄彼。在低碳旅遊發展的初級階段，綠色旅遊的推廣與實施在本質上就是低碳旅遊的推廣與實施。綠色旅遊就是要充分利用生態保護的思想，積極地實施有利於旅遊者安全、健康、環保的服務，把旅遊消費行為與自然行為融於一體，實現人與自然的高度一體化。儘管生態旅遊的概念出現較早，但生態旅遊至今為低碳旅遊提供了豐富的內涵，是促進低碳旅遊發展的平臺。生態旅遊是綠色旅遊的前提和基礎，而綠色旅遊是低碳旅遊的前提和基礎，它們之間具有高度的內在關聯性。樂山市旅遊業在實施低碳旅遊的同時，不可擯棄綠色旅遊和生態旅遊，而是要同時大力推廣。

第五，開發旅遊低碳產品。低碳旅遊產品的開發是樂山市旅遊資源開發的當務之急，是低碳經濟和低碳旅遊的客觀要求。如果樂山市不能在短期內從傳統的旅遊模式過渡到低碳旅遊模式，完成一批高質量的旅遊產品的開發，將很難確保旅遊業的可持續發展。據國家旅遊局低碳旅遊研究中心的評估，圍繞樂山大佛的一系列旅遊行為遠不能符合低碳旅遊的最低標準，因此，樂山市旅遊產品的設計必須在近年內產生徹底的改觀，否則將嚴重阻礙樂山市旅遊業的發展。當然，低碳旅遊產品的設計和其他旅遊資源開發策略是並行不悖的，不存在相互衝突之處。樂山市低碳旅遊產品的開發以景區治理或管理為核心，以旅遊線路和酒店服務為輔助，以旅遊交通、娛樂、購物為支撐，可以全方位地同時展開，這樣也符合低碳產品開發的內在規律。

三、結束語

低碳旅遊是旅遊業發展的必然趨勢，是低碳經濟環境的內在要求。低碳旅遊的根本目標是減少旅遊行為過程中的碳排放量，緩解旅遊活動對大氣碳含量的壓力。作為一個旅遊大市，樂山市只有盡快實現旅遊發展模式的轉變，從傳統的旅遊模式轉變到低碳旅遊模式，才能適應新的旅遊經濟形勢的發展，也才能持續性地促進樂山旅遊業的發展。可以認為，低碳旅遊的成敗決定著樂山旅遊業的成敗。如果在低碳旅遊的大氣候下錯失良機，樂山旅遊業的發展可能會遭受重大挫折。相反，如果樂山市旅遊業在低碳經濟的大環境下把握時機，有效地實現低碳轉型，不僅會增強樂山市旅遊業的競爭力和樂山市的競爭力，也可以引領四川省和西南地區一大批旅遊城市的低碳旅遊的發展，從而提高中國西部地區的整體旅遊競爭力。

參考文獻：

[1] 張同建. 中國星級酒店業知識資本微觀機理研究 [J]. 旅遊學刊, 2008 (1)：70-76.

[2] 張同建. 中國星級酒店業內部行銷效應實證研究 [J]. 湖州職業技術學院學報, 2008 (2)：51-55.

[3] EDVINSSON L, SULLIVAN P. Developing a model for management intellectual capital [J]. European Management Journal, 1996, 14 (4)：379-382.

[4] 魏小安. 中國旅遊業發展的十大趨勢 [J]. 湖南社會科學, 2003 (6)：91-98.

[5] STEWART T. Your company's most valuable asset：intellectual capital [J]. Fortune, 1994, 10 (3)：34-42.

[6] Sullivan P. Profiting from intellectual capital：extracting value from innovation [M]. New York：John Wiley & Sons, 1998：144-153.

[7] 唐婧. 低碳旅遊生態循環經濟系統構架研究——以湖南為例 [J]. 湖南社會科學, 2010 (5)：131-134.

[8] 雷瓊. 低碳旅遊景區的創建與管理探析 [J]. 四川經濟管理學院學報, 2010 (9)：61-63.

論中國世界遺產地旅遊消費者教育問題

鄧　健　吳建惠

摘要： 本文分析了中國世界遺產地破壞現狀，闡述了中國開展遺產地旅遊消費者教育的必要性，提出了中國遺產地旅遊消費者教育的方法和途徑，以達到保護世界遺產這一人類共同財產的目的。

關鍵詞： 消費者教育；世界遺產地

消費者教育是指針對消費者所進行的一種有目的、有計劃、有組織的以傳播產品信息、消費知識，傳授消費經驗，培養消費技能，倡導科學的消費觀念，提高消費者素質的一系列活動。世界遺產是指被聯合國教科文組織和世界遺產委員會確認的人類罕見的目前無法替代的財富，是全人類的共同財產。開展世界遺產地旅遊消費者教育是保護世界遺產的重要手段。

一、中國開展世界遺產地旅遊消費者教育的必要性

（一）開展遺產地旅遊消費者教育是保護世界遺產的有效措施

世界遺產是人類的共同財富，如果一個項目被評為世界遺產了，那麼全世界的人們都會關心它、關注它。中國現在逐漸地邁向全球化，我們的很多工作與全世界人民的生活息息相關，一處遺產的破壞必將引起全世界人民的關心。我們和全世界人民都生活在一個地球，關係越來越緊密，中國保護的世界遺產不僅屬於我們個人，也屬於全人類，開展遺產地旅遊消費者教育是世界人民的責任。開展遺產地旅遊消費者教育就是要讓旅遊者充分認識到保護世界遺產的必要性，主動發揮自身保護世界遺產的作用，積極履行保護世界遺產的公民責任。

首先，開展世界遺產旅遊消費者教育能改變旅遊消費者的觀念，規範和引導旅遊者消費行為。觀念是行為的指導，行銷活動中倡導和培養何種消費觀念對行銷結果有著重大影響。遺產地旅遊消費者觀念教育的核心是在正確的遺產地經營理念指導下，通過大力倡導和宣傳，使旅遊者樹立與消費水準相適應，與優秀文化傳統相適應，與社會發展、人類進步相適應的消費價值觀和消費方式觀，能提高旅遊者素質，培養理性成熟的旅遊消費者，達到旅遊消費者利益和遺產地利益的高度統一。

其次，開展遺產地旅遊消費者教育能提高旅遊消費者素質，增強旅遊消費者自覺保護世界遺產的能力。當每個公民都意識到「保護遺產，公民責任」這一遺產保護宣言的時候，遺產地的保護工作便能得到長足的發展。

(二) 開展遺產地旅遊消費者教育有利於培養中國人民的國家意識、民族意識

全球化的加快推動了人們尋求民族身分特性的需求上升，在全球化過程中，經濟和文化都將不可避免地被納入其中。從推動文化資源共享方面，全球化趨勢將成為世界各民族密切關係的一個有利因素，但資源的共享不應導致文化價值的趨同。遺產地旅遊消費者教育能使本國或本民族的人民在同質化的過程中保持異質化的進程，能夠使旅遊消費者尋找本土文化的根源，能展現本土文化的傑出表現，賦予國民以自豪的身分特性。

民族意識首先是一個民族在長期的歷史發展過程中，逐步形成和培育起來的群體意識，是一個民族共同的思想品格、價值取向和道德規範的綜合體現，且能夠居於主體地位得到全社會廣泛認同，成為廣大社會成員認可的價值判斷體系，構成社會的精神支柱或者精神動力。民族精神是一個民族賴以生存和發展的精神支撐。民族文化遺產和自然遺產是民族精神賴以存在的深厚土壤和現實基礎，而民族精神則是民族文化的核心和靈魂，它決定著該民族大多數人的思維方式、行為選擇和價值判斷。離開對民族傳統文化的保護弘揚、繼承發展，所謂「文化創新」，就會成為無本之木、無源之水。世界遺產的終極價值在於集中代表了一個國家和民族的精神與文化，全面地反應一個國家和民族多元的文化藝術形式，反應一個民族和國家對自身特性的認同和自豪感以及被世界認可的程度。遺產地消費者教育便能使旅遊消費者形成共同保護世界遺產的價值取向，充分認識世界遺產所代表的民族意識和民族精神，形成民族凝聚力，從而達到培養民族意識的目標。

(三) 開展遺產地旅遊消費者教育有利於提高中華民族素質

遺產地具有極高的歷史價值、審美/藝術價值、科學研究價值、社會價值，以及極強教育功能和啟智功能。目前，由於中國旅遊消費者知識水準的有限性，遺產地的價值並沒有得到充分的發掘，很多遊客還停留於走馬觀花式的初級旅遊形式，這就迫切要求我們通過開展遺產地旅遊消費者教育工作，使旅遊者充分認識遺產地的價值，使遺產地的功能得以充分實現。

開展遺產地旅遊消費者教育能貫徹審美教育，陶冶情操，淨化靈魂，使旅遊者獲得健康的審美情趣、崇高優美的感情、豐富的遺產地知識，使旅遊者形成正確的審美觀，熱愛文化遺產，自覺加入保護文化遺產的行列中；開展遺產地旅遊消費者教育同時能讓遊客更加深刻地認識中國的文化，瞭解遺產地的奧妙之處，使其產生民族自豪感。敦煌莫高窟這一始建於十六國時期的人文景觀，具有極高的藝術價值，然而由於遊客對它認識的有限性，它的現狀不容樂觀。如果我們通過開展遺產地旅遊消費者教育工作，將莫高窟的歷史沿革、藝術價值、風格特色等知識傳達給消費者，使其把莫高窟旅遊當作一次自然之旅、文化之旅和審美享受，便能從根本上杜絕破壞行為的產生，使莫高窟得到保護。由此可見，遺產地

旅遊消費者教育，既提高了旅遊者的審美素質和文化素質，又有助於整個中華民族素質的提高。

（四）開展遺產地旅遊消費者教育是遺產地促銷的重要手段

遺產地消費者教育不僅是一種環境力量，而且是遺產地行銷的具體構成，在現代行銷理論和現代行銷實踐活動中具有十分深遠的意義和重大價值。遺產地的「消費者教育」意識是對現代行銷觀念的發展和完善，「消費者教育」理論是現代行銷理論的修正和補充，「消費者教育」活動是現代行銷活動的新的領域。20世紀90年代以來，在消費者權益保護運動的帶動下，越來越多的企業正自覺或不自覺地加入消費者教育的行列，在倡導消費觀念、宣傳商品知識、引導顧客購買、淨化市場秩序、保護消費者權益和自身權益等方面取得了相當的成效。可以說，消費者教育已經被具有現代市場行銷意識的企業作為一種有效的競爭利器，應用到了行銷的實踐中。作為全人類共同財產的遺產地更應該充分發揮「遺產地消費者教育」的利器作用。

旅遊消費者在選擇旅遊目的地時要經過一個決策過程，包括認識需求、收集信息、選擇評價、購買決策和購後感受。遺產地應重點瞭解目標顧客在認識需求和收集信息兩個階段中的消費者行為，有目的、有計劃、有組織地傳授有關消費知識和技能，將遺產地的相關知識、遺產地的特色等信息傳達給旅遊者，使旅遊消費者瞭解遺產地，激發旅遊者對遺產地的興趣，從而做出購買決策。遺產地消費者教育還有利於我們更好地發現旅遊者的需求，從旅遊者的需求出發制訂合理的行銷和服務方案，讓他們獲得滿足，從而提高遺產地的美譽度，促進遺產地的銷售。

（五）開展遺產地旅遊消費者教育是構建和諧社會的客觀要求

和諧社會的本質特徵是人與自然、人與社會和諧相處。人與自然、人與社會和諧相處，客觀上要求我們不僅生產發展、生活富裕，而且還要有良好的生產生活環境。遺產地的「不可再生」和「不可替代」性正體現了和諧社會的要求，遺產地本身就是和諧的產物。開展遺產地旅遊消費者教育，營造全社會保護世界遺產氛圍，開展遺產地保護工作，同樣體現著和諧的要求。

二、中國開展遺產地旅遊消費者教育的方法和途徑

（一）媒體教育，營造全社會保護世界遺產地的氛圍

報紙、雜誌、廣播、電視四大傳統媒介是消費者接觸最多且覆蓋面最廣的宣傳手段。報紙傳播信息量大，真實性和可靠性大，具有較強的讀者選擇性和地域範圍選擇性；雜誌印刷質量高，實際閱讀率高，目標對象明確；廣播傳播廣且受眾廣泛；電視聲像結合，表現豐富，注意率高，覆蓋率高。四大媒體各自的優點應得到充分的發揮，教育遊客，提高消費者素質，改變其消費觀念。具體來講，報紙應及時報導世界遺產的最新動態，讓人們時刻瞭解遺產地的情況。雜誌應開闢專欄，介紹世界遺產地概況、破壞情況和保護措施。廣播應製作遺產地保護專

題節目並長期定時播出，覆蓋廣泛的聽眾。電視媒體則可結合知名節目，如社會記錄、今日關注、百家講壇等開展遺產地審美教育，聘請專家介紹新產品或新技術，並開通熱線電話請旅遊消費者現場諮詢，舉辦遺產地知識擂臺賽等，教會消費者如何欣賞遺產，提高旅遊消費者審美情趣，讓旅遊消費者感受到遺產地的美。

此外，隨著科學技術的發展，網絡媒體的誕生也給我們消費者教育提供了很好的途徑。據中國互聯網絡信息中心發布的第19次中國互聯網報告稱，截至2007年6月底，中國網民人數達到了1.6億，占中國人口總數的11.12%。網絡媒體受眾多，互動靈活，直觀形象，內容豐富，國家可通過網絡媒體建立遺產地保護專題網站介紹遺產地知識，適時發布遺產地情況報告等。媒體宣傳，最主要的任務就是營造全社會保護世界遺產的氛圍，掀起全社會保護世界遺產熱。

(二) 加強政府立法，為遺產地旅遊消費者教育提供法律體系的支撐

迄今為止中國還沒有關於遺產地保護的專門政策法規，我們不斷地在痛惜某某地方的遺產遭破壞、某處的世界自然遺產上又新建了人文景觀，但是我們就是很難看到哪個人或哪個組織因為破壞行為而接受了懲罰。如何持續、有效地保護世界遺產？最重要也是最根本的，就是要將世界遺產的保護納入制度化軌道。

政府機構立法可從以下幾方面著手解決遺產地消費者教育問題：①要吸取國外相關規定和條例的精髓，因地制宜地制定符合國情的「世界遺產保護管理條例」，依法保護世界遺產。②建立統一的世界遺產管理委員會，改變中國文化遺產和風景名勝區分別由國家文物局、住房和城鄉建設部管理的多頭領導局面，從而使遺產地消費者教育工作更加可行。③利用世界遺產保護日，進行一些全民的普及性遺產地知識教育與宣傳，讓教育能覆蓋更廣闊的群體，把遺產日作為動員日，動員社會團體、全體公民積極參與到文化遺產新的保護體制中來。④設立遺產地消費者教育專項基金，培養遺產地消費者教育的專門人才。⑤通過法律法規調節遊客的出遊時間，避免遺產地遊客短時間急遽增加帶來的破壞。⑥加強立法宣傳。例如在遺產地積聚的地方設立遺產地保護知識宣傳點，招募有豐富遺產地保護法律法規知識的人員擔當義務宣傳人員，增強旅遊者的保護意識，讓法律保護真正落到實處。

(三) 以景區景點管委會為主體，制定「遺產地旅遊消費者教育」長期戰略

景區景點管委會是遺產地的直接管理者和監控者，同時也是遺產地消費者教育的主要承擔者。遺產地消費者教育應穿遺產地行銷的全過程，並成為遺產地的一項長期戰略任務。為此，遺產地要相應地制定整體規劃，系統地確定旅遊消費者教育的戰略目標、重點、步驟和措施，建立獨立的旅遊消費者教育行銷職能機構，配備專業化的行銷管理人員，統一策劃，從整體行銷上貫徹旅遊消費者教育理念，科學配置旅遊消費者教育資源。

景區景點管委會可開展的旅遊消費者教育工作有：①制訂完整的消費者教育計劃，使遺產地消費者教育工作長期、穩定地開展。②向遊客發放包含遺產地保護知識的宣傳資料。每位遊客都希望更多地瞭解遺產地的相關知識，宣傳資料便

成了他們的首選。因此，宣傳資料應承擔遺產地消費者教育的宣傳工作，在推介產品的同時達到教育消費者的目的。③在遺產地內懸掛醒目的遺產地保護宣傳標示，或者寫一些警示性的語言，以達到對消費者進行教育的目的。④建立嚴格的管理體制，充分重視遺產地形象的樹立。遺產地不能只顧眼前的經濟利益，應站在社會的角度，立足於長遠的發展，嚴格控制景區客流量，充分考慮景點的承載能力。同時，遺產地還應建立嚴格的景區商販准入制度，制定商販准入標準，適時監督和管理。⑤合理規劃遺產地的景點，最大限度地滿足遊客的參觀需求，防止遊客由於不能參觀到所有景點而產生抱怨，從而對旅遊地進行破壞。⑥聘請專業的專家學者，定期向遊客講授遺產地保護的相關知識，給予遺產地周圍居民、旅遊消費者最權威的教育。⑦設立遺產地旅遊消費者中心（遊人中心），將遺產地的知識在遊人中心進行詳細的介紹，給予旅遊者最權威的解釋，避免一些導遊人員偏離實際講解導遊詞，在增長消費者知識的同時也激勵導遊人員不斷提高自身素質。⑧為遺產地消費者教育工作的開展提供支持，如贊助拍攝遺產地保護專題宣傳片、提供遺產地維護資金等。⑨培養社區居民加入導遊人員行列。如今在不少遺產地，由於導遊人員不瞭解遺產地歷史沿革而出現亂編導遊詞講解的現象，解決這類問題的有效辦法便是讓當地居民參與到導遊講解的行列中來，他們對遺產地的發展是最瞭解的，景區景點管委會就應該提供對社區居民的培訓支持。⑩充分利用網絡這一遺產地旅遊消費者教育載體，宣傳遺產地特色，建立遺產地網絡交流平臺。例如，峨眉山推出的電子雜志便是充分利用網絡開展的旅遊消費者教育方式，它通過網絡將遺產地即時動態、各季節景觀傳遞給旅遊消費者，教會旅遊消費者如何欣賞遺產地的自然風光和文化內涵，得到了網民的一致好評。

（四）提高導遊人員素質，引導旅遊消費者科學旅遊消費

作為旅遊服務中「人」的因素的導遊員在旅遊者的旅遊審美活動過程中有重要的傳遞、引導、調節作用，他們可以幫助旅遊者滿足審美需求，實現深層次的審美享受。引導旅遊消費者科學消費，導遊人員主要有以下四方面的工作：①導遊人員以身示範，影響旅遊消費者行為。導遊人員具有一般消費者的屬性，他們的舉動會對遊客的行為產生一定的影響。導遊不經意間的一個舉動，如順手撿起地上的垃圾會使遊客「看在眼裡、記在心裡」，他們也許便由此改掉了在遺產地亂扔垃圾的習慣。②導遊人員應監督遊客行為，及時制止遊客破壞行為。導遊人員都需經過一定的考核後才能進入遺產地工作，他們應該更懂得如何保護世界遺產，對遊客不當的行為應適時指出和制止。③引導遊客形成正確的消費行為習慣。導遊人員除了告訴遊客不能怎麼做以外，還應告訴其應該怎麼做，使其將保護世界遺產作為一種習慣和自身內在的品質，時刻將遺產地保護銘記於心。④提高遺產地導遊人員素質。遺產地導遊人員除了承擔一般導遊的職責外，還應該掌握各種遺產地知識，讓遊客感受到遺產地的美。

（五）加強遺產地旅遊相關組織責任感，主動承擔遺產地旅遊消費者教育工作

遺產地旅遊相關組織包括旅行社、賓館飯店、旅遊紀念品生產商等，這些組

織的發展同遺產地的發展緊密相連。①旅行社、賓館飯店應營造遺產地保護氛圍。旅行社、賓館飯店應通過宣傳資料、房間佈局等體現遺產地特色。旅遊紀念品生產企業則應注重文化產品的開發，宣傳遺產地文化。②提高內部從業人員素質。遺產地旅遊相關組織同導遊人員一樣具有示範作用，只有從業人員懂得珍惜遺產地，他們的行為才能給消費者以正面的影響。③不定期地開展遺產地保護相關活動，調動員工及社區居民的參與積極性。

（六）消費者協會充分發揮教育作用，做好遺產地保護的教育工作

中國消費者協會是政府部門主導發起、經國務院批准成立的保護消費者合法權益的組織，是由國家法律授權、承擔社會公共事務管理與服務職能的組織，是國家法律規定不得從事商品經營和營利性服務的組織，是不同於民間社團的社會組織。消費者協會應充分發揮好消費者教育的倡導者、組織者和帶頭人的作用，不僅自身要身體力行，還應做好動員工作，調動社會各方面的積極性，使其參與到旅遊消費者教育事業中來。

在遺產地消費者教育中，消費者協會應履行下列職能：①向旅遊消費者提供消費信息和諮詢服務，同旅遊局、旅行社等組織聯手，宣傳遺產地保護知識。②與景區景點管委會等部門合作，就有關消費者合法權益問題、消費者的投訴問題，向管委會反應、查詢，提出建議。③對不當的開發行為、遺產地服務縮水、損害消費者合法權益的行為等，通過大眾傳播媒介予以揭露、批評，積極引導大眾媒體營造全社會消費者教育氛圍。

（七）各類學校、教育部門抓好學生遺產地消費者教育

遺產是不可再生資源，遺產地保護工作艱鉅，遺產地旅遊消費者教育重在弘揚和培育，必須從長遠出發，從娃娃抓起。聯合國《保護消費者準則》指出，「消費者教育應在適當情形下，成為教育制度基礎課程的組成部分，成為現有科目的一部分」。要做到這一點，學校、教育部門責無旁貸。學校、教育部門應當從以下幾個方面著手：①把世界遺產保護列入教學日程，設置專門課程以普及遺產保護的知識。②借鑑前些年環境保護的宣傳措施，將遺產地保護知識同學生日常學習內容相結合，如美術、生物、地理、政治、歷史、化學、語文、英語等學科內容。③培養學生的遺產地保護意識。培養學生的遺產地保護意識可以從兩方面入手：一是增強學生自身的遺產地保護意識；二是通過他們向周圍的人宣傳遺產地保護知識，宣傳遺產保護的重要意義。

參考文獻：

[1] 宋才發. 論保護世界遺產與培育民族精神 [J]. 中央民族大學學報（哲學社會科學版），2005（1）：92-98.

[2] 杭忠東. 消費者教育行銷的幾個問題 [J]. 企業經濟，1999（11）：49-51.

鄉村旅遊餐飲產品創新開發研究

高文香

摘要：在鄉村旅遊的帶動下，鄉村餐飲獲得較快發展。隨著鄉村旅遊的升級換代，鄉村餐飲產品創新開發也勢在必行。對鄉村餐飲資源進行創新性開發，讓鄉村餐飲逐漸成為一種新的鄉村旅遊吸引物，甚至是重要的賣點，進而促進鄉村旅遊的發展。本文分析了鄉村旅遊餐飲產品創新開發的必要性，並分析了當前鄉村旅遊餐飲產品創新開發中存在的問題，在此基礎上提出了鄉村餐飲創新開發的重點。

關鍵詞：鄉村旅遊餐飲產品；鄉村旅遊；創新開發

一、引言

近年來鄉村旅遊得到蓬勃發展，2012年，全國已有8.5萬個鄉村旅遊特色村，年接待遊客超過7.2億人次，旅遊收入超過2,160億元，占全國出遊總量的1/3。[1]在鄉村旅遊的帶動下，鄉村餐飲獲得較快發展，但因對鄉村餐飲產品開發利用的不重視，資源豐富、文化悠久和特色鮮明的鄉村餐飲無法成為鄉村旅遊發展的核心動力。目前鄉村餐飲產品的吸引力較小，餐飲消費在鄉村旅遊消費中的比例也較小，與國際旅遊餐飲消費比例相距甚遠。其實與其他形式的旅遊產品相比，鄉村餐飲產品開發具有投資小、重複利用高、效益明顯和遊客接受程度高的特點。隨著遊客觀念的轉變，鄉村餐飲不僅是鄉村旅遊的有益補充，更可以成為一種原動力，從旅遊業的一個供給要素「吃」逐漸轉化為一種新的鄉村旅遊吸引物，並日益成為鄉村旅遊重要的賣點。在其他的鄉村旅遊要素緩慢更新的情況下，要更加注重鄉村旅遊餐飲產品的創新開發，以此為契機來推動鄉村旅遊業的升級換代，促進農村經濟發展。

二、鄉村旅遊餐飲產品創新開發的必要性

隨著旅遊觀念的轉變，腸胃經過大魚大肉「洗禮」的城市遊客更加青睞鄉村

課題項目：本文為川菜發展研究中心項目「樂山市餐飲資源旅遊化研究」（編號：CC13SJ13）研究成果。

美食。鄉村美食成為了解鄉村歷史、文化和生活的重要載體。甚至一些缺少特色景觀的鄉村憑藉特色美食成為人們追捧的旅遊地，如日本的十勝、北京懷柔、溧陽天目湖[2]。經過長時間沉澱而形成的鄉村餐飲對城市遊客有很大的吸引力，但在很多鄉村餐飲還沒有成為鄉村旅遊的核心要素。在個別鄉村餐飲已經成為鄉村旅遊發展的重要一極，但受餐飲產品生命週期的制約，產品很難保持長期的吸引力。因此，如何深入挖掘鄉村餐飲資源，創造性地開發旅遊餐飲產品來保持鄉村美食的持續吸引力有重要的意義。

（一）餐飲產品增強鄉村旅遊吸引力

鄉村餐飲產品不僅要滿足顧客的飲食需求，更要凸顯旅遊地的吸引力。現在的遊客不再僅僅滿足於去鄉村欣賞美景、放鬆心情，而渴望更多地投入鄉村生活的體驗，在異質的鄉村文化中尋找樂趣。受旅遊時間和方式的限制，品嘗當地的風味美食就是瞭解鄉村生活和鄉村文化最好的途徑之一。鄉村美食最大的特點在於地域性，本地原材料、本地烹飪工藝保證了鄉村美食只有在本地才能享用得到。同時鄉村美食可以保證遊客在「潛移默化」中感受當地獨有的文化。無論是為了舌尖上的味覺享受，還是為了瞭解豐沛的鄉村人文氣息，遊客都願意「不遠千里」去鄉村品嘗地道美食。可見平凡鄉野的民間美食也可以成為一種原動力，吸引眾多的新老顧客，而毫無特色的鄉村餐飲會衝淡遊客的興趣。

（二）餐飲產品凸顯鄉村的旅遊特色

鄉村具有不同於城市的景觀，鄉村餐飲也有別於城市餐飲。來自城鎮的遊客吃著新鮮綠色的飲食產品，看到古樸的菜肴器皿，坐在田野味十足的就餐環境中，可以迴歸自然、返璞歸真；在品嘗鄉村小吃、特色糕點和綠色菜肴中可以瞭解當地的氣候環境條件、地方物產、各種烹調工藝和當地的歷史淵源；在接受相關餐飲服務時，通過特有的鄉村飲食習俗、用餐禮儀和飲食典故可以領略到鄉村特有的生活習慣、生活方式、人情和民風民俗；通過參加鄉村的部分農事體驗活動，可以瞭解農村的「自然生態」和「簡單樸實」。這種為鄉村所特有的有別於城市的鄉土飲食，體現濃鬱的地域性的同時，折射出不同鄉村的文化差異，讓而能讓遊客心情愉悅，也與迤邐的鄉村風光相得益彰，相映成趣，讓遊客流連忘返。

（三）餐飲產品增加鄉村旅遊效益

自古旅遊與美食都是緊密相連的，不管是城市旅遊還是鄉村旅遊，「吃」都是旅遊的有機組成部分，鄉村餐飲因此成為鄉村旅遊收入的重要來源。相比其他旅遊形式，鄉村旅遊收入較少來自景點，而更多依賴於鄉村餐飲。鄉村餐飲產業關聯度高，通過鄉村餐飲能夠帶動旅遊地其他相關產業的發展。美國北部鄉村旅遊研究發現，美食旅遊對鄉村居民收入的乘數效益為1.65，對鄉村就業的乘數效益達到1.29。[2]同時隨著遊客收入和消費水準的增加，遊客對特色鄉村餐飲產品的接受程度也會提高。整合鄉村餐飲資源、文化與消費心理，開發出多種旅遊餐飲產品，會吸引更多遊客前來。如果能把富有文化內涵的鄉村特色菜肴、風味小吃與特定的文化氛圍、協調的環境和良好的服務有機結合起來，可進一步提高鄉村餐

飲的附加值。如果進一步延伸產業鏈，開發出可供遊客帶走的餐飲產品和特色農產品，旅遊地的經濟效益會進一步提升。

三、鄉村旅遊餐飲產品創新開發存在的問題

儘管鄉村餐飲具有很多優勢帶動鄉村旅遊的發展，卻受鄉村餐飲產品開發意識和認識等因素的制約，鄉村餐飲無法成為旅遊地的重要賣點，即使部分鄉村餐飲已經成為拉動旅遊發展的一極，但也因為創新開發影響其持續的吸引力。

（一）注重旅遊資源開發，忽視鄉村旅遊餐飲產品開發

儘管中國鄉村飲食文化悠久，餐飲資源豐富，但鄉村旅遊餐飲卻存在產品雷同、服務千篇一律、百店一格的現象。其原因是旅遊開發者過分強調景觀在旅遊中的作用，忽視鄉村飲食對鄉村旅遊的顯著帶動作用，因而將旅遊的重心放在鄉村旅遊景點的開發上。鄉村飲食僅僅只能成為鄉村旅遊的必要構成要素，而無法對鄉村旅遊起到錦上添花的作用。此外，鄉村餐飲資源概念認識的局限也影響了鄉村餐飲產品的創新性開發，旅遊開發者較多注重滿足遊客的物質需求，而忽略了遊客的精神需求，在鄉村餐飲產品開發中重視的是產品形式，而忽略了餐飲產品中的文化內涵與外延。因此很少有鄉村能充分挖掘和梳理當地的餐飲資源，將鄉村所獨有的餐飲文化融入鄉村餐飲產品開發中，影響了鄉村旅遊餐飲產品的豐富程度和吸引力。

（二）鄉村餐飲產品開發與旅遊業黏合度低

除鄉村美麗的自然景觀外，獨具特色的鄉村美食對遊客也很有吸引力。旅遊者希望品嘗到地道美食來體驗鄉村生活並獲得精神享受，但目前鄉村的餐飲與旅遊沒有有效結合起來開發，導致餐飲產品無法滿足遊客需求。遊客眼裡的鄉村美食特色在於本地獨有和不可替代，而鄉村餐飲產品開發過程中卻一味模仿城市餐飲，沒有立足於地方產出、地方工藝和地方特色，這樣開發出來的鄉村餐飲產品僅能滿足遊客的口腹之欲。同時，鄉村餐飲開發中只注重產品外觀、花色品種的開發，沒有挖掘鄉村餐飲中的文化性，開發出來的餐飲產品缺少足夠的文化內涵。鄉村餐飲特色的迷失使得鄉村餐飲對遊客的吸引力有限，難以成為鄉村旅遊地的特色和賣點。[3]

（三）鄉村餐飲產品推陳出新速度慢

鄉村餐飲經營多為家庭式管理，大部分經營者缺乏管理知識，沒有行銷觀念和創新意識，也不知如何進行產品創新，也無力承擔開發風險，這是鄉村餐飲產品推陳出新速度慢的主因。部分經營者缺乏開發意識，或過分迷戀「名小吃」「名菜」的頭銜，希望能「一招鮮，吃遍天」，使鄉村餐飲開發缺少了足夠動力；過分強調開發的風險則影響了餐飲開發的速度；經營者對餐飲產品開發的誤解，制約了餐飲產品開發的形式和種類，現有的餐飲產品開發主要集中在烹制方法、口味和材料上，較少在餐飲環境、餐飲器皿、餐飲外形、就餐環節、就餐體驗等方面進行創新性開發。種種因素都制約了鄉村餐飲產品的推陳出新，遊客缺乏新鮮感，

長此以往鄉村餐飲也就缺少持久拉動力。[4]

（四）鄉村餐飲產品開發中忽略遊客體驗

目前鄉村餐飲產品往往注重為「食」而「制」，除自助燒烤外，遊客只能被動品味已經製作好了的美食。但遊客消費的不僅是鄉村餐飲產品本身，更重要的是一種精神層面的愉悅經歷和獨特的體驗。缺少美食相關的體驗環節，大大減少了鄉村餐飲的新鮮性和趣味性。在鄉村餐飲品嘗過程中，沒有色、香、味、形、器的感覺體驗，遊客就無法真正獲得感官的享受和刺激[5]；沒有特色用餐環境和氛圍的體驗，遊客就無法瞭解特定鄉村的習俗、禮儀和信仰[6]。在鄉村餐飲製作過程中，沒有餐飲材料的製作和農業活動的參與，遊客就無法獲得材料採摘的樂趣和美食製作的樂趣，也就無法體驗美妙的鄉村生活，進而無法真正領會鄉村文化。

四、鄉村餐飲產品創新開發的重點

（一）結合旅遊資源，因地制宜選擇鄉村餐飲產品開發形式

各個鄉村地區旅遊發展速度不盡相同，擁有旅遊資源和餐飲資源的豐富程度不一，鄉村餐飲產品的創新開發可不拘泥於任何的形式，而要因地制宜地選擇鄉村餐飲產品開發的形式。

1. 特色飲食區

旅遊發展起步早、旅遊餐飲資源豐富的鄉村可以利用餐飲紅火發展的聚集效應，在知名景點附近和交通便捷的區域規劃建設特色飲食區。在政府引導和協會推動下，將分散的自然景點、人文景觀、特色農場、休閒設施以及餐飲企業連接起來，形成特色飲食區，在集合鄉鎮優勢資源的基礎上使餐飲行業不斷向集約化、特色化、休憩化發展。特色飲食區需要整合吃喝玩樂，旅遊專家和餐飲專家聯手開發很有必要。怎樣在特色飲食區總體現餐飲的休閒娛樂性、趣味感、文化特色化成為特色飲食區能否吸引遊客前來的關鍵所在。

2. 主辦美食節慶活動

不少缺乏特色自然資源或經濟不太發達的鄉村，卻有難得的特色美食。此類鄉村餐飲產品開發要擺脫傳統的「資源觀」，尋找比較優勢的餐飲資源，將地方文化與美食黏合起來，創辦鄉村特色的美食節慶活動。鄉村美食節慶活動不僅能夠集中展示美食文化，在短時間內迅速擴大鄉村旅遊地的知名度，更能有效延伸當地餐飲產業鏈，把特色農業、食品加工、餐飲業和旅遊業很好地對接起來，顯著提高旅遊收益。鄉村美食節慶活動時間可長可短，濃厚的地方色彩和鮮明的個性特徵是鄉村美食節慶活動的生命力所在。目前較為知名的鄉村美食節有江蘇盱眙的「龍蝦節」、陽澄湖的「螃蟹節」等。[2]

3. 推出鄉村美食線路

自古就有「食在民間」之說，鄉村美食種類繁多，但散落在四面八方。由於信息有限，遊客想前往尋求美食享受，卻往往不知道從哪裡開始，結果自然是蜻蜓點水式地品嘗各地小吃。因此旅遊條件成熟、餐飲資源豐富的鄉村可推出以體

驗美食為主題的旅遊線路，將散落在各個鄉村的地方美食自然串成一條線路，使遊客有序品嘗。根據餐飲資源可設計出不同主題的美食線路，如古城美食之旅、養生之旅、藥膳之旅、減肥之旅、茶道之旅、餐飲企業考察之旅、烹飪修學之旅、海鮮之旅等。遊客可根據各自的喜好自行選擇線路，並且通過美食線路不斷地聽、看、嘗、思、樂，進而獲得一種更加完整豐富的生活體驗和精神享受。

4. 推出各種鄉村特色的主題餐廳

遊客吃的不僅是食物，更是一種環境。當遊客對美食越來越挑剔的時候，鄉村主題化成為必然的發展趨勢。主題餐廳因其明確貫徹始終的主題、獨特的環境，能帶給就餐者別具一格的體驗而受到城市遊客追捧。當目標遊客較為成熟時，此類鄉村可適時推出鄉村主題餐廳。[7]鄉村主題餐廳經營的關鍵是主題要有特色，並體現鄉村資源優勢，讓遊客感受鄉村的美好，遠離現代都市的喧囂。可以從鄉村農耕文化、現代農業科技、農村生態系統、鄉村地域文化和鄉村社會變遷等方面創造出各種個性化的鄉村餐廳主題，但餐廳主題一旦確定，鄉村餐飲企業的一切其他活動和產品就必須緊緊圍繞主題進行。

5. 開發鄉村夜間餐飲

隨著人們休閒時間和收入的增加，夜間外出聚會就餐和休閒娛樂成為都市人的一種生活方式。受多種因素制約，具有鄉野特色的鄉村，白天熱鬧非凡，但單調的夜晚卻讓遊客無處可去。[8]為了填補鄉村夜間旅遊的空白，夜間旅遊餐飲應運而生。夜間餐飲不僅能讓遊客有更多的時間體驗鄉村多元化的餐飲產品，也能讓遊客感受到鄉村夜晚的別樣風情。夜間餐飲主要是遊客與其親戚朋友為了維繫親情和友情邊玩邊吃，遊客比較關注餐飲產品的特色及口味，最關注的是用餐環境的舒適性和休閒性。如果開發出有特色的鄉村夜間餐飲，在豐富鄉村旅遊產品的同時能進一步增強遊客的旅遊意願，並促進遊客的深度消費。

（二）在保持地方特色基礎上不斷加快餐飲產品的更新速度

美國著名管理學家彼得·德魯克曾告誡說：在變革的年代，經營的秘訣是沒有創新就意味著死亡。[9]由於市場競爭的加劇，一些特色餐飲向顧客推出後，其所謂特色所能維持的時間越來越短，遊客追求得更多的是沒有吃過的地方美食。這要求政府或協會指導並協助鄉村餐飲經營者在保持本土特色的基礎上不斷推陳出新，吸引新老遊客。餐飲產品開發要大膽創新，從當地歷史文化、傳統習俗中找靈感，在把握傳統飲食特色的基礎上不斷用科學的方法去校正和改造傳統飲食[10]，並緊跟時代步伐，對餐飲產品的提供方式進行變革，對餐飲服務方式進行改進，對餐飲環境進行特色裝修，在用餐環節增加民俗和餐飲烹制過程的表演。只有加快餐飲產品的更新速度，才能在多元化的鄉村美食中增強顧客的新鮮感，在不斷豐富鄉村美食內涵的基礎上提升鄉村餐飲的價值。

（三）鄉村餐飲產品開發注重體驗

除了在產品上創新，還要在與美食相關的活動上進行創新，以增加鄉村餐飲產品的體驗性和趣味性。遊客美食消費所追求的不僅是感官刺激，還希望幫助舒

緩壓力，並找回新的生活體驗。與此適應的是鄉村旅遊餐飲產品不能只為「食」而「制」，更要以「食」而「解」[3]，因此基於顧客體驗消費的餐飲產品創新開發應以食物產品為道具，以餐廳環境為布景，以餐飲服務為舞臺，設計出滿足遊客情感需求的餐飲產品。在鄉村餐飲產品創新開發中需要重視餐飲產品色、香、味、形等對遊客感覺刺激的設計，使之為遊客帶來美的享受；要重視挖掘餐飲產品的文化內涵，通過飲食文化博物館、美食培訓講座、美食論壇讓遊客獲得新知，讓文化與美食更好地共振；要重視遊客趣味體驗活動的開發設計，讓遊客參與到美食的製作過程，體驗美食的安全與健康，還可將餐飲娛樂節目和烹調技藝前臺化，好讓遊客參與其中，如雲南的「三道茶」和「鍋莊舞」都融入了遊客的互動，遊客在娛樂中愉悅了身心和放鬆了自我。

參考文獻：

[1] 俞儉，黎昌政. 中國鄉村旅遊年接待遊客7億人次　收入逾2,000億元[EB/OL]. (2012-10-28). http://finance.people.com.cn/n/2012/1028/c/004-1941/002.html.

[2] 劉琳. 鄉村美食，「吃」出來的鄉村旅遊[EB/OL].（2013-09-21）. http://cjb.newssc.org/html/2013-09/21/content_ 1925708.htm.

[3] 熊姝聞. 成都飲食文化資源的旅遊開發[D]. 濟南：山東大學，2011.

[4] 謝芳. 餐飲改革與創新研究[J]. 科技創業家，2012（16）：220.

[5] 呂新河. 基於顧客體驗消費的餐飲產品開發[J]. 揚州大學烹飪學報，2011（2）：25-28.

[6] 孫志強. 挖掘鄉村特色餐飲資源　服務社會主義新農村建設[J]. 特區經濟，2008（7）：183-184.

[7] 張美閣. 淺談主題餐廳的經營之道[J]. 科技故事博覽·科技探索，2011（2）：132-133.

[8] 盧冬梅，駱培聰. 廈門城市夜間旅遊意願與行為研究[J]. 旅遊論壇，2010（4）：407-412.

[9] 王聖果. 菜點創新是旅遊餐飲企業可持續發展的動力[J]. 四川烹飪高等專科學校學報，2007（2）：28-30.

[10] 唐少霞，趙志忠，畢華. 對旅遊餐飲資源開發的思考——以海南旅遊餐飲資源的開發為例[J]. 經濟師，2006（5）：136，144.

國家圖書館出版品預行編目（CIP）資料

行銷創新研究 / 鄧建, 郭美斌 主編. -- 第一版.
-- 臺北市：崧博出版：財經錢線文化發行, 2019.05
　　面；　公分
POD版

ISBN 978-957-735-862-2(平裝)

1.行銷管理 2.行銷策略

496　　　　　　　　　　　　　　108006586

書　　名：行銷創新研究
作　　者：鄧建、郭美斌 主編
發 行 人：黃振庭
出 版 者：崧博出版事業有限公司
發 行 者：財經錢線文化事業有限公司
E - m a i l：sonbookservice@gmail.com
粉絲頁：　　　　　　網　址：
地　　址：台北市中正區重慶南路一段六十一號八樓815 室
8F.-815, No.61, Sec. 1, Chongqing S. Rd., Zhongzheng
Dist., Taipei City 100, Taiwan (R.O.C.)
電　　話：(02)2370-3310 傳　真：(02) 2370-3210
總 經 銷：紅螞蟻圖書有限公司
地　　址：台北市內湖區舊宗路二段 121 巷 19 號
電　　話：02-2795-3656 傳真：02-2795-4100　　網址：
印　　刷：京峯彩色印刷有限公司（京峰數位）

本書版權為西南財經大學出版社所有授權崧博出版事業股份有限公司獨家發行電子書及繁體書繁體字版。若有其他相關權利及授權需求請與本公司聯繫。

定　　價：550元
發行日期：2019 年 05 月第一版
◎ 本書以 POD 印製發行